U0281492

集成电路系列丛书·集成电路封装测试

集成电路先进封装材料

王谦　胡杨　谭琳　蔡坚　黄行早　编著

電子工業出版社
Publishing House of Electronics Industry
北京•BEIJING

内 容 简 介

集成电路封装材料是集成电路封装测试产业的基础，而集成电路先进封装中的关键材料是实现先进封装工艺的保障。本书系统介绍了集成电路先进封装材料及其应用，主要内容包括绪论、光敏材料、芯片黏接材料、包封保护材料、热界面材料、硅通孔相关材料、电镀材料、靶材、微细连接材料及助焊剂、化学机械抛光液、临时键合胶、晶圆清洗材料、芯片载体材料等。

本书适合集成电路封装测试领域的科研人员和工程技术人员阅读使用，也可作为高等学校相关专业的教学用书。

图书在版编目（CIP）数据

集成电路先进封装材料 / 王谦等编著. —北京：电子工业出版社，2021.9

（集成电路系列丛书. 集成电路封装测试）

ISBN 978-7-121-41860-0

Ⅰ. ①集… Ⅱ. ①王… Ⅲ. ①集成电路－封装工艺－研究 Ⅳ. ①TN4

中国版本图书馆 CIP 数据核字（2021）第 172313 号

责任编辑：张　剑　　　　　　特约编辑：田学清
印　　刷：河北迅捷佳彩印刷有限公司
装　　订：河北迅捷佳彩印刷有限公司
出版发行：电子工业出版社
　　　　　北京市海淀区万寿路 173 信箱　　　邮编：100036
开　　本：720×1000　1/16　印张：19　字数：340 千字
版　　次：2021 年 9 月第 1 版
印　　次：2024 年 4 月第 4 次印刷
定　　价：118.00 元

凡所购买电子工业出版社图书有缺损问题，请向购买书店调换。若书店售缺，请与本社发行部联系，联系及邮购电话：（010）88254888，88258888。

质量投诉请发邮件至 zlts@phei.com.cn，盗版侵权举报请发邮件到 dbqq@phei.com.cn。

本书咨询联系方式：zhang@phei.com.cn。

“集成电路系列丛书·集成电路封装测试”编委会

编委会秘书处

“集成电路系列丛书”主编序言

培根之土 润苗之泉 启智之钥 强国之基

王国维在其《蝶恋花》一词中写道：“最是人间留不住，朱颜辞镜花辞树”，这似乎是人世间不可挽回的自然规律。然而，人们还是通过各种手段，借助于各种媒介，留住了人们对时光的记忆，表达了人们对未来的希冀。

图书，尤其是纸版图书，是数量最多、使用最悠久的记录思想和知识的载体。品《诗经》，我们体验了青春萌动；阅《史记》，我们听到了战马嘶鸣；读《论语》，我们学习了哲理思辨；赏《唐诗》，我们领悟了人文风情。

尽管人们现在可以把律动的声像寄驻在胶片、磁带和芯片之中，为人们的感官带来海量信息，但是图书中的文字和图像依然以它特有的魅力，擘画着发展的总纲，记录着胜负的苍黄，展现着感性的豪放，挥洒着理性的张扬，凝聚着色彩的神韵，回荡着音符的铿锵，驰骋着心灵的激越，闪烁着智慧的光芒。

《辞海》中把书籍、期刊、画册、图片等出版物的总称定义为“图书”。通过林林总总的“图书”，我们知晓了电子管、晶体管、集成电路的发明，了解了集成电路科学技术、市场、应用的成长历程和发展规律。以这些知识为基础，自 20 世纪 50 年代起，我国集成电路技术和产业的开拓者踏上了筚路蓝缕的征途。进入 21 世纪以来，我国的集成电路产业进入了快速发展的轨道，在基础研究、设计、制造、封装、设备、材料等各个领域均有所建树，部分成果也在世界舞台上拥有一席之地。

为总结昨日经验，描绘今日景象，展望明日梦想，编撰“集成电路系列丛书”（以下简称“丛书”）的构想成为我国广大集成电路科学技术和产业工作者共同的夙愿。

2016 年，“丛书”编委会成立，开始组织全国近 500 名作者为“丛书”的第一部著作《集成电路产业全书》（以下简称《全书》）撰稿。2018 年 9 月 12 日，《全书》首发式在北京人民大会堂举行，《全书》正式进入读者的视野，受到教育界、科研界和产业界的热烈欢迎和一致好评。其后，《全书》英文版 *Handbook of Integrated Circuit Industry* 的编译工作启动，并决定由电子工业出版社和全球最大的科技图书出版机构之一——施普林格（Springer）合作出版发行。

受体量所限，《全书》对于集成电路的产品、生产、经济、市场等，采用了千余字“词条”描述方式，其优点是简洁易懂，便于查询和参考；其不足是因篇幅紧凑，不能对一个专业领域进行全方位和详尽的阐述。而“丛书”中的每一部专著则因不受体量影响，可针对某个专业领域进行深度与广度兼容的、图文并茂的论述。“丛书”与《全书》在满足不同读者需求方面，互补互通，相得益彰。

为更好地组织“丛书”的编撰工作，“丛书”编委会下设了 12 个分卷编委会，分别负责以下分卷：

☆ 集成电路系列丛书 • 集成电路发展史论和辩证法

☆ 集成电路系列丛书 • 集成电路产业经济学

☆ 集成电路系列丛书 • 集成电路产业管理

☆ 集成电路系列丛书 • 集成电路产业教育和人才培养

☆ 集成电路系列丛书 • 集成电路发展前沿与基础研究

☆ 集成电路系列丛书 • 集成电路产品、市场与 EDA

☆ 集成电路系列丛书 • 集成电路设计

☆ 集成电路系列丛书 • 集成电路制造

☆ 集成电路系列丛书·集成电路封装测试

☆ 集成电路系列丛书·集成电路产业专用装备

☆ 集成电路系列丛书·集成电路产业专用材料

☆ 集成电路系列丛书·化合物半导体的研究与应用

2021 年，在业界同仁的共同努力下，约有 10 部“丛书”专著陆续出版发行，献给中国共产党百年华诞。以此为开端，2021 年以后，每年都会有纳入“丛书”的专著面世，不断为建设我国集成电路产业的大厦添砖加瓦。到 2035 年，我们的愿景是，这些新版或再版的专著数量能够达到近百部，成为百花齐放、姹紫嫣红的“丛书”。

在集成电路正在改变人类生产方式和生活方式的今天，集成电路已成为世界大国竞争的重要筹码，在中华民族实现复兴伟业的征途上，集成电路正在肩负着新的、艰巨的历史使命。我们相信，无论是作为“集成电路科学与工程”一级学科的教材，还是作为科研和产业一线工作者的参考书，“丛书”都将成为满足培养人才急需和加速产业建设的“及时雨”和“雪中炭”。

科学技术与产业的发展永无止境。当 2049 年中国实现第二个百年奋斗目标时，后来人可能在 21 世纪 20 年代书写的“丛书”中发现这样或那样的不足，但是，仍会在“丛书”著作的严谨字句中，看到一群为中华民族自立自强做出奉献的前辈们的清晰足迹，感触到他们在质朴立言里涌动的满腔热血，聆听到他们的圆梦之心始终跳动不息的声音。

书籍是学习知识的良师，是传播思想的工具，是积淀文化的载体，是人类进步和文明的重要标志。愿“丛书”永远成为培育我国集成电路科学技术生根的沃土，成为润泽我国集成电路产业发展的甘泉，成为启迪我国集成电路人才智慧的金钥，成为实现我国集成电路产业强国之梦的基因。

编撰“丛书”是浩繁卷帙的工程，观古书中成为典籍者，成书时间跨度逾十年者有之，涉猎门类逾百种者亦不乏其例：

《史记》，西汉司马迁著，130 卷，526500 余字，历经 14 年告成；

《资治通鉴》，北宋司马光著，294 卷，历时 19 年竣稿；

《四库全书》，36300 册，约 8 亿字，清 360 位学者共同编纂，3826 人抄写，耗时 13 年编就；

《梦溪笔谈》，北宋沈括著，30 卷，17 目，凡 609 条，涉及天文、数学、物理、化学、生物等各个门类学科，被评价为“中国科学史上的里程碑”；

《天工开物》，明宋应星著，世界上第一部关于农业和手工业生产的综合性著作，3 卷 18 篇，123 幅插图，被誉为“中国 17 世纪的工艺百科全书”。

这些典籍中无不蕴含着“学贵心悟”的学术精神和“人贵执着”的治学态度。这正是我们这一代人在编撰“丛书”过程中应当永续继承和发扬光大的优秀传统。希望“丛书”全体编委以前人著书之风范为准绳，持之以恒地把“丛书”的编撰工作做到尽善尽美，为丰富我国集成电路的知识宝库不断奉献自己的力量；让学习、求真、探索、创新的“丛书”之风一代一代地传承下去。

王阳元

2021 年 7 月 1 日于北京燕园

前　言

集成电路是国民经济发展的基础，是国家的核心竞争力，也是国家综合实力的关键标志之一。集成电路产业强力支撑着数字经济、工业控制、网络通信、电子信息、智能制造、国防装备、信息安全、消费电子等各个领域的发展，深刻影响着国民经济、社会进步和国家安全。

近年来，我国集成电路产业整体规模正在经历着前所未有的高速发展。由于过去的基础比较薄弱，以及国外在产业和技术上的一些限制，因此我国在大多数产品细分领域及在集成电路产业链的各个环节上均落后于国际先进水平，整体上对外依存度仍然很高。

为加快推进我国集成电路产业的整体发展，国务院于 2014 年 6 月发布了《国家集成电路产业发展推进纲要》，指出当前和今后一段时期是我国集成电路产业发展的重要战略机遇期和攻坚期，并明确提出了我国集成电路产业的主要任务和发展重点：着力发展集成电路设计业、加速发展集成电路制造业、提升先进封装测试业发展水平、突破集成电路关键装备和材料。

为适应快速发展的集成电路封装测试产业的需要和全面贯彻《国家集成电路产业发展推进纲要》的实施，开展面向“十三五”及后续科技创新规划的战略布局，国家科技重大专项“极大规模集成电路制造装备及成套工艺”在“十二五”期间特设了“集成电路先进封装技术发展战略”调研课题，对中国目前的集成电路先进封装技术的现状和发展战略展开调查研究。该课题于 2014 年正式启动，其中专门设置了针对封装材料的调研专题：集成电路先进封装材料调研专题，对集成电路先进封装中用到的封装材料的基本情况、国内外现状、供应商、实际应用及后续技术发展展开调研和整理。该专题由中国电子学会生产技术学分会电子封装专委会承担，中国电子学会生产技术学分会电子封装专委会时任理事长毕克允负责组织。

集成电路封装材料是整个集成电路封装测试产业链的基础。封装关键材料是实现先进封装工艺的基础和保证，已经成为制约集成电路工业发展的瓶颈之一，也是电子元器件生产与制造的战略材料。

为了确保集成电路先进封装材料调研专题任务的质量和按期完成，在毕克允理事长的组织和指导下，于 2014 年 6 月成立了集成电路先进封装材料发展战略调研组（以下简称调研组），调研组成员包括江苏长电科技股份有限公司、通富微电子股份有限公司、天水华天微电子股份有限公司、烟台德邦科技股份有限公司、江苏中鹏新材料股份有限公司、上海新阳半导体材料股份有限公司、有研亿金新材料有限公司、安集微电子（上海）有限公司、中国电子科技集团公司第十三研究所、中国科学院微电子所、中国电子科技集团公司四十五研究所、华进半导体封装先导技术研发中心有限公司、清华大学、宁波康强电子股份有限公司、浙江中纳晶微电子科技有限公司、江阴长电先进封装有限公司等国内主要集成电路封装测试的生产制造企业及集成电路封装材料的供应商和相关高校与科研院所等。

为了尽可能全面地了解国际及国内集成电路先进封装材料的现状和发展方向，集成电路先进封装材料发展战略调研组在随后的将近两年时间内，按照项目总体时间节点的安排，采用多种不同的调研方式，对国内近三十余家相关单位进行了问卷调查、走访调研、情报搜集整理等，在附录 A 中列出了集成电路先进封装材料发展战略调研组调研的企业、高校和科研院所清单。

从集成电路封装技术的发展历程来考虑，实际上，集成电路先进封装及先进封装材料的内涵和范围在各个时期均有不同的定义，因此，集成电路先进封装材料发展战略调研组从技术发展的角度对调研的范围进行了一定的限定，调研组在本书中提到的集成电路先进封装材料，主要是指以 2.5D、3D 封装及圆片级封装、倒装焊等为代表的集成电路先进封装形式中所需要用到的关键封装材料，不包含集成电路芯片材料（大硅片等）、工艺气体等一般被视为集成电路制造用的材料及引线框架材料和键合丝材料等传统意义上的封装材料。

按照以上限定的定义范围，集成电路先进封装材料发展战略调研组把调研的集成电路先进封装材料按照附录 B 所包含的十大类进行分类并开展了调研工作。

集成电路先进封装材料发展战略调研组在汇总调研资料的基础上，整理完成了《集成电路先进封装材料发展战略调研报告》，其中的各个章节均由承担调研任务的参与单位执笔完成，相关内容都是目前国内产业界和相关行业提供的第一手资料。

《集成电路先进封装材料发展战略调研报告》完成之际，正值“集成电路系列丛书·集成电路封装测试”项目启动。“集成电路系列丛书”将遵循系统性、科学性、先进性的原则来介绍集成电路的基础知识和集成电路产业的发展情况。其中，“集成电路系列丛书·集成电路封装测试”的主要内容包括集成电路封装发展史、集成电路先进封装材料、集成电路封装工艺设备、集成电路封装可靠性技术、集成电路系统级封装技术、三维电子封装与硅通孔技术等，中国电子学会生产技术学分会电子封装专委会荣誉理事长毕克允和江苏长电科技股份有限公司时任董事长王新潮担任“集成电路系列丛书·集成电路封装测试”编委会主要负责人。

在“集成电路系列丛书·集成电路封装测试”编委会主编毕克允、王新潮的关怀和直接指导下，确定在《集成电路先进封装材料发展战略调研报告》的基础上完成《集成电路先进封装材料》的编写工作。编委会研究决定，在原有《集成电路先进封装材料发展战略调研报告》中十大类材料的基础上增加芯片黏接材料和热界面材料两大类，共包含十二大类的封装材料。因此，最后本书确定一共分为 13 章：第 1 章是集成电路产业、集成电路封装测试产业及集成电路先进封装材料的基本介绍；第 2～13 章依次包括光敏材料、芯片黏接材料、包封保护材料、热界面材料、硅通孔相关材料、电镀材料、靶材、微细连接材料及助焊剂、化学机械抛光液、临时键合胶、晶圆清洗材料、芯片载体材料等集成电路先进封装中的关键材料。

本书初期执笔人员包括蔡坚、陈田安、何金江、黄行早、胡杨、彭洪修、单玉林、唐昊、谭琳、吴亚光、王谦、王溯、于大全、张弓、张卫红（排名按照汉语拼音顺序）等，最终由清华大学集成电路学院封装课题组在《集成电路先进封装材料发展战略调研报告》的基础上整理完成。本书在后续整理编辑时参考了国内外众多高校、科研院所、研究机构和产业界的研究内容和相关成果，并增加了一些课题组和参与人员多年来在集成电路封装中对部分材料研究和调研的心得和体会。主要分工如下：王谦、黄行早完成了第 1 章的定稿；胡杨完成了第 2～

5 章的定稿；郭函、王谦完成了第 7～10 章的定稿；谭琳完成了第 6 章和第 11～13 章的定稿。初稿完成后，交由清华大学集成电路学院贾松良教授、王水弟教授审查，审查完成后，依据审稿意见完成了第一次修订。第一次修订完成后，书稿提交给“集成电路系列丛书·集成电路封装测试”编委会，并由“集成电路系列丛书·集成电路封装测试”编委会组织复旦大学肖斐教授、广东工业大学崔成强教授和深南电路股份有限公司谷新博士进行了再次审查，并在审稿完成后，依据审稿意见完成了第二次修订。

可以看到，在本书编辑整理的时间段内，随着国内集成电路产业环境的不断发展和壮大，国内的集成电路封装测试产业及先进封装材料的研究开发与产业化正在逐步提升与发展中，本书尽可能地将一些公开资料中提及的正在开发的集成电路先进封装材料的新材料与新技术包含进来。但由于编者的知识水平有限，全书的整理时间也比较仓促，因此书中不可避免地会存在一些错误和疏漏之处，在此热忱希望广大读者提出宝贵意见和建议。

感谢参与书稿编辑和审查工作的各位专家、老师和同仁，也特别感谢《集成电路先进封装材料发展战略调研报告》的各责任单位和参与人员及集成电路先进封装材料发展战略调研组的全体成员。

谨以此书献给发展中的中国集成电路先进封装产业和集成电路封装测试行业的从业人员！

编著者

☆☆☆ 作者简介 ☆☆☆

王谦博士，清华大学集成电路学院副研究员，中国半导体行业协会封装分会常务理事。曾在东京大学先端科学技术研究中心、日本筑波物质材料研究机构物质研究所、韩国三星综合技术研究院、三星半导体中国研究开发有限公司等研究机构主持先进封装互连技术及可靠性、MEMS 封装与测试技术、微系统集成及可靠性分析等项目的研究工作。近年来参加了多项国家科技重大专项 01 专项、02 专项以及 973 项目、863 项目的相关研究工作。主要研究方向包括系统级封装（SiP）、MEMS 封装、圆片级封装（WLP）、基于 TSV/TGV 的三维集成等先进互连与封装技术、纳米互连与集成技术、封装可靠性与失效分析等。

目　录

第1章

绪 论

1.1 集成电路产业及集成电路封装测试产业

1947年，贝尔实验室的威廉·肖克利（William Shockley）、约翰·巴顿（John Barton）和沃尔特·布拉顿（Walter Brattain）发明了晶体管（Transistor）；1958年9月12日，杰克·基尔比（Jack Kilby）成功制造出了世界上第一块集成电路（Integrated Circuit，IC），实现了把电子元器件集成在一块半导体材料上的构想。历经半个多世纪，集成电路产业已经逐步滚动发展成为全球市场规模超过四千亿美元的“巨无霸”产业。近年来，全球半导体市场规模如图1-1所示。

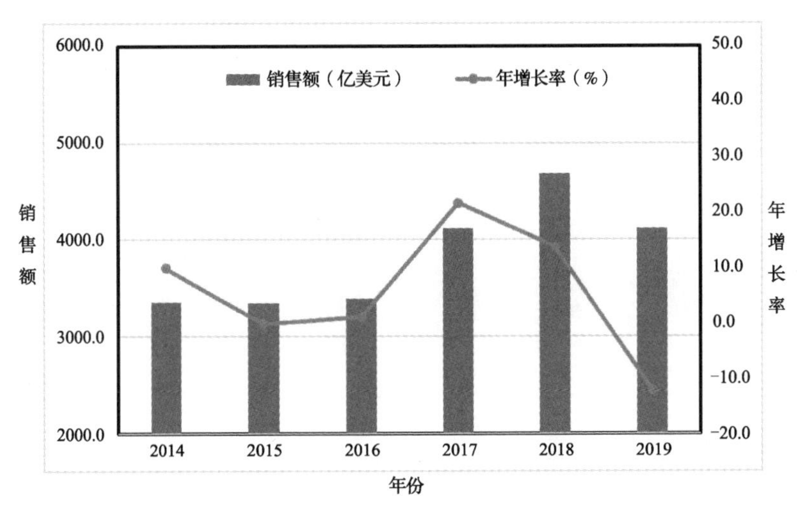

图1-1 全球半导体市场规模

（美国半导体产业协会（SIA）发布数据，中国半导体行业协会提供）

集成电路产业被视为现代信息产业的基础和核心产业之一，是关系国民经济和社会发展全局的基础性、先导性和战略性产业，在推动国家经济发展、社会进步、提高人们生活水平及保障国家安全等方面发挥着广泛而重要的作用，已经成为当前国际竞争的焦点和衡量一个国家或地区现代化程度及综合国力的重要标志。

长期以来，集成电路普遍应用于计算机、消费类电子、网络通信、汽车电子等传统核心领域。近年来，随着物联网、新能源汽车、移动智能终端、节能环保等新兴领域的崛起和持续发展，全球集成电路产业一直保持稳定的增长势头。同时，由于手机、计算机和电视等消费类电子产品的普及和推广，中国正在稳步成为全球最大的集成电路销售市场。中国半导体行业协会（China Semiconductor Industry Association，CSIA）的年度统计数据表明，即使存在全球贸易冲突及半导体产业周期性等因素的影响，2019 年中国集成电路产业在全球仍然一枝独秀，销售额达到了 7562.3 亿元，约占当年全球销售额的 25%，与自身比较，比 2018 年的 6532 亿元增长了 15.8%，具体数据如图 1-2 所示。

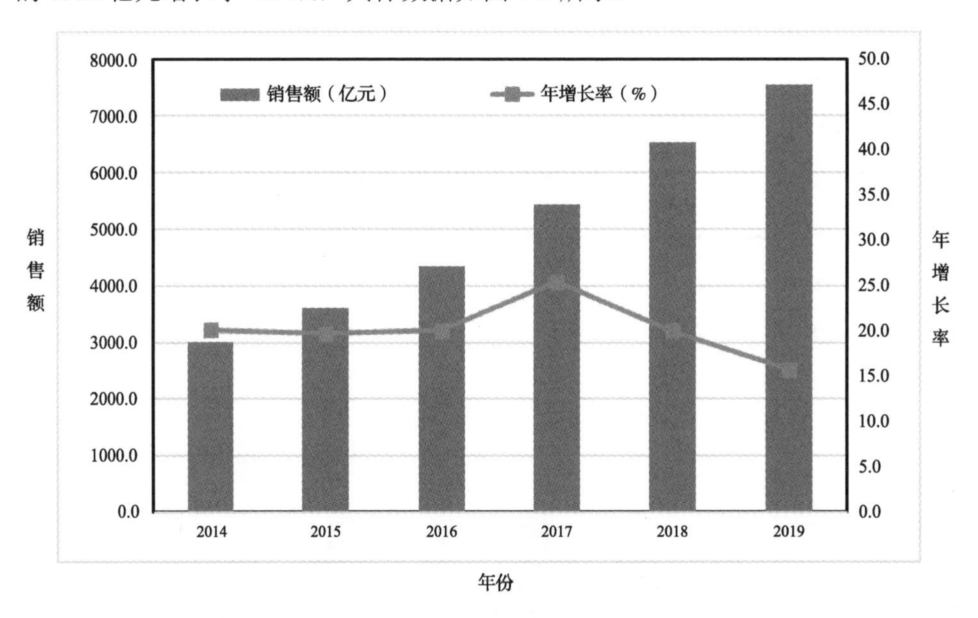

图 1-2　中国集成电路产业规模

（数据来源：中国半导体行业协会）

从集成电路产业自身发展和构成来看，它实际上已经自成一条巨大的产业链，通过整个产业链带动了电子制造业的整体发展。

集成电路的生产制造流程是以集成电路设计为主导的，首先由集成电路设计公司（IC Design house）设计出集成电路，然后由芯片制造企业（Foundry）制造晶圆，接着由封装测试企业进行集成电路封装（Packaging）及测试（Test），最后由电子整机产品生产制造企业面向终端应用完成整机产品的生产并投放市场。

如图 1-3 所示，集成电路产业链按照集成电路的制造流程可以划分为集成电路设计（IC design）、晶圆制造（wafer Fabrication，FAB）、封装与测试（Packaging & Test）三个主要环节。三个环节各自发展出相应的互相关联的子产业。其中，集成电路封装测试产业是集成电路产业链后段的关键环节。封装材料则是从集成电路封装测试产业中衍生出来的关键支撑环节。

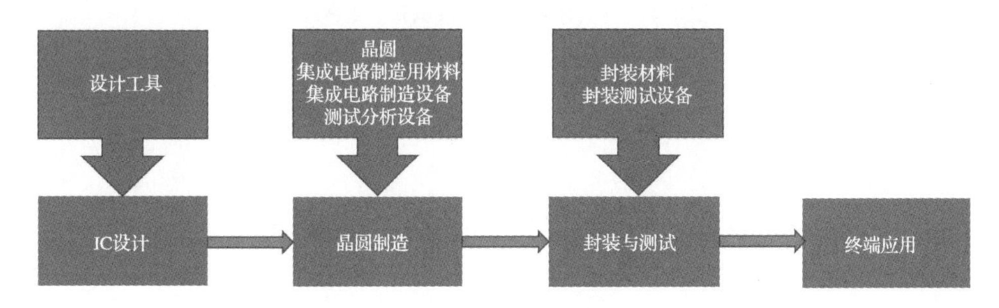

图 1-3 集成电路产业链

从总体上来看，中国的集成电路行业包括集成电路设计、芯片制造和封装测试三大产业。其中，封装测试产业的规模约占集成电路总体产业规模的 1/3，在 2014—2019 年，保持着 10%以上的年增长率。图 1-4 显示了近年来中国集成电路封装测试产业规模。在图 1-4 中，2019 年，中国集成电路封装测试产业年度销售收入达到 2067.3 亿元，年增长率为 5.2%。

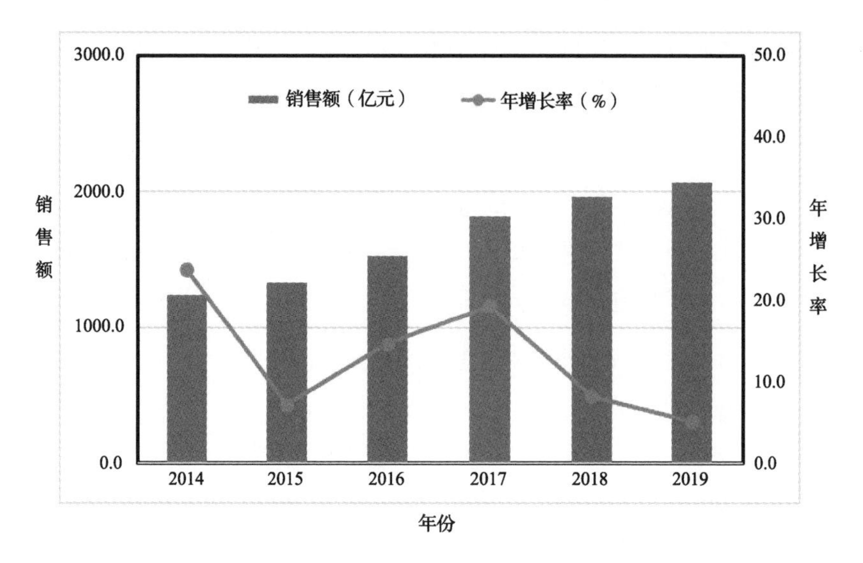

图 1-4　中国集成电路封装测试产业规模

（数据来源：中国半导体行业协会）

1.2　集成电路先进封装

集成电路产业的发展推动了电子整机产品实现小型化、薄型化、高性能化、多功能化、高可靠性和低成本化，这种发展趋势使得集成电路封装密度急剧增加，引线框架型封装（Lead Frame，LF）和基于引线键合（Wire Bonding，WB）的球栅阵列封装（Ball Grid Array，BGA）等传统的封装形式已经不能满足电子产品的实际要求，而以倒装芯片封装（Flip Chip，FC）、圆片级封装（Wafer Level Package，WLP）及基于硅通孔（Through Silicon Via，TSV）技术的三维集成（Three Dimension Integration，3D Integration）和系统级封装（System Level Integration in Package，SiP）等为代表的先进封装技术正在得到发展和实际应用，可以提升元器件系统级的工作性能，满足元器件对封装的要求，其产品市场正在迅速扩大。

图 1-5 展示了 Yole Development 在 2020 年对全球先进封装市场的统计数据及预测。数据表明，以晶圆数量衡量全球先进封装市场，晶圆数量将从 2019 年的约 2900 万片晶圆增长到 2025 年的约 4300 万片晶圆，复合年成长率（Compound

Annual Growth Rate，CAGR）约为 7%。在先进封装的业务中，主要的封装形式集中在倒装芯片封装、以扇入型（Fan-in）及扇出型（Fan-out）为代表的圆片级封装和基于 2.5D 及 3D 的三维集成，其中复合年成长率最高的封装形式为基于 2.5D 及 3D 的三维集成，将达到 25%左右。

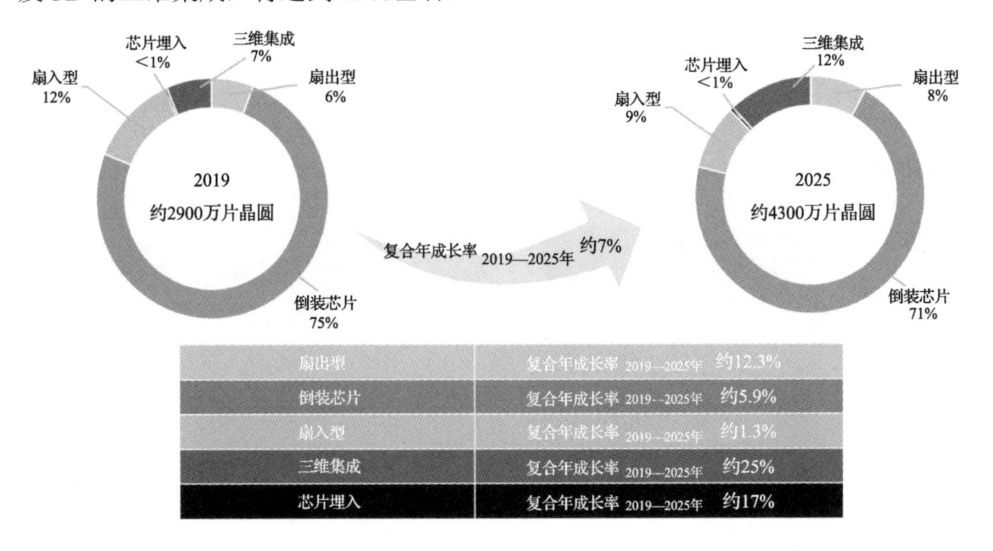

图 1-5 全球 2019—2025 年先进封装市场规模预测

（数据来源：Yole Development 报告）

几种典型的集成电路先进封装形式，包括倒装芯片封装、圆片级封装和三维集成等，以及各先进封装形式所涉及的主要封装材料将在下面进行介绍。

1.2.1 倒装芯片封装

倒装芯片封装是指基于凸点（Bump）结构实现芯片与芯片载体（基板等）互连的封装形式。该封装形式由于在高速信号处理、散热特性、小型化等方面具有优势，因此在中央处理器（Central Processing Unit，CPU）、图形处理器（Graphics Processing Unit，GPU）、现场可编程门阵列（Field Programmable Gate Array，FPGA）、数字信号处理器（Digital Signal Processor，DSP）、通信和智能终端处理器的应用处理器（Application Processor，AP）及发光二极管（Light Emitting Diode，LED）等产品的封装中得到较广泛的应用。

倒装芯片封装技术本身不属于新的封装技术，起源可以追溯到 20 世纪 60 年代由 IBM 发明的可控塌陷芯片连接（Controlled Collapse Chip Connection，C4）技术。该技术随着凸点技术和封装技术的整体发展而持续演化，到现在已经发展成为一种通用的封装技术。

图 1-6 所示为典型倒装芯片封装结构示意图，所涉及的主要封装材料包括承载芯片的芯片载体（基板）、作为包封保护材料的底部填充料及作为互连材料的凸点等。

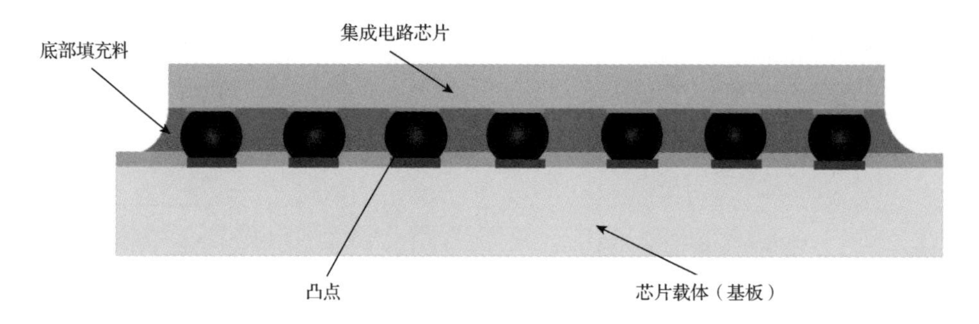

图 1-6　典型倒装芯片封装结构示意图

1.2.2　圆片级封装

国际半导体技术路线图（International Technology Roadmap for Semiconductor，ITRS）中对圆片级封装的定义如下。

（1）封装和测试是基于圆片（或圆片形式）实现的。

（2）封装后形成的单个封装体可以直接应用于电路组装工艺。

圆片级封装也称晶圆级封装，封装形式主要包括 I/O 端扇入型（Fan-in） 圆片级封装、I/O 端扇出型（Fan-out）圆片级封装、集成无源器件（Integrated Passive Devices， IPD）圆片级封装及各类传感器的圆片级封装等。

圆片级封装在低成本和小型化等方面具有优势，将是未来先进封装的重要发展方向。目前，可擦除可编程只读存储器（Erasable Programmable Read Only Memory，EPROM）、模拟芯片、射频（Radio Frequency，RF）及集成无源器件、微机电系统（Micro-Electro-Mechanical System，MEMS）等器件已普遍采用圆片级封装技术。

图 1-7 所示为 Infineon 公司的扇出型圆片级封装——嵌入式圆片级球栅阵列封装（embedded Wafer Level Ball Grid Array，eWLB）示意图。这是典型圆片级封装的封装结构，所涉及的主要封装材料包括制造再布线层（Redistribution Layer，RDL）中介质层的光敏材料、布线金属层材料和实现微互连的微细连接材料及包封保护材料等。

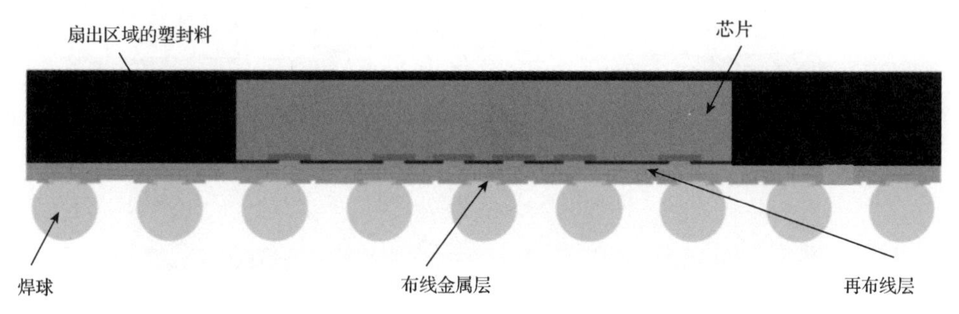

图 1-7　圆片级封装示意图

（来源：Infineon 公司的扇出型圆片级封装——eWLB）

1.2.3　三维集成

当传统的以引线框架型封装、基板类封装为代表的二维平面封装在高密度、小型化及系统化上不能满足电子元器件的需求时，三维集成成为产业界的重要选择。三维集成缩短了互连线总长度，缩短了互连延迟，降低了互连功耗，减小了集成面积，并进一步促进电子元器件的小型化。

按封装与集成的层次来划分，三维集成的主要形式包含如图 1-8 所示的单一封装体内的芯片堆叠（Chip on Chip，CoC）及如图 1-9 所示的不同封装体之间的叠层封装（Package-on-Package，PoP）。

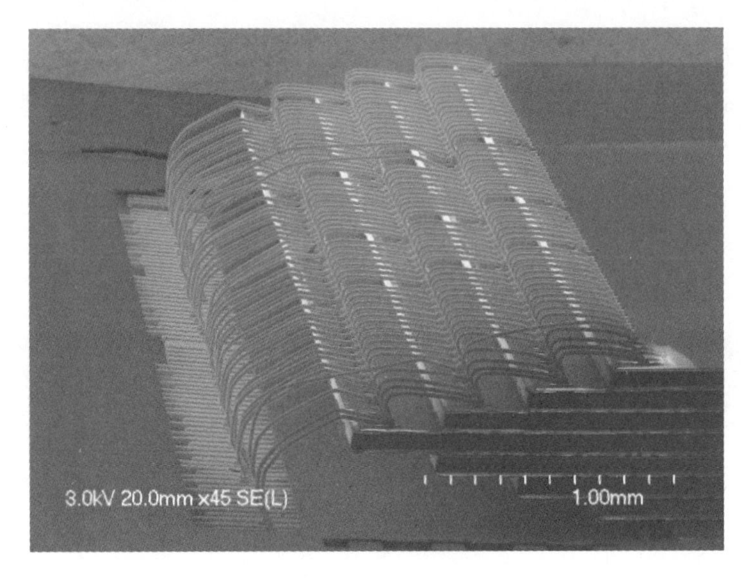

图 1-8　芯片堆叠

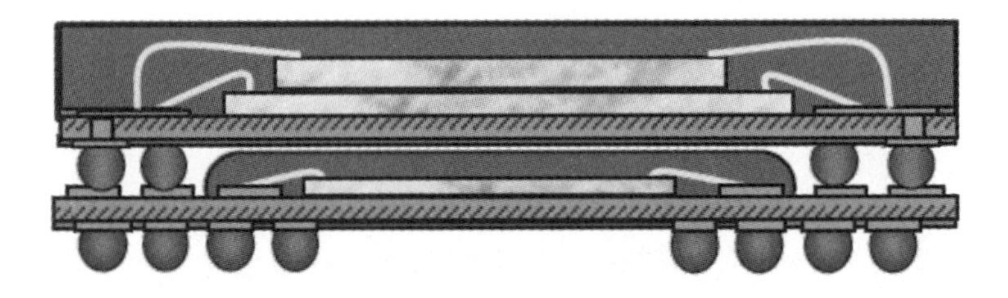

（a）下封装为引线键合形式的叠层封装

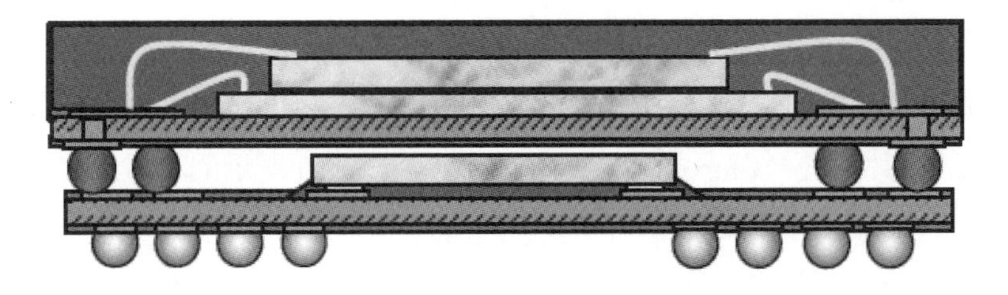

（b）下封装为倒装键合形式的叠层封装

图 1-9　叠层封装

目前，产业界较成熟的三维集成封装形式主要包括存储器封装中常见的基于 CoC 技术的多芯片封装（Multi-Chip Package，MCP）及基于 PoP 技术的应用于智能手机应用处理器封装的 PoP 封装等。

CoC 和 PoP 中涉及的主要封装材料除传统的键合引线外，主要还包括芯片黏接材料、芯片载体（基板）、微细连接材料及包封保护材料等。如果互连形式包含倒装互连，那么封装材料还会包括互连用的凸点及底部填充料等。

TSV 技术由于具有缩短延迟、降低能耗和提高集成度的优势，因此成为未来三维集成的重要方向，主要包括直接在功能芯片上通过硅通孔实现三维集成的 3D 集成及利用带有硅通孔的无源硅中介转接层实现芯片互连的 2.5D 集成等。目前，市场上已经出现了基于 TSV 技术的部分产品，如三星电子（Samsung Electronics）已正式量产的应用于高端服务器的基于 3D TSV 的 64GB DDR4 RDIMM 内存、美国赛灵思公司（Xilinx）的利用 2.5D 硅中介转接层（业界也称硅转接板，Si Interposer）的 FPGA （Virtex-7 2000T）和基于 TSV 技术的微机电系统封装的产品（RF MEMS 及一些惯性 MEMS 器件）等。三星电子采用 3D TSV 堆叠的动态随机存取存储器（Dynamic RAM，DRAM）截面结构如图 1-10 所示。

图 1-10　DRAM 截面结构

（来源：三星电子（Samsung Electronics）报告）

1.3 集成电路先进封装材料概述

集成电路封装测试是整个集成电路产业链的关键组成部分。对于封装测试产业来说，封装材料是整个封装测试产业链的基础。虽然从市场角度看，2018 年全球集成电路封装材料市场规模达 198 亿美元，仅占当年全球集成电路市场整体规模的 4%左右［国际半导体设备与材料协会（Semiconductor Equipment and Materials International，SEMI）公开数据］，但封装材料的重要性从技术和产品可靠性角度看仍然不可忽视。

集成电路先进封装产品中所使用具体材料的种类及其价格虽然按照封装形式和产品种类的不同存在较大差异，但封装材料的成本一般会占到整体封装成本的40%～60%。作为实现先进封装工艺的基础和保障，先进封装中的关键材料已经日益成为制约集成电路产业发展的瓶颈之一。

本书中提到的集成电路先进封装材料，主要包括集成电路 2.5D、3D 封装与集成、圆片级封装、倒装焊、系统级封装等先进封装形式中所需要用到的封装材料，不考虑芯片本身，仅考虑集成电路器件和模块外围封装结构及封装工艺中需要用到的相关材料。

随着封装形式的不同，先进封装中所使用的封装材料的种类各不相同。本书不局限于特定的封装形式，而广泛地涉及应用于各类集成电路先进封装中的各种材料。图 1-11 以系统级封装为例展示了先进封装中所涉及的材料及部位示意图。

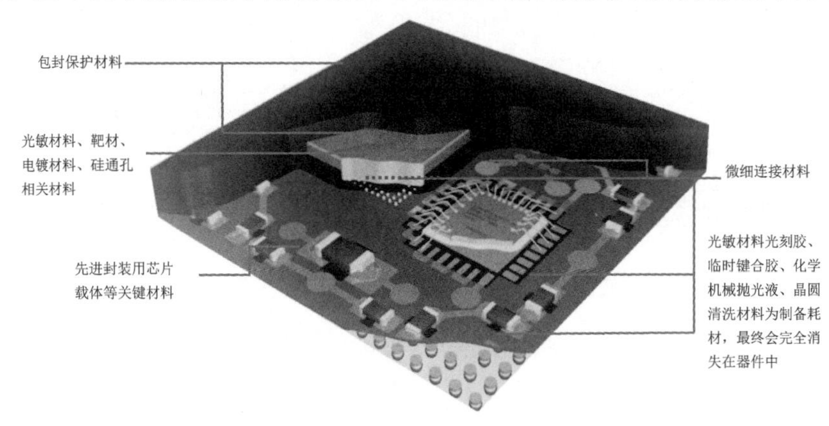

图 1-11 先进封装中所涉及的材料及部位示意图

集成电路先进封装材料的分类方法很多，一般按照该材料在生产制造的最终产品中存在与否及该材料在生产制造过程中所起的作用来区分，集成电路先进封装材料可以分为主材料（或直接材料）和辅材料（辅助材料或间接材料）。

集成电路先进封装材料中的主材料是先进封装工艺过程中形成元器件主体的主要原材料，应用于先进封装工艺过程，最后在完成封装的电子元器件中得到保留。

集成电路先进封装材料中的辅材料是先进封装工艺过程中的辅助原材料和耗材，应用于先进封装工艺过程，在生产制造中起到工艺辅助作用，最后不参与构成完成封装的电子元器件。

依据材料的基本类别和先进封装对相应材料的需求，本书将先进封装材料分为以下十二大类：光敏材料、芯片黏接材料、包封保护材料、热界面材料、电镀材料、靶材、微细连接材料及助焊剂、化学机械抛光液、临时键合胶、硅通孔相关材料、晶圆清洗材料、芯片载体材料，如表 1-1 所示。下面将分章节进行说明。

表 1-1 本书包含的先进封装材料分类及说明

章节号	章节名称	说明	备注
第 2 章	光敏材料	包括介质层材料、钝化层材料及光刻掩模材料	介质层材料、钝化层材料为主材料 光刻掩模材料为辅材料
第 3 章	芯片黏接材料	包括贴片胶、贴片膜、焊料等	主材料
第 4 章	包封保护材料	包括环氧塑封料、底部填充料等	主材料
第 5 章	热界面材料	TIM 材料	主材料
第 6 章	硅通孔相关材料	包括硅通孔的绝缘层、介质层、种子层等	主材料
第 7 章	电镀材料	包括 TSV 填充电镀液、凸点电镀液及电镀阳极材料等	辅材料
第 8 章	靶材	主要包括溅射靶材	辅材料
第 9 章	微细连接材料及助焊剂	包括微凸点及助焊剂材料等	主材料
第 10 章	化学机械抛光液	主要指 TSV 抛光材料	辅材料
第 11 章	临时键合胶	封装工艺中辅助或临时键合材料	辅材料
第 12 章	晶圆清洗材料	主要包含 PR Stripper 等清洗材料	辅材料
第 13 章	芯片载体材料	基板及 Interposer 等芯片载体材料	主材料

参考文献

[1] 中国半导体行业协会封装分会. 中国半导体封装测试产业调研报告（2020年版）[R]. 2020.

[2] 中国半导体行业协会封装分会. 中国半导体封装测试产业调研报告（2019年版）[R]. 2019.

[3] 中国半导体行业协会封装分会. 中国半导体封装测试产业调研报告（2018年版）[R]. 2018.

[4] 中国半导体行业协会封装分会. 中国半导体封装测试产业调研报告（2017年版）[R]. 2017.

[5] TONG H M，LAI Y S，WONG C P. Advanced Flip Chip Packaging[M]. Springer，New York Heidelberg Dordrecht London，2013.

[6] Advanced IC packaging technologies，materials and markets[R]. New Venture Research Corp. 2017.

[7] CHARLES A. HARPER. 电子封装与互连手册（第四版）[M]. 贾松良，蔡坚，沈卓身，等译. 北京：电子工业出版社，2009.

[8] International Technology Roadmap for Semiconductors：Assembly and Packaging[J]. The International Technology Roadmap for Semiconductors，2009.

[9] 国家集成电路封测产业链技术创新战略联盟. 中国集成电路封测产业链技术创新路线图[M]. 北京：电子工业出版社，2013.

[10] IVY Q，ORANNA Y，GARY S，et al. Advances in Wire Bonding Technology for 3D Die Stacking and Fan Out Wafer Level Package[C]//2017 IEEE 67th Electronic Components and Technology Conference（ECTC）：1309-1315.

[11] CURTIS Z，LEE S，JEFF N. Surface mount assembly and board level reliability for high density POP（Package-On-Package）utilizing through mold via interconnect technology[C]//Proceedings of the SMTA International Conference，Orlando，Florida，August 17-21，2008.

[12] UKSONG K，CHUNG H J，SEONGMOO H，et al. 8GB 3D DDR3 DRAM using through-silicon-via technology [C]//2009 IEEE International Solid-State Circuits Conference-Digest of Technical Papers：130-132.

第2章 光敏材料

光敏材料，即对特定波段的光辐射敏感，吸收光子能量而发生光敏反应，并引发相应物质结构、光学特性改变的光学材料。

集成电路先进封装中常用的光敏材料按照在先进封装中的作用通常分为以下两类。

（1）光敏绝缘介质材料（Photo Sensitive Dielectric Material）。

（2）光阻材料（Photo Resist Material）。

其中，光敏绝缘介质材料属于主材料，在经过工艺加工后依然保留在器件上，通过光刻工艺来制造器件中必要的图形和结构，还可以作为绝缘层或介质层存在，并起到了保护信号完整性的作用；光阻材料只是器件加工工艺过程中的耗材，主要作为光刻工艺过程中的掩模版来制造金属导电线路的图形结构，工艺过程结束之后就会采用剥离工艺去除，最后不会保留在器件上，属于辅材料。

2.1 光敏绝缘介质材料

在集成电路先进封装中，光敏绝缘介质材料主要用在圆片级芯片封装（Wafer Level Chip-scale Package，WLCSP）、扇出型圆片级封装、集成无源器件（Integrated Passive Device，IPD）圆片级封装上作为主要的介质材料，同时可以作为芯片的机械支撑材料。可以说，所有类型的圆片级封装产品都需要使用光敏绝缘介质材料来制造介质层。

2.1.1　光敏绝缘介质材料在先进封装中的应用

在圆片级封装结构中，晶圆表面的钝化层和晶圆信号排布的再布线层结构中的介质都需要通过光敏绝缘介质材料来制造。

图 2-1 所示为典型的圆片级封装模块的结构。在再布线层结构中，除可以作为再布线信号层的金属布线和凸点互连材料外，光敏绝缘介质材料是其中最主要的封装结构材料。

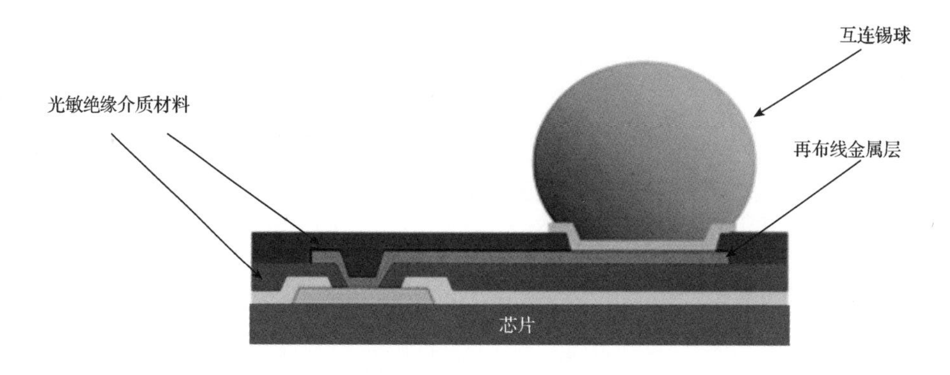

图 2-1　典型的圆片级封装模块的结构

目前，市场上虽然已经有很多不同类型的光敏绝缘介质材料，但应用于集成电路先进封装的光敏绝缘介质材料主要包括光敏聚酰亚胺（Photo Sensitive Polyimide，PSPI）和苯并环丁烯（Benzocyclobutene，BCB）两类。其中，BCB 是陶氏化学（Dow Chemical）专门为了绝缘薄膜封装设计开发的光敏聚合材料，常用于 MEMS 等器件圆片级键合互连（Wafer Level Bondig）的介质材料，同时是前期产业界圆片级封装制造中绝缘介质材料的主要选择。

PSPI 目前最大的用户是英特尔（Intel）。英特尔在制造中央处理器和图形处理器晶圆时都要使用而且仅使用 PSPI 来制造表面钝化层。由于此类处理器都采用倒装芯片的封装形式，因此英特尔使用 PSPI 作为介质来制造凸点或铜柱类的微细连接再布线层。

封装测试代工厂（Outsourced Semiconductor Assembly and Test，OSAT）在不同类型的圆片级封装产品上使用光敏绝缘介质材料，几家主要的封装测试代工厂［如日月光（ASE）、安靠（Amkor）、矽品（SPIL）、星科金朋等］虽然成功实现了

BCB 在圆片级封装中的量产应用，但 BCB 主要应用于小尺寸芯片和 WLCSP 产品上。由于 PSPI 具有更好的机械与材料特性，因此较多的封装测试代工厂选择 PSPI 作为大尺寸芯片圆片级封装的封装材料。

从事 WLP、MEMS 和图像传感器（Image Sensor）封装的制造企业大部分为光敏绝缘介质材料的用户，这些制造企业包括但不限于台湾积体电路制造股份有限公司（简称台积电，Taiwan Semiconductor Manufacturing Company，TSMC）、德州仪器（Texas Instruments，TI）、三星电子（Samsung Electronics）、台湾精材科技股份有限公司（简称台湾精材， Xintec）、中芯国际集成电路制造有限公司（简称中芯国际，SMIC）、江苏长电科技股份有限公司/江阴长电先进封装有限公司（简称长电科技/长电先进，JCET /JCAP）以及苏州晶方半导体科技股份有限公司（简称晶方科技，WLCSP）等。

美国的陶氏化学（Dow Chemical）为目前世界上唯一的 BCB 材料供应商。日本的富士胶片（Fujifilm）则为目前世界上最大的 PSPI 材料供应商（英特尔是其主要客户），其他 PSPI 材料供应商还包括 HD 微系统公司（HD Microsystems）、AZ 电子材料有限公司（AZ Electronics Materials）、旭化成电子材料株式会社（Asahi Kasei E-Materials）、东丽株式会社（Toray）等，其中 HD 微系统公司是日立化成（Hitachi Chemical）和杜邦（DuPont）的合资公司。中国台湾律胜科技股份有限公司等企业也在开展 PSPI 的研究与开发，其产品目前主要应用于柔性电路板（Flexible Printed Circuit，FPC）、印制电路板（Printed Circuit Board，PCB）与 IC 基板的制造。

2.1.2　光敏绝缘介质材料类别和材料特性

目前应用于集成电路先进封装的光敏绝缘介质材料主要为 PSPI 和 BCB 两类材料，这两类材料各自具有明显特点。

2.1.2.1　光敏聚酰亚胺（PSPI）

PSPI 是一类主链结构上同时连接亚胺环及光敏基团的高分子聚合物，具有稳定性好，机械、电气、化学性能和感光性能良好等优点。PSPI 材料的优势主要在于其高温稳定性、良好的机械性能与较高的玻璃转化温度（T_g），在实际应用中该类材料一般需要通过 200℃或以上温度的高温进行固化，同时 PSPI 具有较高的化学收缩率和较好的吸潮性能。

表 2-1 所示为东丽株式会社不同型号的 PSPI 的材料特性。

表 2-1　东丽株式会社不同型号的 PSPI 的材料特性

型　号			LT-6100	LT-6300	LT-6500	LT-6600
类　别			低应力型	高光敏型	高 T_g 型	低应力及稍高 T_g 型
抗拉强度	MPa（200℃）		100	110	121	112
伸长率	170℃固化	%	30	30	30	30
	200℃固化	%	20	20	20	20
	250℃固化	%	20	20	20	20
杨氏模量	GPa（200℃）		2.6	2.6	3.4	2.9
热膨胀系数(CTE)	ppm/℃（200℃）		70	61	65	60
残余应力	170℃固化	MPa	13	13	21	13
	200℃固化	MPa	13	21	35	20
	250℃固化	MPa	25	23	39	26
5%失重温度	200℃固化	℃	382	374	393	367
	250℃固化	℃	388	380	412	371
T_g（TMA）	200℃固化	℃	160	180	232	194
	250℃固化	℃		201	287	212
介电常数	（200℃）		3.7	3.4	3.1	3.4
体积电阻	Ω・cm		$>10^{16}$	$>10^{16}$	$>10^{16}$	$>10^{16}$
表面电阻	Ω/□		$>10^{16}$	$>10^{16}$	$>10^{16}$	$>10^{16}$
击穿强度	kV/mm		>420	395	>420	>420
水吸收率	%（200℃）		1.7	1.3	1.1	1.6

传统聚酰亚胺（PI）不具备光敏性，如果有图形化需求，需要与光刻胶配合使用，基本的方法是首先在 PI 膜上涂上一层光刻胶，刻出光刻胶图形，然后用光刻胶图形作为光刻掩蔽层，接着刻蚀下层的 PI 膜，移除光刻胶后，PI 膜上即可留下光刻胶图形。以 PSPI 为基质配制成的光刻胶可直接光刻成型，同时是介电材料，大大简化了集成电路的制造工艺，并提高了光刻胶图形的精度。图 2-2 所示为 PI 和 PSPI 工艺流程对比。采用 PI 的工艺流程较复杂，而且由于引入了 PI 的刻蚀，加工精度相对较低；而使用 PSPI 制造 IC 器件中的有机介电层，相对于 PI，可节省 3～4 道工序，特别是在多芯片组装和多层板的制造中，可以大幅提高生产效率、加工精度和成品率，并大大降低生产成本，具有很大的发展前景。

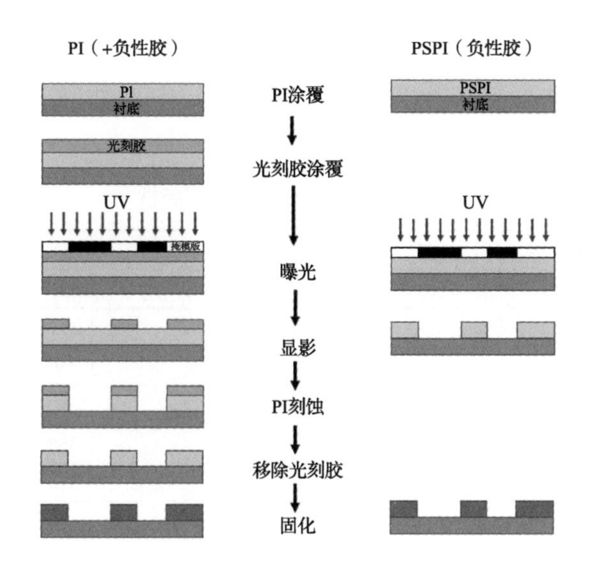

图 2-2　非光敏聚酰亚胺（PI）和光敏聚酰亚胺（PSPI）工艺流程对比

PSPI 材料按照光化学反应机理的不同可以分为负性 PSPI 和正性 PSPI 两类，按照化学结构可分为含有光敏基团的 PSPI（光敏基团可分别从主链和侧链上引入）和自增感型 PSPI。

1）负性 PSPI

负性 PSPI 所用的光敏剂一般为光交联型光敏剂，光敏树脂的溶解性随着光化学反应的进行而降低，因此曝光后得到的图形与掩模版相反，如图 2-3 所示。

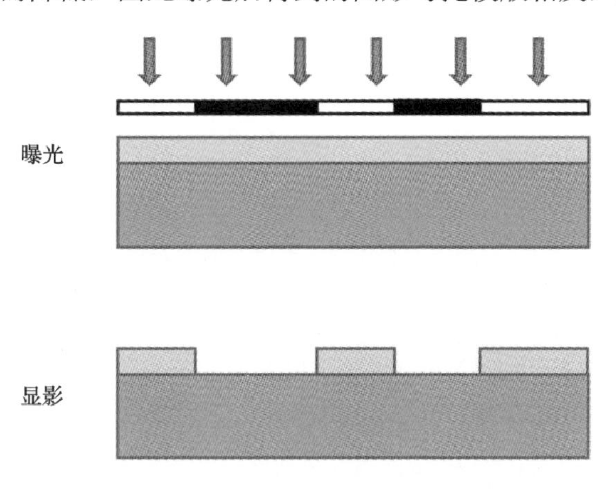

图 2-3　负性 PSPI 与掩模版的对比

一般情况下，负性 PSPI 又可分为酯型负性 PSPI、离子型负性 PSPI、自增感型负性 PSPI 三大类。这三大类材料均有商业化产品。典型 PSPI 的材料特性如表 2-2 所示。

表 2-2　典型 PSPI 的材料特性

公　司	商 品 名	类　型	曝光量/（mJ/cm²）	亚胺化温度/°C	留膜率/%
Asahi	Pimel	酯型负性 PSPI	300	350	50
Du pont	Pyralin	酯型负性 PSPI	200	350	50
OCG	Probimide	酯型负性 PSPI	150	350	60
Toray	Photoneece	离子型负性 PSPI	250	350	60
Amoco	Ultradel	自增感型负性 PSPI	230	350	92
波米科技	ZKPI	—	—	—	92

（1）酯型负性 PSPI。

最早出现的具有应用价值的 PSPI 是酯型负性 PSPI。1976 年，西门子公司的 Rubner 将对 UV 敏感的光敏性醇与均苯二酐反应制得二酸二酯，酰氯化后与芳香二胺反应得到高分子链，生成比较稳定的聚酰胺酯（PAE）。其合成过程如图 2-4 所示。

目前市场上销售的酯型负性 PSPI 结构虽然均与图 2-4 类似，但在光敏基团和增感剂的选取方面，不同公司有所区别。该类 PSPI 有较好的流平性和成膜性，缺点是膜收缩率较大，分辨力只有 5～10μm，感光度较低，可在单位结构中引入较多的光敏基团进行改善。

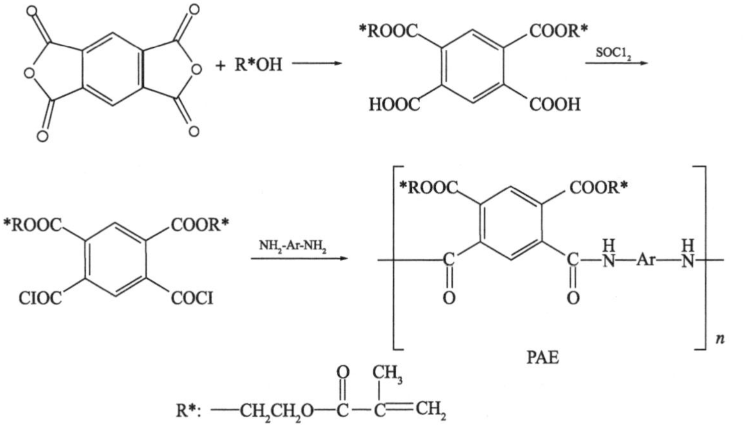

+ R*OH

ROOC　COOR　HOOC　COOH

$SOCl_2$

ROOC　COOR　ClOC　COCl

NH_2-Ar-NH_2

PAE

R*: $—CH_2CH_2O—C(=O)—C(CH_3)=CH_2$

图 2-4　酯型负性 PSPI 的合成过程

（2）离子型负性 PSPI。

离子型负性 PSPI 由聚酰胺酸和含有丙烯酸酯或甲基丙烯酸酯的叔胺组成。由这种合成方法制成的 PSPI 的优点是热稳定性好、电绝缘性好、制造简单、易实现商品化；缺点是因为光敏基团以离子键的形式与聚酰胺酸高分子链结合，在曝光及亚胺化的过程中大量光敏基团会脱落，所以膜的损失率比较高，分辨力下降。

离子型负性 PSPI 分子式如图 2-5 所示。

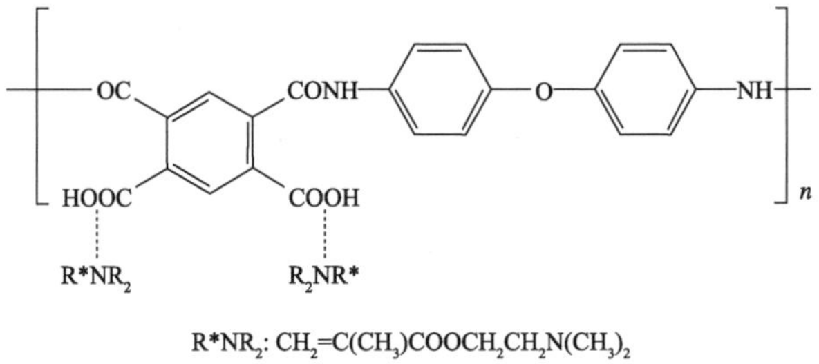

OC CONH O NH n
HOOC COOH
R^*NR_2 R_2NR^*

R^*NR_2: CH_2=$C(CH_3)COOCH_2CH_2N(CH_3)_2$

图 2-5 离子型负性 PSPI 分子式

（3）自增感型负性 PSPI。

自增感型负性 PSPI 指的是单元结构内的组分本身具有光敏性，不需要合成其他光敏剂即可实现光刻的 PI 材料。其光交联机理是酮羰基受 UV 激发后，夺取邻位烷基上的氢后产生自由基，再发生交联反应，反应过程如图 2-6 所示。因为这类 PSPI 不需要亚胺化，所以制造工艺简单，产品纯度较高，较好地改善了前两类产品留膜率低的问题，更适用于微电子产业微细化发展的路线；缺点是对曝光灯源的波长敏感度不高。

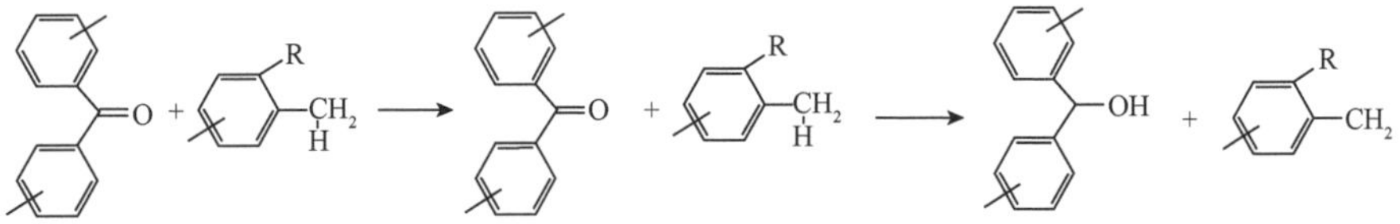

=O + R CH_2 H → =O + R CH_2 H → OH + R CH_2

图 2-6 酮羰基光化学反应过程

2）正性 PSPI

与负性 PSPI 相反，正性 PSPI 所用的光敏剂一般为光降解型光敏剂，光敏树脂的溶解性随着光化学反应的进行而提高，因此得到的图形与掩模版相同，如图 2-7 所示。

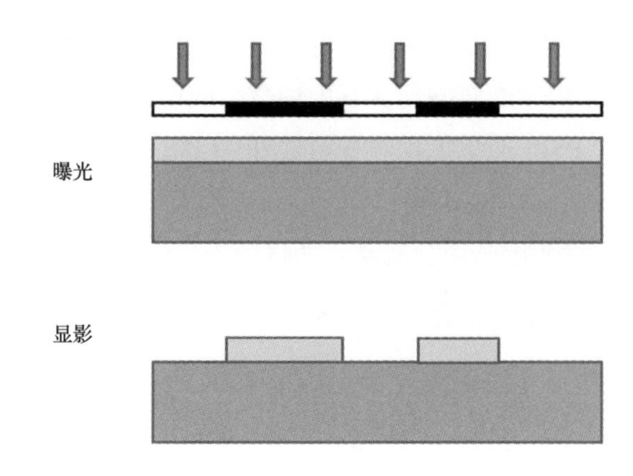

图 2-7　正性 PSPI 与掩模版的对比

正性 PSPI 的研究和开发较负性 PSPI 稍晚，负性 PSPI 由于光反应机理的优势，更易得到厚膜。正性 PSPI 在溶解时，尽管膨胀系数低，但膜的损失率较高从而难以获得厚膜。正性 PSPI 由于工艺路线不成熟，光刻图形重复性差等，发展较为缓慢，但其具有更高的分辨力及在碱性溶液下即可显影（无须在有机溶剂中显影）等优点，所以应用需求越来越大。

一般情况下，正性 PSPI 可以分为邻硝基苄酯型正性 PSPI、重氮萘醌磺酸酯（DNQ）型正性 PSPI、聚异酰亚胺型正性 PSPI、环丁基亚胺树脂型正性 PSPI 等。

（1）邻硝基苄酯型正性 PSPI。

邻硝基苄酯型正性 PSPI 能够在 UV 作用下重排，分解成可溶性的羧酸和醛，其反应过程如图 2-8 所示。

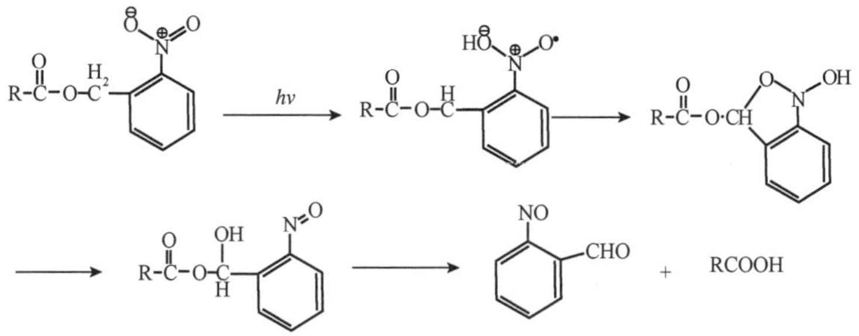

图 2-8　邻硝基苄酯型正性 PSPI 的光化学反应过程

根据这个反应，高分子链上连接有邻硝基苄酯的 PI 在光作用下就能破坏酯键，转化为羧基，所以这类 PSPI 在曝光后可以溶解在碱性溶液中，而非曝光区保持不变，形成与掩模版相同的正性光刻图形。这类 PSPI 的图形分辨力较高，可达 1μm，但是敏感度很差，一般曝光时间较长。

（2）DNQ 型正性 PSPI。

DNQ 型正性 PSPI 是由具有较好溶解性的 PI 和抑制溶解剂重氮萘醌磺酸酯类化合物（DNQ）合成的。在光作用下，DNQ 发生变化形成茚酸类物质，失去了对 PI 抑制剂的作用，PI 的曝光部分能够溶解在碱性溶液中，因此能形成与掩模版相同的正性光刻图形。这类 PSPI 的优点是可以采用水基显影液，且显影液对胶膜没有溶胀作用，所以图形分辨力较高。DNQ 型正性 PSPI 光化学反应过程如图 2-9 所示。

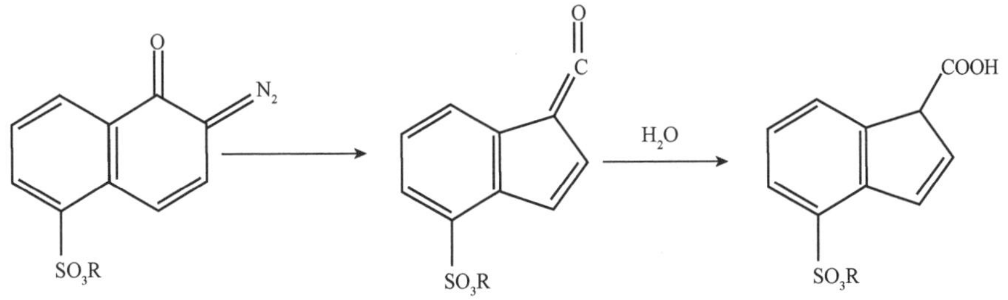

图 2-9　DNQ 型正性 PSPI 光化学反应过程

（3）聚异酰亚胺型正性 PSPI。

聚异酰亚胺型正性 PSPI 是以溶解性优良、介电常数低、图形稳定性好的聚异酰亚胺（Polyisoimide，PII）为前驱体，基于聚异酰亚胺和聚酰亚胺的溶解性差异获得与掩模版相同的正性光刻图形的材料。

（4）环丁基亚胺树脂型正性 PSPI。

环丁基亚胺树脂型正性 PSPI 是利用马来酸酐（顺丁烯二酐，Maleic anhydride）等经光化学反应，首先制得二聚体，然后与其他化学物质反应制得聚酰胺酸或聚酞氨酸，脱水后得到环丁基酰亚胺树脂，接着通过调配制成的。这类 PSPI 经 UV 照射后，曝光部分可以溶解在有机溶剂二甲基乙酰胺（Dimethylacetamide，DMAC）中，从而获得与掩模版相同的正性光刻图形。

近年来，随着集成电路封装技术的飞速发展，芯片的多层堆叠、超薄芯片封装及扇出型圆片级封装等相关封装形式得到了飞速的发展。对于这些封装形式，应力不匹配导致的芯片弯曲是非常严重的可靠性问题，为了解决这类问题，低应力缓冲层和再布线层都是很有必要的，因此 PSPI 有很好的应用前景。

2.1.2.2 BCB

BCB 是陶氏化学（Dow Chemical）开发的一种先进电子干法刻蚀树脂，它是通过在高分子单体中引入一定量的硅烷基团而形成的材料，这种材料组成使得 BCB 作为一种有机材料拥有接近无机材料性能的特点，如化学性能稳定（不易溶于丙酮）、耐高温（可承受 350℃高温）、与硅衬底热失配小及机械强度高等。

BCB 种类繁多，从其感光性质上进行分类可以分为光敏 BCB 与非光敏 BCB 两类。在集成电路领域内常用的是光敏 BCB，光敏 BCB 是专门为了绝缘薄膜封装设计而开发的，也是圆片级封装制造中再布线层材料的主要选择。光敏 BCB 分子结构图如图 2-10 所示。

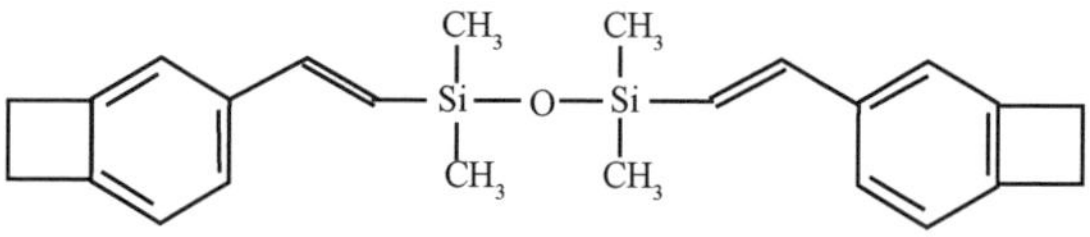

CH_3 CH_3 Si O Si CH_3 CH_3

图 2-10　光敏 BCB 分子结构图

表 2-3 所示为陶氏化学（Dow Chemical）的不同型号光敏 BCB 光刻胶及其特性，可以看到材料的固化厚度随黏度提高而增大。

表 2-3　陶氏化学（Dow Chemical）的不同型号光敏 BCB 光刻胶及其特性

型　号	黏度（cSt）（@25℃）	固化厚度/μm
4022-25	34	0.8～1.8
4022-35	192	2.5～5.0
4024-40	350	3.5～7.5
4026-46	1100	7.0～14.0
XU35078 type 3	1950	15～30

表 2-4 给出了光敏 BCB（CYCLOTENETM4000 系列产品）的材料特性，可以总结出光敏 BCB 具有较多的优良的材料特性，如下。

（1）低介电常数（一般约为 2.7）。

（2）低离子含量。

（3）低吸水率。

（4）低固化温度。

（5）高温下稳定性好，同时具有低的气体挥发率。

（6）良好的抗溶剂腐蚀性等。

表 2-4　光敏 BCB（CYCLOTENETM4000 系列产品）的材料特性

材料特性	数　值
击穿强度 V_B/（MV·cm^{-1}）	5.3
介电损耗	0.0008
介电常数（1kHz～20GHz）	2.65
漏电流/（A·cm^{-2}）	4.7×10^{-10}
热导率 λ/（W·m^{-1}·K^{-1}）	0.29
体电阻率 ρ/（Ω·cm）	1×10^{10}
热膨胀系数 CTE/（ppm/℃）	42
拉伸模量 E/GPa	2.9±0.2
玻璃化温度 T_g/℃	＞350
泊松比	0.34
抗张强度 σ_b/MPa	87±9
硅表面应力 σ/MPa	28±2

BCB（CYCLOTENETM4000 系列产品）图形化工艺流程如图 2-11 所示，和 PSPI 一样，具有非常简单的工序，因此在实际生产中生产效率、加工精度和成品率均较高。

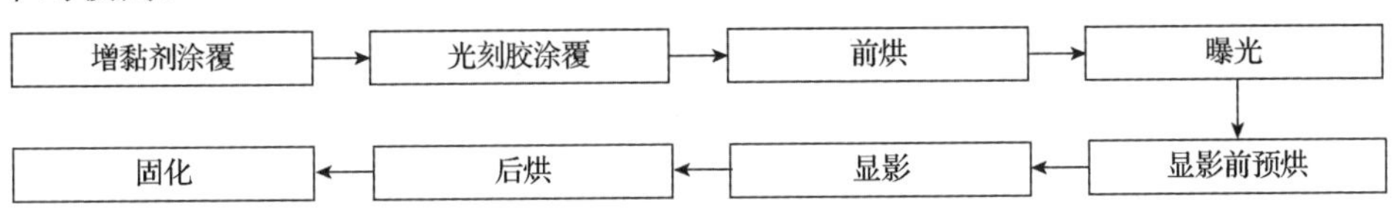

图 2-11　BCB（CYCLOTENETM4000 系列产品）图形化工艺流程

实际上，光敏绝缘介质材料还有一些其他材料体系，包括环氧树脂（Epoxies）、聚苯并恶唑（Polybenzoxazole，PBO）、芳香族含氟聚合物（Aromatic fluoropolymer，Al-X）等，这些材料虽然在某些特定的封装产品中得到应用，但目前还不能在圆片级封装生产制造中大规模地取代 BCB 和 PSPI 两种材料。

2.1.3 新技术与材料发展

近年来，随着芯片厚度的减小和平面尺寸的增大，BCB 在大芯片封装产品上引发的高应力已不能满足产品可靠性的要求，而且 BCB 的断裂强度较低，所以产业界在大尺寸圆片级封装产品中开始选择其他材料来替代 BCB。

对于光敏绝缘介质材料的要求，除基本的材料特性和工艺上的易操作性外，从材料应用角度考量，主要的要求是可靠性，要求材料能够通过电子元器件可靠性试验中的高低温循环和跌落试验的考核，所以材料必须有优异的拉伸、延伸机械性能和优异的抗断裂性能。

终端应用市场对便携式智能产品的小型化的需求，使得集成电路元器件趋向于轻、薄、短、小的方向发展，在提高性能的同时需要减轻元器件整体的质量和减小厚度。超薄晶圆的处理和更小的信号线间距等需求要求光敏绝缘介质材料在以下几个方面进行持续的改善。

（1）工艺具备易操作性。

（2）低杨氏模量，从而带来低的内部应力。

（3）低温可固化性。

（4）低吸潮吸水性。

（5）低介电常数。

（6）高抗断裂性能。

面向上述的改善需求，近年来研发出一些用于光敏绝缘层的新材料体系，主要包括以下几种。

1）环氧树脂（Epoxy）

无论从产量还是应用范围来说，环氧树脂材料是在电子材料中使用最多的材料。环氧树脂的优势在于具有较低的固化温度、较小的化学收缩率、较好的抗化学腐蚀性、与各种材料均具有良好的黏接强度及较低的材料成本。环氧树脂材料的局限性主要在于较高的热膨胀系数、较低的玻璃转化温度及热稳定性，会对元器件的可靠性产生一定的影响。

在如图 2-12 所示的扇出型圆片级封装（Fan Out Wafer Level Package，FOWLP）结构示意图中，光敏绝缘介质材料成型后形成再布线层，考虑到工艺的兼容性及可靠性，要求材料具有低温固化、低残余应力、对铜布线层的附着力较高等多种特性，环氧树脂类型的光敏绝缘介质材料基本满足上述要求，因此正在逐步应用于扇出型圆片级封装工艺。

图 2-12　扇出型圆片级封装结构示意图

目前环氧树脂类型的材料在光敏绝缘介质材料市场中的占有率大约为 10%。基于环氧树脂的光敏绝缘介质材料的供应商和产品主要包括 JSR Micro 的 WPR 系列、陶氏化学（Dow Chemical）的 Intervia 系列、东京应化工业株式会社（TOK）的 TMMR 系列以及 MicroChem 的 SU-8 系列，相关材料的特性在表 2-5 中列出。

表 2-5　基于环氧树脂的光敏绝缘介质材料特性

材　　料	供 应 商	类型	厚度/μm	抗拉强度/MPa	杨氏模量/GPa	T_g/°C	CTE/(ppm/°C)
WPR-5100	JSR Micro	正性	5～10	80	2.5	210	54
Intervia-8023-10	Dow Chemical	负性	8～16	/	4.0	181	62
TMMR N-A1000 T-3	TOK	负性	15～40	103	0.7	180	50
SU-8 3015BX	MicroChem	负性	15～35	73	2	200	52

2）聚苯并恶唑（Polybenzoxazole，PBO）

PBO 是一类主链含有苯并恶唑稠杂环重复单元的耐高温芳杂环聚合物，通常为正性光敏材料，曝光部分可以在水基溶液中（一般为 2.38%的 TMAH）显影去除。由于具有较高的曝光线条清晰度、较低的固化温度、较低的吸水性和较低的铜迁移率等特性，因此在 WLP 封装工艺中得到了一定的应用。

基于 PBO 体系的材料主要用于圆片级封装中的表面涂层。该类材料的主要用户是安靠（Amkor）、日月光（ASE）、矽品（SPIL）等 OSAT。目前基于 PBO 的光敏绝缘介质材料的供应商和产品主要包括 HD Microsystems 的 Pyrlin 系列和住友（Sumitomo）的 Sumiresin 系列。

HD Microsystems 开发的 HD-8940 光敏 PBO 具有较低的固化温度（200℃）。在固化过程中，PBO 通过闭环实现固化，生成机械强度较高的介电层。PBO 固化过程如图 2-13 所示。

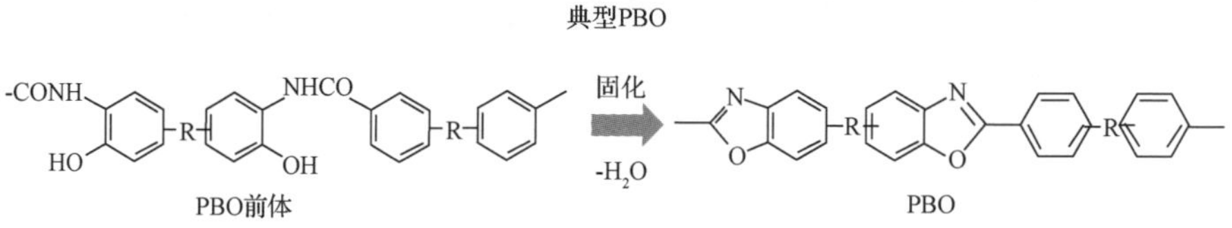

典型PBO

固化

$-H_2O$

PBO前体

PBO

图 2-13　PBO 固化过程

HD-8940 光敏 PBO 的 T_g 为 200℃，介电常数为 2.9，杨氏模量为 2.2GPa，其材料特性与包封用环氧塑封料的材料特性较接近，多应用于 FOWLP 封装产品中。

3）芳香含氟聚合物（Aromatic fluoropolymer，Al-X）

该材料为美国 AGC 公司在 2010 年商业化的热固化光敏低介电常数材料，主要用于圆片级封装中的表面再布线层。它具有低固化温度、高热膨胀系数、高伸缩率、高光敏分辨力和良好的电学性能参数，该材料通常需要在 190℃下经过数小时实现低温固化，介电常数为 2.6，目前该材料在市场上的应用主要集中于无源器件的集成及扇出型圆片级封装。

2.2　光刻胶

2.2.1　光刻胶在先进封装中的应用

光刻胶也叫光阻材料，是微细加工技术中的关键材料之一，是指光源（含 UV、准分子激光、电子束、离子束、X 射线等）照射使其在某些特定溶剂中的溶解度发生变化的耐刻蚀材料。不同于光敏绝缘介质材料，光刻胶是先进封装制造中的辅材或耗材，主要应用于先进封装再布线层中金属图形的制造等，完成后就被剥离去除，完全不留在器件上。

近年来，由于集成电路元器件小型化的需求，对集成电路封装和集成电路封装结构提出了高集成度的要求，对集成电路封装中的线条图形的精度要求也越来越高，因此光刻技术与光刻胶开始逐步应用于一些先进的封装技术，如高密度基板及中介转接层（有机/硅基/玻璃基等的 interposer）、再布线层制造技术、TSV 制造技术、高密度倒装凸点的成型技术及圆片级封装等先进封装形式中。目前大多数情况下需要光刻图形分辨力在微米数量级及光刻胶厚度为数微米至数十微米的厚胶光刻技术，结合光刻和电镀技术可以制造节距为数十微米的铜凸点，如图 2-14 所示。

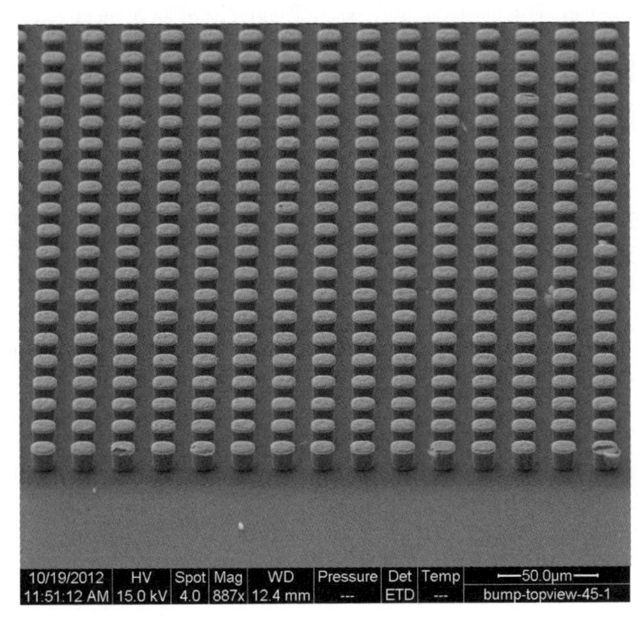

图 2-14　结合光刻和电镀技术制造的铜凸点

光刻技术是指利用光刻胶材料的光化学反应，通过曝光，将掩模版上的图形转移到衬底上的技术，如图 2-15 所示。先在衬底表面涂覆一定厚度的光刻胶膜；然后光源通过掩模版照射到光刻胶膜上，曝光的光刻胶区域发生一系列的化学反应，正性胶是见光分解的，负性胶是见光固化的；接着进行显影将曝光区域或未曝光区域的光刻胶溶解去除，在最后的刻蚀工艺中，未被光刻胶覆盖的区域被刻蚀掉而被光刻胶覆盖的区域得到保护，即掩模版的图形被转移到了衬底上。随着图形线条的不断缩小，对光刻技术中高分辨力、高深宽比、更快的显影速度、图形轮廓的完整剥离都提出了更高的要求。

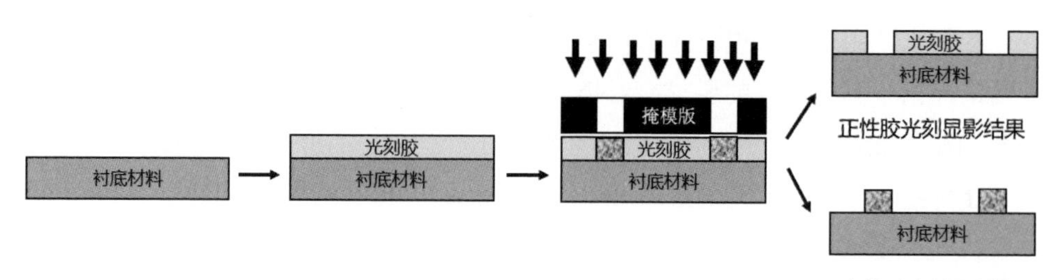

图 2-15　光刻技术示意图

表 2-6 列出了集成电路中主要使用的光刻胶。集成电路通用的光刻胶完全能够满足先进封装中对光刻胶的分辨力及厚度的基本要求，因此目前应用于集成电路的光刻胶完全可以应用于先进封装中的光刻工艺。

表 2-6　集成电路中主要使用的光刻胶

光刻胶体系	成膜树脂	感光剂	曝光波长	主要用途
紫外负性光刻胶	环化橡胶	双叠氮化合物	紫外全谱 300～450 nm	2μm 以上集成电路及半导体分立器件的制造
紫外正性光刻胶	酚醛树脂	重氮酚醛化合物	g 线 436 nm i 线 365 nm	特征尺寸 0.5μm 以上集成电路制造 特征尺寸 0.35～0.5μm 集成电路制造
248 nm 光刻胶	聚对羟基苯乙烯及其衍生物	光致产酸试剂	KrF，248 nm	特征尺寸 0.25～0.15μm 集成电路制造
193 nm 光刻胶	聚酯环族丙烯酸酯及其共聚物	光致产酸试剂	ArF，193 nm 干法 ArF，193 nm 湿法	特征尺寸 150～65 nm 集成电路制造
13.4nm 光刻胶	聚对羟基苯乙烯衍生物和聚碳酸酯类衍生物	—	10～14nm	高分辨力
电子束光刻胶	甲基丙烯酸酯及其共聚物	光致产酸试剂	电子束	高分辨力，不需要掩模版

目前光刻胶的生产企业大多是在集成电路产业发展早期就参与市场的有机感光材料企业，集中在美国、日本、欧洲、韩国和中国台湾等国家和地区，主要生产企业包括日本的东京应化工业株式会社（TOK）、JSR 株式会社（JSR）、富士胶片株氏会社（Fujifilm）、信越化学工业株式会社（Shin-Etsu Chemical）和住友化学

株式会社（Sumitomo Chemical）等；美国的 Shipley、陶氏化学（Dow Chemical）；欧洲的 Clariant 及 AZEM 等；韩国的锦湖石油化学（Kumho Petrochemical）、东进世美肯（Dongjin Semichem）等。

在全球光刻胶产业结构中，日本企业占据重要的地位。目前光刻胶市场份额位居前列的企业为日本 TOK、JSR，美国的 Shipley 及欧洲的 Clariant 等。这些企业主要供应集成电路产业用光刻胶。韩国光刻胶企业受益于韩国液晶显示（Liquid Crystal Display，LCD）和集成电路产业的崛起，知名的光刻胶生产企业为锦湖石油化学和东进世美肯等。

国际上主流的光刻胶产品是分辨力为 0.25～0.18μm 的深紫外正性光刻胶。其主要的供应商是美国的 Shipley、日本的 TOK 及瑞士的 Clariant 等公司。深紫外高分辨力光刻胶是用于 8～12 英寸超大规模集成电路制造的关键功能材料，目前只有美、日等国的数家企业能够生产。

中国大陆进行光刻胶研发及生产的单位主要有北京科华微电子材料有限公司、苏州瑞红电子化学品有限公司、潍坊星泰克微电子材料有限公司、无锡化工研究设计院有限公司（原无锡化工研究所）及永光（苏州）光电材料有限公司等。从国内市场来看，g/i 线用的光刻胶已经量产；KrF 光刻胶和 ArF 光刻胶已开始进行认证及小批量生产；中国大陆目前尚不具备最新的极紫外线（Extreme Ultraviolet，EUV）光刻胶的研发条件和生产制造能力。

2.2.2　光刻胶类别和材料特性

2.2.2.1　光刻胶主要技术参数

基于光刻胶的光化学敏感性，可以实现微细图形从掩模版到待加工衬底上的转移，因此光刻胶是集成电路及集成电路封装中微细加工的关键材料。

光刻胶的成分构成较为复杂，主要包括感光物质（Photo Active Compound，PAC）、成膜树脂及其他多种助剂，如稳定剂、阻聚剂、黏度控制剂等。

通常情况下，光刻胶的形态是液态，但在印制电路板、基板制造行业及某些厚胶光刻应用的场合，也会用到干膜。干膜通常由聚乙烯（Polyethylene，PE）薄膜、光刻胶膜和聚酯（Polyethylene terephthalate，PET）薄膜三部分构成。聚乙烯薄膜和聚酯薄膜作为保护膜存在，分别在压膜前和显影前去掉，真正起作用的是中间的光刻胶膜。

光刻胶的技术参数主要有分辨力、对比度、敏感度、抗蚀性、黏滞性、黏附性。

1）分辨力

分辨力是衡量光刻工艺的一项特征指标，代表在一定的曝光源及工艺条件下获得的最小线宽尺寸，是一种分辨能力。影响分辨力的主要因素：一是光刻胶自身特性，如主体树脂的结构、感光材料、敏感度、对比度、显影时溶胀等；二是曝光设备的光源系统，曝光波长越短，系统的分辨力越高，越容易获得小尺寸线条。此外，当光刻胶涂覆厚度大于最小分辨尺寸时，光刻胶容易坍塌造成图形变形。通常正性胶的分辨力高于负性胶。

2）对比度

对比度是衡量光刻胶区分曝光区域和非曝光区域能力的一项指标，即对掩模版上亮区和暗区的区分能力，对比度越大，分辨力越高，得到的图形轮廓边缘越清晰。通常正性胶的对比度高于负性胶。

3）敏感度

敏感度是指光刻胶对一定能量的光的反应程度，是单位面积上入射的使光刻胶全部发生反应的最小光能量或最小电荷量（对电子束光刻胶而言），以 mJ/cm^2 为单位。敏感度可以用来衡量光刻胶对光的敏感程度和曝光的速度，敏感度越高，需要的曝光时间越短，生产效率越高。图 2-16 所示为三种不同光刻胶的曝光曲线。随着曝光剂量的增大，光刻胶的厚度会出现一个迅速降低的过程。这个阈值就是敏感度，厚度下降得越快，敏感度越高。曲线越陡直，光刻胶的对比度越大，分辨力越高。波长较短的深紫外光（DUV）、极紫外光（EUV）对光刻胶敏感度的影响更大。

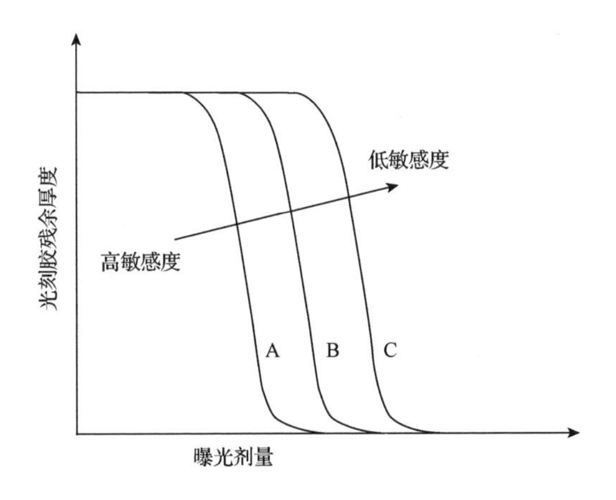

图 2-16　三种不同光刻胶的曝光曲线

4）抗蚀性

光刻胶必须具有一定的抗蚀性，可有利于后续刻蚀工序中保护衬底表面。抗蚀性包括耐热能力，在后续高温工艺中光刻胶不发生形变；抗化学腐蚀能力，在湿法刻蚀过程中光刻胶损失小，有较大的刻蚀选择比，避免“侧蚀”现象；抗等离子轰击能力，因为在线宽小于 3μm 的条件下，干法刻蚀（较好的各向异性性能）效果优于湿法刻蚀效果，所以光刻胶在干法刻蚀环境下要具有抵抗等离子体轰击的能力；抗离子注入能力，在进行阱区和源漏区离子注入工艺时，光刻胶要保证不被注入的离子击穿以防电路性能受阻。

5）黏滞性

黏滞性用于衡量光刻胶的流动特性，光刻胶中的溶剂越多，黏滞性越低。高黏滞性的光刻胶比较黏稠，可制造出较厚的光刻胶膜；低黏滞性的光刻胶流动性好，可涂覆出相对较薄、厚度均一性好的光刻胶膜。在先进封装工艺过程中，一般需要用到数微米至数十微米的厚胶，因此所应用的光刻胶要具有较高的黏滞性。

6）黏附性

光刻胶与衬底要有很好的黏附性，才能保证在后续烘烤、显影、刻蚀等工艺过程中不发生剥离。同时好的黏附性有利于形成均一的光刻胶膜。

2.2.2.2　光刻胶类别

和 PSPI 的分类一样，根据曝光前后光刻胶膜溶解性变化的差异，光刻胶可分为正性胶和负性胶两类。

根据曝光光源波长和辐射源的不同，光刻胶可分为紫外（Ultra-Violet，UV，主要包括 g 线 436nm 和 i 线 365nm）光刻胶、深紫外（Deep Ultra-Violet，DUV，248nm、193nm、157nm）光刻胶、极紫外（Extreme Ultra-Violet，EUV，10～14nm）光刻胶、电子束光刻胶、离子束光刻胶和 X 射线光刻胶等。

受封装技术的发展要求及制程加工精度的制约，目前应用于先进封装制程的主要是紫外光刻胶。紫外光刻胶分为紫外正性光刻胶和紫外负性光刻胶。

1）紫外正性光刻胶

紫外正性光刻胶是一种见光分解的光刻胶。这类胶经特定波长的紫外光照射后，曝光区域会发生光分解反应，在特定溶剂（显影液）中的溶解性增加，而非曝光区域不发生变化，溶解性远小于曝光区域，最终显影后得到与掩模版相同的图形。一般紫外正性光刻胶的分辨力比紫外负性光刻胶高，在大规模集成电路及超大规模集成电路的制造工艺中一般都采用紫外正性光刻胶。但紫外正性光刻胶具有黏附性差、抗刻蚀能力差及成本较高等缺点。

紫外正性光刻胶主要包括酚醛树脂—重氮萘醌型光刻胶（Novlac/DNQ 体系）和化学放大型光刻胶（Chemically Amplified Resists，CARs）两类体系。前者目前是集成电路芯片制造中的主力光刻胶体系，对比度好，生成的图形具有良好的分辨力，在特定的工艺下线宽可以达到 0.25μm。常见的 Novlac/DNQ 体系光刻胶以重氮萘醌（DNQ）为感光化合物，以酚醛树脂为基体材料，如 AZ 系列胶等。

紫外正性光刻胶根据所用曝光设备的光源不同，可分为宽谱紫外正性光刻胶、g 线（436nm）紫外正性光刻胶、i 线紫外（365nm）正性光刻胶。三类正性胶虽然都以酚醛树脂为基体材料，以 DNQ 为感光化合物，但在三类正性胶成分中两者的微观结构不同，因此性能，特别是分辨力不同。在对应曝光光源的照射下，三类正性胶在集成电路中制造的线路的尺寸依次降低，宽谱紫外正性光刻胶适用于 2～3μm、0.8～1.2μm 线宽；g 线紫外正性光刻胶适用于 0.5～0.6μm 线宽；i 线紫外正性光刻胶适用于 0.35～0.5μm 线宽。20 世纪 90 年代中期，i 线光刻技术取代了 g 线光刻技术的地位，目前已能满足 0.25μm 集成电路的制造要求，是国内应用广泛的光刻技术。

2）紫外负性光刻胶

紫外负性光刻胶是一种见光固化的光刻胶，这类胶经特定波长的紫外光照射后，曝光区域会发生聚合或交联得到固化，而非曝光区域未发生变化仍可溶于显影液，最终得到的图形与掩模版的图形相反。紫外负性光刻胶具有良好的黏附能力、良好的阻挡作用、感光速度快；但显影时易发生变形和膨胀、分辨力较差，适合加工线宽大于 0.35μm 的线条。

常用的紫外负性光刻胶主要有聚乙烯醇肉桂酸酯体系（聚酯胶）和环化橡胶—双叠氮体系两大类。前者是早期半导体产业使用的重要光刻胶之一，如柯达公司的 KPR 胶和 OSR 胶。聚酯胶的优点是分辨力好、敏感度高，但其在硅衬底上的黏附性较差，从而影响了在半导体产业的广泛使用。后者主要由环化橡胶（聚烃类树脂）、感光材料（双叠氮型交联剂）、增感剂和溶剂组成，这类胶与硅有良好的黏附性、抗刻蚀能力好、感光速度快，其缺点是分辨力较低，只可进行 2μm 以上线宽集成电路的制造，不能满足集成电路工业中电路微细加工线宽的要求，因此应用范围逐年缩减。

2.2.3 新技术与材料发展

随着集成电路行业的不断发展，集成电路由微米级、亚微米级、深亚微米级进入纳米级阶段，先进封装的图形分辨力目前在微米至十微米级，未来会随着集成电路的要求进一步向精细化方向发展，进入亚微米乃至纳米级。

随着分辨力要求的逐步提升，光刻技术经历了从 g 线（436 nm）光刻、i 线（365 nm）光刻，到 DUV 光刻乃至 EUV 光刻的发展历程，光刻胶的开发随着曝光光源的发展而发展，从普通紫外 g 线、i 线光刻胶，发展到 DUV 光刻胶和 EUV 光刻胶及电子束、X 射线、离子束等一系列新型化学增幅型光刻胶。随着曝光波长不断缩小，光刻胶的化学成分与微观结构等不断改进，光刻胶的综合性能大幅提升。

1）深紫外光刻胶（DUV 光刻胶）

紫外光刻技术中的 g 线（436nm）、h 线（405nm）及 i 线（365nm）光刻使用的光源均是高压汞灯，且谱线较强。深紫外光波长较短，分辨力较高，但使用汞灯作为光源输出比较弱。随着 248nm（KrF）、193nm（ArF）及 157nm（F_2）等稀有气体卤化物准分子激发态激光光源技术的发展，深紫外光刻胶工艺已实现工业化。

与紫外光刻胶不同，深紫外光刻胶多采用化学增幅技术，其特点为在光刻胶中加入光致产酸剂，光致产酸剂在曝光时可以分解出 H^+，而 H^+在显影前可以作为催化剂，促进树脂主链发生脱去保护基团的反应（正性光刻胶），或者促进树脂与交联剂发生交联反应（负性光刻胶），而且之后能重新释放出 H^+起到循环催化的作用，因此所需曝光能量显著降低，提高了光刻胶的敏感度。

（1）248nm 深紫外光刻胶。

聚对羟基苯乙烯及其衍生物在 248nm 波长处有极好的紫外光透光性能，且抗刻蚀性能强，是理想的 248nm 光刻胶的成膜树脂。该聚合物亲油性较好，与硅衬底的黏附力差，但通过化学增幅技术得到了改进。248nm 深紫外光刻胶的曝光光源是 KrF 准分子激光器，配套的光刻技术比较成熟，目前已成功用于线宽 0.25～0.15μm，1GB DRAM（Dynamic Random Access Memory）及其相关器件的制造。

（2）193nm 深紫外光刻胶。

193nm 深紫外光刻胶的曝光光源是 ArF 准分子激光器，目前已进入实用阶段。与 248nm 深紫外光刻胶不同，聚甲基丙烯酸酯体系在 193nm 波长处有良好的紫外光透光性能，其中脂环族聚甲基丙烯酸酯在结构侧链上引入了多元酯结构，较好地解决了原聚合物抗干法刻蚀性能差的问题，其黏附性可以通过在成膜树脂结构侧链上引入极性基团改善。此外，193nm 深紫外光刻胶开发了降冰片烯—马来酸酐及其衍生物、有机—无机杂化树脂和 PAG 接枝聚合物主链作为成膜树脂。

2）极紫外光刻胶（EUV 光刻胶）

目前深紫外光刻技术几乎达到极限，已经很难将集成电路线宽尺寸缩至更小的范围。EUV 光刻技术成为新一代最有潜力实现大规模商业化生产的光刻技术。EUV 光刻是利用波长为 10～14nm 的极短紫外光进行曝光的一种光刻方式，其中 13.4nm 波段已经被验证可行性并成功应用于商业。由于 EUV 波长较 DUV 大幅缩短，因此 EUV 光刻具有优异的分辨力，线宽可以达到 10nm 以内。目前 Samsung 及 TSMC 都已在其新一代的工艺节点的量产芯片产品中引入了 EUV 光刻技术。

EUV 光刻技术中较为关键的问题来自光源、光刻胶材料、掩模版，主要包括光源的功率和使用寿命、光刻胶的分辨力和敏感度及掩模版的缺陷密度等。与 ArF

光源相比，EUV 光源的光子数比 ArF 光源的光子数少 1/10。由于光源不同，对 EUV 光刻胶材料的性能要求相对更高，要求吸收率低、透光度高、抗刻蚀性强、曝光能量低等。

3）电子束光刻胶

电子束光刻是利用高速电子的照射，使光刻胶膜的化学性质发生改变的一种光刻方式。电子束光刻胶的曝光方式分为投影式曝光与直写式曝光两种，其中直写式曝光不需要掩模版。电子束光刻胶具有分辨力高（30nm，目前最小可到 5nm）、黏附力好、工艺简单等优势，广泛应用于光学与非光学的掩模版制造及微纳结构器件的制造。但电子束光刻胶的写场较小、敏感度低，这限制了它在集成电路制造中的大规模应用。

（1）负性电子束光刻胶。

负性电子束光刻胶的型号为 SAL-601、NEB-22 等，主要成分为环氧基、乙烯基或环硫化物的聚合物，其中常用的是环烯烃聚合物（Cyclo Olefin Polymer，COP）。负性电子束光刻胶的典型特性：敏感度为 0.3～0.4μC/cm^2（当加速电压为 10kV 时）、分辨力为 1.0μm、对比度为 0.95。限制分辨力的主要因素是光刻胶在显影时的溶胀。

（2）正性电子束光刻胶。

正性电子束光刻胶的型号为 APEX-8、UVIII、UV5 等，正性电子束光刻胶的主要成分为甲基丙烯酸甲酯、烯砜和重氮类材料，其中常用的是聚甲基丙烯酸甲酯及其衍生物。正性电子束光刻胶的优点是分辨力比负性电子束光刻胶高，0.1μm 分辨力的正性电子束光刻胶已批量生产；缺点是敏感度较差，在 20kV 的加速电压条件下敏感度为 40～80μC/cm^2，且抗干法刻蚀性能差。

4）X 射线光刻胶

随着准分子激光和 GaF 透镜等技术的开发，DUV 光刻技术日趋成熟，在分辨力和成本上都比 X 射线光刻技术具有优势，因为 X 射线光刻技术需要配置昂贵的同步加速器 X 射线光源。目前 X 射线光刻技术主要用于 MEMS 制造中的 LIGA [德文 Lithographie（Lithography，光刻），Galvanoformung（Electroplating，电镀）和 Abformung（Molding，注塑）] 技术，LIGA 技术是将 X 射线刻蚀电铸成型及塑铸等技术有机结合的一种微细加工技术，特别适用于制造高深宽比、大尺寸（厚度可至毫米级）的三维立体结构。

X 射线光刻技术具有高分辨力、大深焦、较大的曝光窗口、高生产效率等技术优势，是非常有竞争力的新一代光刻技术。X 射线光刻胶有聚丁烯砜 X 射线光刻胶、聚 1,2-二氯丙烯酸 X 射线光刻胶等类型。

5）离子束光刻胶

离子束光刻是将气体离子源发出的离子通过多级静电离子透镜投射于掩模版上并将图形缩小后聚焦于硅片上，再进行曝光和步进重复操作的一种光刻方式，包括聚焦离子束（Focus Ion Beam，FIB）光刻、离子束溅射（Ion Beam Sputtering，IBS）光刻和掩模离子束（Mask Ion Bream，MIB）光刻等类型。离子束光刻技术的优点是在曝光时可同步进行刻蚀、沉积等工艺，简化了工艺流程；缺点是生产效率不高。目前，离子束光刻胶已经可以制造微、纳米尺寸的结构，但仍然需要完善，商业应用和发展仍然有限。

6）纳米压印光刻胶

近年来，出现了纳米压印光刻（Nano-Imprint Lithography，NIL）技术，它是受到广泛关注的新一代光刻技术，其压印方式主要分为热压印、紫外压印、步进式压印及滚动式压印。对应的光刻胶主要分为热压印光刻胶（热塑性/热固性）、紫外固化光刻胶等。纳米压印光刻胶不会受到曝光光源波长的限制，具有高分辨力的优势，且工艺成本低廉。但由于压印掩模版制造的困难和自身的局限性，纳米压印光刻胶在集成电路领域还处于实验室研究阶段，离大规模量产应用还存在一定的距离。

参考文献

[1] TOMIKAWA M，OKUDA R，OHNISHI H. Photosensitive Polyimide for Packaging Applications[J]. Journal of Photopolymer Science & Technology，2015，28（1）：73-77.

[2] RUBNER R，AHNE H，KUEHN E，et al. Photopolymer-the Direct Way to Polyimide Patterns[J]. Photographic Science and Engineering，1979，23（5）：303-309.

[3] EUGENE C. Cyclotene（BCB） Presentation[R]. Dow Electronic Material，2010.

[4] JOHN H. Lau. Recent Advances and New Trends in Flip Chip Technology[J]. Journal of Electronic Packaging. 2016，138（3）：030802.1-030802.23.

[5] KIM J，KIM I，PAIK K W. Investigation of various photo-patternable adhesive materials and their processing conditions for MEMS sensor wafer bonding[J]. Proceedings Electronic Components & Technology Conference，2011：1839-1846.

[6] NISHIMURA M，TOBA M，MATSUIE N，et al. Evaluation of fan-out wafer level package using 200°C curable positive-tone photodefinable polybenzoxazoles[C]//2015 IEEE CPMT Symposium Japan（ICSJ），IEEE，2015：25-28.

[7] ROBERTS C. Polyimide and p olybenzoxazole technology for wafer-level packaging[J]. Chip Scale Review，2015：26-31.

[8] HUFFMAN A，PIASCIK J，GARROU P. Application and evaluation of AL-X polymer dielectric for flip chip and wafer level package bumping[C]//Electronic Components & Technology Conference，IEEE，2009：1682-1689.

[9] JACK M，COREY S，STUART E，et al. Patterning high resolution features through the integration of an advanced lithography system with a novel nozzleless spray coating technology[C]//2018 IEEE 68th Electronic Components and Technology Conference（ECTC），IEEE，2018：79-85.

[10] SAKAKIBARA H，AKIMARU H，HIRO A，et al. Advanced plating photoresist development for advanced IC packages[C]//International Conference on Electronic Packaging Technology，2015：1348-1351.

[11] 李冰，马洁，刁翠梅，等. 光刻胶材料发展状况及下一代光刻技术对图形化材料的挑战[J]. 新材料产业，2018，301（12）：45-49.

[12] TSAI Y C，JEN H P，LIN K W，et al. Fabrication of microfluidic devices using dry film photoresist for microchip capillary electrophoresis[J]. Journal of Chromatography A，2006，1111（2）：267-271.

第 3 章 芯片黏接材料

芯片黏接（Die Attach，DA）材料是用于芯片与芯片载体（Chip Carrier，又称基板，按照基板材料的主要构成成分来划分，可以是有机基板、金属基板、陶瓷基板、硅基板、玻璃基板等）间黏接工艺的封装材料。

芯片黏接材料单纯从价值的角度看在封装材料市场的整体份额不高，但性能在整个电子元器件中起着十分关键的作用。

根据封装形式及具体封装技术的不同需求，对芯片黏接工艺的技术要求主要包括较高的机械强度、稳定的化学性能、导电、导热、热匹配、低固化温度、可操作性等。芯片黏接材料一般需要具备高纯度（低杂质含量）、快速固化、低应力、良好的导电或绝缘及导热等性能。

芯片黏接材料根据特性差异及材料不同分为多种类型。本章将依据分类主要对导电胶、导电胶膜、焊料、低温封接玻璃等进行介绍。

3.1 芯片黏接材料在先进封装中的应用

芯片黏接材料是传统封装中的关键材料。其基本功能是将集成电路芯片机械地、高可靠性地连接安装在芯片载体上。在集成电路先进封装中，芯片黏接材料的应用主要体现在以下两个方面。

1）芯片堆叠及多芯片黏接

与传统封装相同，芯片黏接材料在先进封装中，尤其是在芯片堆叠及多芯片系统级封装中的芯片固定与安装方面也有相应的应用需求，如图 3-1 所示。基于这种需求，大部分传统封装中的芯片黏接材料在先进封装中可以继续使用。

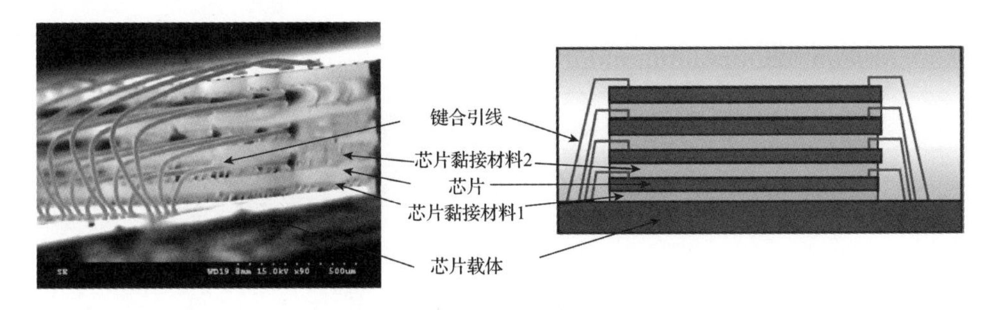

图 3-1　芯片堆叠中的芯片黏接材料

一种好的芯片黏接材料必须适用于指定功能。在元器件封装与集成中，这些功能往往是机械、热和电学等材料性能的综合表征。

在实际的芯片黏接应用中，芯片黏接材料需要具有足够的黏接强度，以确保芯片保持固定；在热性能方面，芯片黏接材料的热膨胀系数最好接近芯片和芯片载体，以减小芯片黏接导致的热应力，而且具有优良的导热系数，可以有效地将芯片所产生的热传递到组装材料以利于散热。芯片黏接工艺的优势是芯片载体和集成电路芯片背面可以没有用于导电的金属层，不需要精确的对位，只需要将芯片黏接材料放置在集成电路芯片和芯片载体之间后，进行必要的芯片黏接工艺处理即可，工艺简单。

芯片黏接材料主要应用于先进封装中的芯片堆叠。图 3-2 显示了芯片堆叠技术发展历程。其中芯片黏接材料（层）的厚度随着时间的演变逐渐变薄。早期的芯片堆叠为金字塔型结构，即上层的芯片尺寸小于下层的芯片尺寸，而且芯片的厚度比较大，约为 100μm 以上甚至更厚。该类芯片堆叠中的芯片黏接材料多使用胶状黏接剂，如导电胶等。随着封装及集成技术的持续发展，封装结构中出现了相同尺寸芯片堆叠的要求，同时堆叠芯片的层数持续增加，芯片的厚度减薄至 100μm 以下甚至更薄，而芯片黏接层厚度要求控制在 50μm 以下乃至 20μm 左右，薄膜型的芯片黏接材料应运而生，如装片胶膜（Die Attach Film，DAF）等。

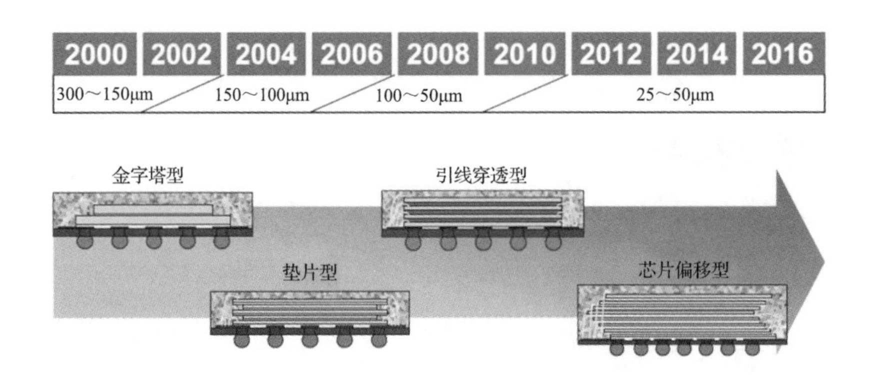

图 3-2 芯片堆叠技术发展历程

2）倒装芯片黏接

IBM 公司于 1960 年开发了倒装芯片（Flip Chip，FC）技术，以缩短芯片和芯片载体的互连距离，同时增强各电子元器件黏接的稳定性能，提高生产效率，降低成本。

倒装芯片中集成电路芯片的有源面正对着芯片载体，在实现芯片和芯片载体的机械互连的同时，承担二者之间的电互连任务。因此，相对于传统的芯片黏接，倒装芯片的黏接材料同时是互连材料，需要通过凸点（Bump）实现精确的对位和电互连。

目前，应用于倒装芯片连接的凸点材料有很多种，可以由单质金属、合金或聚合物等组成。近年来，倒装芯片技术中的黏接材料逐渐向低成本、无铅化、无助焊剂的方向发展。

倒装芯片黏接（互连）材料的介绍具体参见第 8 章微细连接材料及助焊剂。本章主要介绍芯片背面与芯片载体间及芯片与芯片间的黏接材料。

3.2 芯片黏接材料类别和材料特性

芯片的黏接方法主要有两种：黏接法和焊接法。

传统的芯片黏接材料按黏接方法不同、材料特性不同可分为有机贴片胶（导电胶、绝缘胶）、装片胶膜（导电胶膜、绝缘胶膜）、焊料和低温封接玻璃等。由于芯片黏接材料不同的特性，因此相应的芯片黏接方法各不相同，主要的芯片黏接方法及芯片黏接材料如图 3-3 所示。

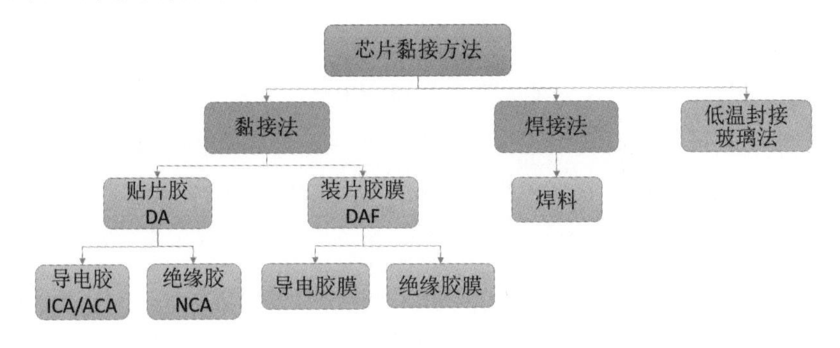

图 3-3　芯片黏接方法及芯片黏接材料

黏接法是指用高分子树脂（如环氧树脂）把芯片黏到焊盘上，使两者实现连接。因为环氧树脂属于稳定的高分子聚合物，所以大多数的树脂黏接剂采用环氧树脂作为主体材料。按物理状态不同，环氧树脂分为贴片胶和装片胶膜。

贴片胶（Die Adhesive，DA）广泛应用于塑封封装，虽然具有工艺温度低、成本低、热应力低、易返修等优点，但材料的热稳定性差，需要高温固化且工艺时间长。贴片胶分为导电胶和绝缘胶两大类。

导电胶（Conductive Adhesive）是一种具有一定导电性能的黏接剂，分为各向同性导电胶（Isotropic Conductive Adhesives，ICAs）和各向异性导电胶（An-isotropic Conductive Adhesives，ACAs）。导电胶的主要组成成分有导电填料（如 Au 或 Ag 导电粒子）和环氧树脂。导电胶除具有导电性和黏接性外，同时是热的良好导体。由于 Ag 具有较高的导电率、优异的物理化学性能、可接受的价格及其氧化物具有导电性能等特点，因此 Ag 被广泛用作导电填料。

绝缘胶（Non-conductive Adhesive，NCA）广泛用于集成电路封装中需要绝缘黏接、灌封的地方，如应用于芯片背面不需要导电的芯片黏接情况等。

装片胶膜（Die Attach Films，DAF）是一种超薄型薄膜黏接材料，其主要成分也是树脂，但与导电胶不同，其以胶膜的形式应用于芯片粘贴，可吸收热胀冷缩引起的应力而有效防止不同物质交界面的分层现象。装片胶膜可把集成电路芯片与封装基板、芯片与芯片连接在一起。装片胶膜可通过热焊接的方式封装倒装芯片，这让无法用底部填充料（Underfill）进行封装的问题得到了解决。装片胶膜按导电与否可分为导电胶膜和绝缘胶膜两类。

焊接法是指通过加热熔化焊料（Solder），利用液态焊料润湿母材，填充接头空隙并与母材相互扩散，从而实现芯片的黏接。焊料是集成电路封装技术中常见的一种黏接材料，一直在各级集成电路封装中被广泛使用。随着先进封装的发展，焊料应用其中。在倒装芯片结构中，裸芯片和衬底可以直接通过焊点在进行机械连接的同时实现电互连，省去了传统组装工艺过程中的贴片、打线过程，减小了封装体积并降低了成本。

低温玻璃（Low-Melting Sealing Glass）是指软化温度低于 600℃的玻璃。低温玻璃作为芯片黏接和封接材料，可实现半导体、金属、陶瓷、玻璃间的相互封接，应用范围很大。

3.2.1 导电胶

导电胶是通过在高分子树脂基体中添加金属导电填料形成的。导电填料主要提供电学及热学特性，树脂基体则提供机械特性和密封性。通过调整金属导电填料和树脂的配比，导电胶可体现出截然不同的电学和机械性能，因此导电胶与金属焊料有明显的区别。导电胶如图 3-4 所示。

此外，区别于本征导电高分子，导电胶在一定的储存条件下具有流动性，经过印刷/点胶工艺后，需要进行加热或其他工艺，使导电胶固化方可起到一定强度的连接作用。

图 3-4 导电胶

导电胶一般以高分子树脂及导电填料为主体，添加固化剂、增塑剂、稀释剂及其他助剂组成，其常用材料及功能如表3-1所示。

导电胶的导电机理主要有四种：渗流理论（导电通路学说）、隧道效应、有效介质理论和场致发射理论，其中渗流理论是目前研究最成熟、最多的导电机理。渗流理论认为，导电胶通过导电粒子在树脂基体中形成导电通路进行导电；导电胶的电导率并不随着导电粒子的浓度增加发生线性变化，而存在一个渗流阈值，阈值大小取决于导电粒子和树脂基体的类型，以及导电粒子在树脂基体中的分散状态。

表3-1 导电胶的常用材料及功能

组成	基本材料				导电填料
	高分子树脂	固化剂	增塑剂	稀释剂	
常用材料	环氧树脂、聚氨酯、酚醛类树脂等	胺类、咪唑化合物、酸酐、TDI三聚体等	邻苯二甲酸脂类、磷酸三苯脂等	丙酮、乙二醇乙醚、丁醇等	银、金、铜、碳粉及复合粉体
基本功能	导电胶黏接强度的主要来源	与高分子树脂反应，生成网状立体结构的不溶不熔聚合物	提高材料抗冲击能力	降低黏度便于使用，提高使用寿命	提供导电性能

导电胶种类繁多，用途广泛，其分类方法有很多。

导电胶根据结构的不同分为本征型导电胶（结构型导电胶）和复合型导电胶（填充型导电胶）。本征型导电胶指的是分子结构本身具有导电功能的导电胶，这种类型的导电胶电阻率较高，而且导电稳定性及重复性较差，成本也较高，因此实际使用价值有限。复合型导电胶以高分子聚合物为基体，在其中加入各种导电物质，经过物理或化学方法复合后得到。其中所用的聚合物基体一般为环氧树脂、硅酮或聚酰亚胺等，加入的导电物质包括银、镍、铜、金等金属及炭黑、石墨等非金属。

从导电方向性上划分，导电胶可以分为各向同性导电胶（ICAs）和各向异性导电胶（ACAs）两类。ICAs在各个方向有相同的导电性能，多以Ag、Au、Ni、Cu和石墨为导电粒子，典型填料尺寸为1～10μm；ACAs可在单一方向进行导电，即线性导电，多以Au、Ni、Cu和金属镀覆粒子为导电粒子，典型填料尺寸为3～5μm。两者的区别来源于渗流理论的导电机理，导电填料体积占比不同及分散状态不同造成了两者的差异，ICAs 中的导电填料含量高于 ACAs。导电胶连接示意图如图 3-5 所示。

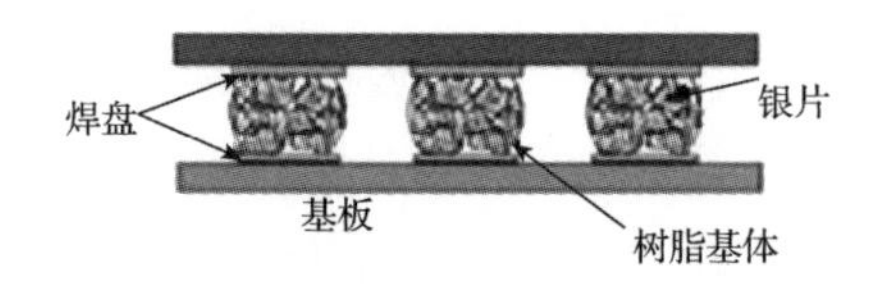

各向同性导电胶（ICAs）

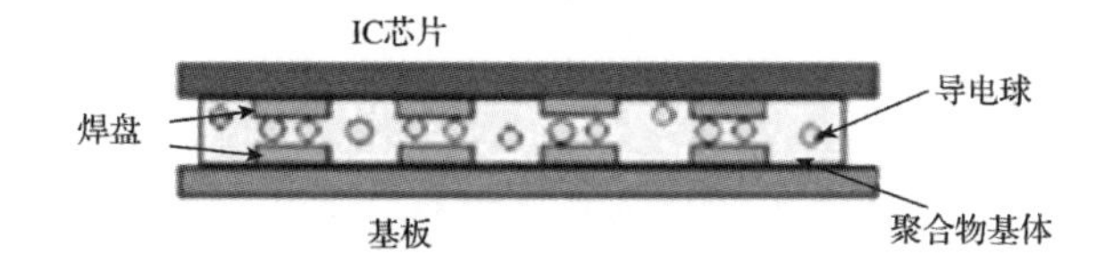

各向异性导电胶（ACAs）

图 3-5　导电胶连接示意图

另外，根据基体（载体）材料的不同，导电胶可分为热固型导电胶和热塑型导电胶两类。根据不同的固化条件，导电胶分为热固化型导电胶（室温、中温、高温）、光固化型导电胶（紫外光固化）和电子束固化型导电胶。根据导电粒子的不同，导电胶分为金属导电胶（Ag 系、Cu 系、Ni 系等）及非金属导电胶（碳系）等。

导电胶已广泛地应用在各种导电互连场合，尤其是在对布线的线分辨力和 I/O 密度有较高要求的高密度封装领域，导电胶比焊料具有更高的工艺精度。作为新一代绿色环保型电子封装材料，导电胶作为焊料的补充替代品有着广阔的前景。

导电胶除能满足导电和黏接这两项基本要求外，相比焊料还具有许多优点，如能在较低温度甚至室温下固化，避免了焊接高温对元器件的损害，可以用于对环境温度要求低的材料的组装及柔性基板贴装；导电胶的传递应力比较均匀，可避免在黏接部位出现应力集中而造成的机械破坏。

由于焊料与导电胶具有明显不同的表面特性，因此在一些应用场合下导电胶仍然无法取代焊料。相比于常规焊料，导电胶中的导电填料的含量与电阻率关联。在某个填料含量以下，导电胶因电阻过大而无法使用；然而过多增加导电填料的含量，会导致导电胶中树脂的含量相对减少，从而引起导电胶的抗冲击强度和黏接强度下降。导电胶在封装领域的进一步应用，还需要在导电、导热及力学性能和连接可靠性方面进行提升。

3.2.2　导电胶膜

为满足消费类电子产品更小、更薄和低成本封装的要求，未来的发展趋势将是逐步取消金属型的芯片载体，转而采用封装密度更高的表面布置有电路的聚合物基板。这类聚合物基板需要降低黏接温度，降低应力并避免对表面电路的污染。因此，装片胶膜技术应运而生。

在这一过程中，随着先进球栅阵列封装/芯片级封装（Chip-Scale Package，CSP）封装尺寸的增加，产生了很多新的技术问题。其中包括由基板、焊球和印制电路板组成的封装体结构的材料热膨胀系数不匹配，基板产生翘曲，并且封装体内外连接性变差等。在这一方面，装片胶膜材料担当了降低封装应力的角色。目前产业界和研究人员尤其关注低温和低弹性模量装片胶膜材料的研究开发，以满足先进封装技术的要求。

导电胶膜是热固型导电胶的一种，由导电粒子、树脂基体和添加剂组成，是一种具有导电性、黏接性的高分子聚合物薄膜，如图 3-6 所示。与导电胶相似，异电胶膜按照导电方向可以分为各向同性导电胶膜（Isotropic Conductive Films，ICFs）和各向异性导电胶膜（An-isotropic Conductive Films，ACFs）。

图 3-6　导电胶膜实物图（Henkel）

导电胶膜的主要性能指标是电学性能，尤其是电阻率。此外，导电胶膜的厚度及其均匀性也是重要的指标，因为导电胶膜的厚度决定了芯片—焊盘间距，紧凑的间距有助于封装器件中集成更多的芯片，符合集成电路产品小型化、薄型化发展要求。

目前，在集成电路组装领域的许多方面，导电胶膜正在逐渐代替传统的焊料和传统胶黏剂。导电胶膜主要具有如下优点：消除了侧边爬胶，减小了芯片和芯片焊盘之间的间距，提高了芯片设计密度，配套封装材料（如金丝、基板和塑封料）的用量显著减少，降低了生产成本；不需要高温互连，应力小，具有较高的柔性和抗疲劳性，可与多种基板连接；工艺简单，生产效率高；不含铅等有毒金属成分，减少了对环境的污染。

虽然导电胶膜有较多的优点，但其自身存在一些在应用上需要解决的问题。目前对导电胶膜的研究方向主要集中在对其基本性能（如黏接强度、电学性能、热学性能等）和特殊性能（如低吸湿性、低应力）的提高方面，研究内容包括导电粒子、基体树脂的组成、结构及固化工艺等的优化。

因为导电胶膜的主体构成成分是树脂，其电导率和热导率一般都较低，所以在应用中必然存在电阻、热阻都较高的问题，尤其是对功率器件而言，在工作中由于热阻较高，散热效果不好，器件容易过热烧毁。国内外的研究人员一般通过以下几种途径来提高导电胶膜整体的电导率和热导率，主要包括在固化胶体时使导电粒子之间紧密接触，在导电胶膜中形成更多的导电和导热通路；增加导电胶膜中金属粒子的填充量及采用纳米级的填充粒子达到低温烧结效果等。

导电胶膜的黏接效果会受到元器件、基板类型与结构等的影响，尤其是在间距较小的元器件互连结构中，如果黏接强度低，那么元器件的抗冲击能力会降低。一般会在树脂体系中加入偶联剂等以增加导电胶膜与元器件、基板等的结合力，或者提高导电胶膜与元器件接触表面的粗糙度以增大表面接触面积等来进行改善。

3.2.3 焊料

焊料是集成电路封装技术中的一种常用的互连材料，起到机械连接、电互连、热交换等作用，具有灵活、简单、设备投资少等优点。焊料的熔点（液相线温度）

是一个重要参数，要求比被焊母材低。在焊接过程中，焊料的工作温度在焊料熔点与基板熔点之间，焊料熔化后浸润基板，并与芯片载体（基板）发生化学反应产生金属间化合物，从而实现两者的稳定互连。不同类型焊料实物图如图 3-7 所示。

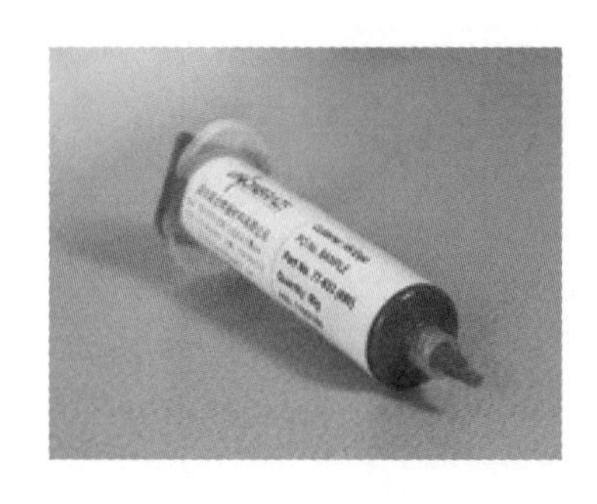

图 3-7　不同类型焊料实物图

焊料一般需要满足以下几项基本要求。

（1）熔点低于基板熔点，具有合适的熔化温度范围。

（2）具有较好的浸润性，覆盖母材表面的能力较好，铺展面积越大，焊接效果越好。

（3）焊接部位具有良好的抗热疲劳性能、电学性能、机械性能和物理、化学性能。

（4）化学成分稳定，可靠性高，有良好的抗氧化及抗腐蚀能力。

（5）成本低廉，供给能力足。

锡铅（Sn-Pb）焊料以其优良的焊接性能和低成本优势，早期广泛地应用在电子封装行业中。Pb 作为主要成分，起到了降低焊料的表面张力，以及抑制 Sn 的相变从而提高焊点的可靠性的作用。图 3-8 所示为 Sn-Pb 二元合金相图，Sn-Pb 二元合金的共晶点为 183℃。常用的 Sn-Pb 焊料即 Sn-37Pb 共晶焊料（37 表示 Pb 的质量百分比为 37%）。目前，一些对可靠性要求高的军用、测井、航空航天等领域的电子产品仍优先选用 Sn-Pb 合金作为焊接材料。

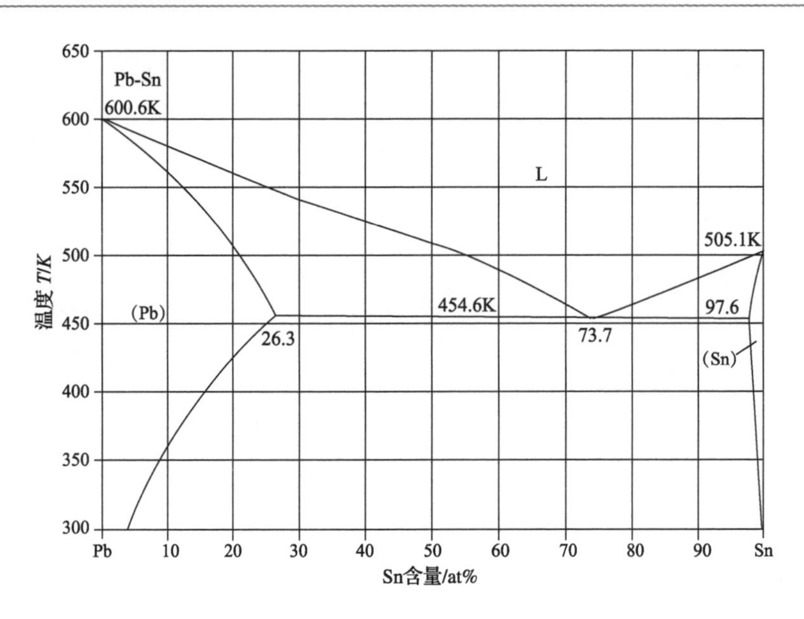

图 3-8　Sn-Pb 二元合金相图

然而，由于铅会对人体和环境带来较大的破坏和污染，随着人们环保意识的提高，自 2006 年欧盟 ROHS（电气电子产品中危害物质禁限用指令）和 WEEE（废弃电气电子产品指令）的发布开始，欧洲、美国、日本等相继规定在电子组装行业中禁止使用含铅物质，我国也开始推行无铅化相关的条例或规定。Sn-Pb 合金逐步被禁止用于集成电路封装行业，绿色环保的无铅焊料成为工业界和学术界应用及研究的热点。

目前研发及使用的无铅焊料通常以 Sn 为基础，多为二元、三元及以上的多元合金，其加工过程较 Sn-Pb 焊料复杂，而且熔点普遍较高。二元合金添加金属多为 Ag、Cu、Bi、Zn、In 等元素，三元及以上合金通过添加微量元素调整合金的熔点、力学性能和工艺性能等。目前，具有代表性的无铅焊料合金有 Sn-Cu、Sn-Ag、Sn-Au、Sn-Zn、Sn-Bi、Sn-In 等二元合金，以及 Sn-Ag-Cu、Sn-Ag-Bi 等三元合金。其中 Sn-Ag-Cu 三元合金焊料（简称 SAC 焊料）以其可焊性能好、抗热疲劳性能好等优点成为最有可能代替 Sn-Pb 合金的焊料，已大量应用到工业中。表 3-2 展示了一些可能取代 Sn-Pb 焊料的无铅焊料。

表 3-2 一些可能取代 Sn-Pb 焊料的无铅焊料

焊料		共晶点/℃	特点
Sn 系二元焊料	Sn-3.5Ag	221	很好的强度和抗蠕变性
	Sn-0.7Cu	227	很好的强度
	Sn-57Bi	139	很好的流动性
	Sn-51In	120	很好的焊接性能
	Sn-9Zn	198	很好的强度
	Sn-5Sb	245	机械性能好
	Sn-80Au	278	好的耐腐蚀性和抗蠕变性
Sn-Ag 系三元焊料	Sn-3Ag-0.5Cu（日本 JEIDA）	217	较好的力学性能和焊接性能
	Sn-3.9Ag-0.6Cu（美国 NEMI）		
	Sn-3.8Ag-0.7Cu（欧洲 IDEALS）		

合金粉末可用化学还原法、电（解）沉积法、机械加工法、合金雾化法等技术方法制造。目前无铅焊料粉末大多是用合金雾化法生产得到的。随着窄节距组装的发展，焊粉粒度需要达到 20μm 以下甚至更低。

焊料作为一种重要的集成电路封装连接材料，国外的主要供应商有日本千住金属工业株式会社、美国爱法公司和铟泰公司（Indium Corporation）等，千住金属工业株氏会社提供各种有铅及无铅金属焊片、焊膏、焊球及助焊剂；爱法公司提供各种有铅及无铅焊条、焊线、焊膏及助焊剂；铟泰公司提供各种焊接材料，包括高铅合金、锡锑合金、锌基合金、金基合金、铋基合金、银铟、银锡和铜锡及纳米银和纳米铜等助焊剂。国内的主要供应商有北京康普锡威科技有限公司、廊坊邦壮电子材料有限公司等。

3.2.4 低温封接玻璃

低温封接玻璃是指能将同类及不同类材料（如陶瓷、金属、复合材料和特种玻璃等）连接并密封的中间层玻璃，其软化温度显著低于普通玻璃，一般低于 600℃。作为功能配套材料，低温封接玻璃有三方面的功能应用，分别是涂层、封装材料和填充材料。其中，封装材料方面的应用最为广泛，如真空玻璃的封边焊接剂，以及在 MEMS 中的最新应用等。低温封接玻璃粉如图 3-9 所示。

图 3-9 低温封接玻璃粉

低温封接玻璃作为一种无机非金属材料，其气密性和抗高温性能优于导电胶/膜这类有机高分子材料，电绝缘性能优于焊料这类金属材料，因此在特定的封装领域内有很好的应用价值。国内应用广泛的铅系封接玻璃的组成与其对应的玻璃化温度（T_g）和软化温度（T_f）如表 3-3 所示。

表 3-3 铅系封接玻璃的组成与温度特性

组　成	T_g/°C	T_f/°C	备　注
$PbO-B_2O_3$	340～500	300～430	常用于玻璃与玻璃、玻璃与金属之间的封装
$PbO-ZnO-B_2O_3$	400～500	350～450	
$PbO-Al_2O_3-B_2O_3$	400～500	350～500	
$PbO-Bi_2O_3-B_2O_3$	400～500	300～400	
$PbO-B_2O_3-SiO_2$	400～500	400～450	
$PbO-B_2O_3-V_2O_5$	550～650	—	

低温封接玻璃一般需要满足以下几项基本要求。

（1）软化温度要低，必须低于被封接材料所能承受的温度。

（2）与被封接材料的热膨胀系数匹配，这样封接后产生的热应力小，可避免应力集中引起元器件出现可靠性问题。

（3）与被封接材料的浸润性要好，良好的浸润性能保证封接的黏接强度，满足元器件气密性的要求。

（4）具备必要的化学稳定性，在大气环境中有较好的耐酸碱、耐湿性能。

（5）具备必要的电学性能，如较高的表面电阻、体积电阻，较高的耐击穿电压。

（6）工艺适应性。

与焊料的无铅化进程类似，考虑到铅对人体和环境的破坏及污染，低温封接玻璃的无铅化是今后的主要发展方向，新型低温封接玻璃的研究主要集中在磷酸盐、钒酸盐、铋酸盐、硼酸盐和铊酸盐玻璃等几种玻璃系统。

磷酸盐玻璃是以 P_2O_5 为主要原料形成的玻璃体系，具有较低的玻璃化温度（T_g=250～480℃）、较低的软化温度（T_f=270～510℃）及较高且范围较大的热膨胀系数（$\alpha=6\times10^{-6}\sim25\times10^{-6}$/℃)，是近年来研究比较多的无铅封接玻璃体系之一。但该体系成分中的 P_2O_5 极易吸水潮解，导致磷酸盐玻璃的化学稳定性较差，因此提高其化学稳定性是该玻璃体系成功使用的前提。

钒酸盐玻璃是以 V_2O_5 为主要原料形成的玻璃体系，同样具有较低的玻璃化温度（T_g=260～420℃）和软化温度（T_f=270～440℃），V_2O_5-B_2O_3-ZnO 是其中较常见的体系，介电性能良好。钒酸盐玻璃的缺点是 V_2O_5 在蒸气状态下有毒，且价格相对较高，这些缺点限制了它的实际应用。

无铅磷酸盐玻璃和无铅钒酸盐玻璃的温度特性如表 3-4、表 3-5 所示。

表 3-4　无铅磷酸盐玻璃的温度特性

组　成	T_g/℃	T_f/℃
SnO-ZnO-P_2O_5	<350	<400
ZnO-B_2O_3-P_2O_5	280～500	<400
SnO-B_2O_3-P_2O_5	280～380	<500
SnO-SiO_2-P_2O_5	250～350	<500

表 3-5　无铅钒酸盐玻璃的温度特性

组　成	T_g/℃	T_f/℃
V_2O_5-P_2O_5-Sb_2O_3	<330	<400
V_2O_5-P_2O_5-CaO	170～300	<500
V_2O_5-B_2O_3-ZnO	280～330	<500
V_2O_5-TeO_2-SnO	250～400	<500

3.3 新技术与材料发展

3.3.1 芯片黏接材料发展方向

由于芯片载体及对元器件可靠性的要求，单芯片封装的元器件中芯片厚度普遍为100～250μm。芯片黏接材料中的主流产品仍是导电胶，因为导电胶操作工艺成熟，可满足高可靠性，导热性能好、电阻低等。近年来，随着电子产品逐渐向高速化、小型化、便携化方向发展，集成电路芯片的集成度越来越高，电子元器件中晶圆的厚度越来越薄。随着单个晶圆/芯片厚度减小到小于100μm甚至更低，可靠性要求增加，导热要求更高，芯片黏接材料将面临更大的挑战。芯片黏接材料的发展方向如下：

1）高导热性和高可靠性导电胶/膜

该类材料可满足温度不低于260℃、湿度敏感等级1级（Moisture Sensitivity Levels 1，MSL1）的工作环境要求。目前以银为导电、导热介质，同时要求高导热性与高可靠性，把银含量做到86%以上已经非常困难，很多功率器件的导热性已无法满足要求。在这种情形下，很多企业和研究机构开始尝试银之外的介质材料，如银包铜、银铝合金、多金属合金等来兼顾高导热性、低电阻、高可靠性的要求。

2）大芯片用低应力、高可靠性导电胶/膜

方型扁平式封装（Quad Flat Package，QFP）等大芯片的封装有一定的导热性要求，且需要满足高可靠性要求，因此低应力导电胶/膜的应用成为一种趋势。

3）晶圆背面涂覆胶（Wafer Backside Coating，WBC）和贴片胶膜（DAF）等

由于芯片尺寸变大、厚度降低，因此必然需要一种低应力芯片黏接胶或膜来降低废品率。WBC和DAF均为较好的选择，但是在相关技术及材料特性上还需要进行突破来满足高可靠性的要求。

3.3.2 新型导电填料对芯片黏接材料的改性研究

1）纳米颗粒填充芯片黏接材料

当块状材料纳米尺寸化（1～100nm）后，颗粒直径减小，比表面积、表面能

和表面原子所占比例显著增大。纳米化后的尺寸效应，导致纳米金属颗粒的熔点远低于块状材料的熔点，如 Ag 的颗粒尺寸在下降到纳米时，其烧结温度可以低于 200℃，远低于块状 Ag 的 961℃的熔点温度。因此，将纳米颗粒引入芯片黏接材料中，有利于实现封装元器件低温互连的目标。

经过近十几年来纳米科学的发展，初步形成了环境友好的纳米金属导电颗粒制造方法和体系，颗粒的尺寸和形貌可以通过实验方法进行良好控制，如 Ag、Cu、Ni、Au、Sn 等的纳米颗粒及其合金。当纳米颗粒加入芯片黏接材料制造成复合材料，或者作为芯片黏接材料中的主要连接材料时，"复合"的芯片黏接材料的整体熔点会相应地随之下降。图 3-10 所示为理论计算的 Sn 的熔点和颗粒尺寸的 LSM 模型（Liquid-Skin Melting，液体熔解模型）关系曲线，当 Sn 的颗粒尺寸下降到 300nm 之下时，其熔点也随之急剧下降。

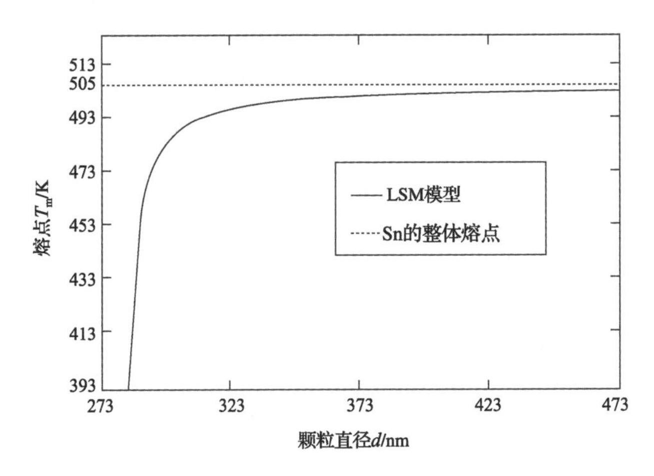

图 3-10　理论计算的 Sn 的熔点和颗粒尺寸的 LSM 模型关系曲线

以金属纳米颗粒为填料制造的导电胶，可以增大黏性物质的配比和可选择性的自由度，也有利于制造低黏度薄膜状导电胶和膏状导电胶。纳米金属填充导电浆料的制造方法与微米金属填充导电浆料的制造方法相似，主要是将纳米颗粒以干粉或液态形式，通过机械搅拌、超声分散等方式分散到有机载体中。目前，导电黏接材料的研究方向主要集中在 Ag 系、Cu 系和碳系等方面，也有一些纳米无铅焊料（如 Sn-Ag-Cu 无铅焊料）等相关的研究工作，但由于材料制造的合成过程中的团聚现象及高成本等问题，纳米无铅焊料尚未应用于实际的芯片黏接工艺过程。

（1）Ag 系导电黏接材料。

金属 Ag 具有热导率高、导电性能好、熔点高等优点，能够满足高功率器件的散热要求，同时具有良好的力学性能和抗腐蚀性能。目前市场上广泛应用的纳米银浆的主要导电成分是微米及亚微米级的 Ag 粉，其不能满足低温工艺和高密度互连等新技术的要求。纳米 Ag 颗粒保持了金属 Ag 稳定性好、不易被氧化的优势，而且烧结温度大幅度降低，在集成电路封装互连领域成为研究最多的、最有希望可以代替合金焊料的导电黏接材料。

纳米 Ag 导电胶的导电机理主要为渗流理论、隧道效应和场致发射理论。Ag 的颗粒尺寸、形貌、表面性质、添加占比与导电胶性能密切相关。图 3-11 给出了 Ag 外形与导电胶电阻率的关系图，以 Ag 纳米棒为导电填料的导电胶渗流阈值最小，即在相同添加量的情况下导电胶的电阻率最小，其次是片状 Ag 粉和颗粒状 Ag 粉。

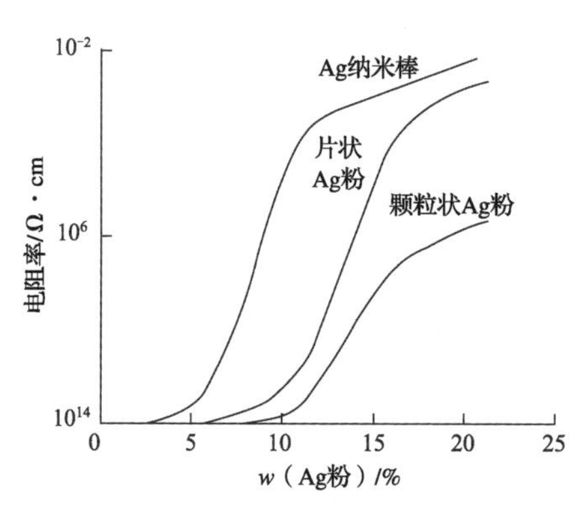

图 3-11　Ag 外形与导电胶电阻率的关系图

（2）Cu 系导电黏接材料。

Cu 的电阻率和 Ag 相近，而且价格相对低廉，但 Cu 在空气中会迅速被氧化，这阻碍了其作为导电填料的广泛应用。Cu 粉导电胶的研究方向一方面是如何避免或降低 Cu 的氧化，另一方面是纳米 Cu 填料的研究。

目前关于纳米颗粒焊膏的研究主要包含纳米 Ag 焊膏和纳米 Cu 焊膏两种。其中纳米 Ag 焊膏的连接强度较好，但是其辅助压力制造工艺较为复杂，成本较高，规模化生产难度较大。而且纳米 Ag 焊膏的抗离子迁移能力较差，这导致焊点的可靠性降低。而纳米 Cu 焊膏的抗离子迁移能力相对较强，且材料本身的成本较低，是纳米化研究的热点之一，但纳米 Cu 焊膏焊接得到的焊点的强度较低，且纳米 Cu 焊膏的氧化问题更严重。

基于纳米 Ag 焊膏和纳米 Cu 焊膏的各自材料特性，有研究将两种焊膏按照一定比例进行混合，得到混合型焊膏。结果表明，多元醇法制得的混合型焊膏具有良好的防氧化特性，其烧结致密程度随烧结温度的增加逐渐增高。焊点强度与纳米 Ag 含量关系曲线如图 3-12 所示。

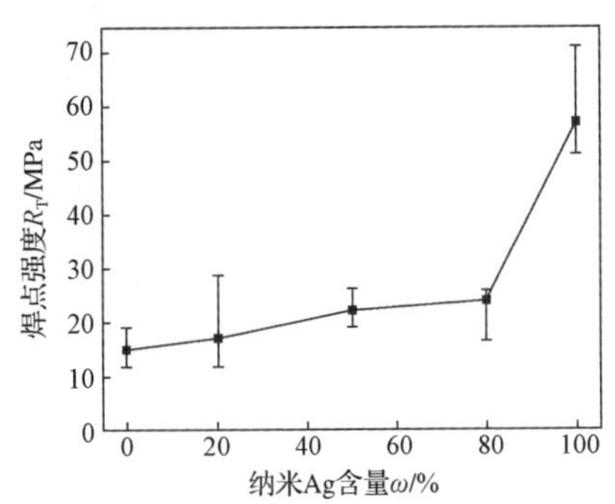

图 3-12　焊点强度与纳米 Ag 含量关系曲线

另外，基于 Cu_6Sn_5 具有良好的导电导热性、热膨胀系数与 Cu 匹配良好等相关的材料特性，有研究利用纳米尺寸效应降低纳米颗粒焊料熔点这一特点，制造纳米尺寸的 Cu_6Sn_5 焊膏，以使其具备低温连接高温服役的应用特性。

2）碳系导电黏接材料

近年来，碳材料受到的关注越来越多，碳纳米管（Carbon Nanotubes，CNTs）和石墨烯等纳米材料在芯片黏接材料中得到应用，用于改善传统黏接材料的电学、力学及热稳定性能。

有研究正在研制以 CNTs 为导电填料的导电胶。与传统导电胶相比，以树脂为基体的导电胶在掺杂 CNTs 后，其电学性能显著提高，在降低了 Ag 含量的同时，材料的力学性能得到改善，但掺杂过多会增加溶液黏度。二维石墨烯具有优异的导电性能和导热性能，但在过长时间的超声过程中，石墨烯粉末结构会破坏，造成力学性能下降，所以需要对二维石墨烯改进后再作为导电填料复合进导电胶。多项研究表明，石墨烯在进行表面镀 Ag 等形式处理后，可以提高导电胶的电学性能和力学性能，还改善了材料的热稳定性。

此外，在制造纳米复合导电胶的过程中，如何在树脂基体中均匀地分散石墨烯、CNTs 这类纳米材料成为制造的关键技术问题之一，目前主要采用搅拌、超声及增加化学改进剂等方式解决。

3）其他填充材料类型的导电黏接材料

在实际应用中，为提高性价比，除以上金属纳米颗粒及碳系导电填料外，还采用金属与玻璃纤维、玻璃微珠、有机颗粒的复合材料作为导电填料，以及生物材料、导电陶瓷粉末等非金属材料作为导电填料，用于改善导电胶的综合性能。

采用金属导电材料对高分子材料进行外表面修饰，可以避免大量金属加入导致的脆性和热延展性。与传统导电银浆相比，以镀银聚合物颗粒为导电填料的导电胶，显著降低了银的消耗，也降低了成本。

参考文献

[1] CHANG C H，HUNG Y H. A Neural Network-Based Prediction Model in Embedded Processes of Gold Wire Bonding Structure for Stacked Die Package[J]. Proceedings of the IEEE，2009，97（1）：78-83.

[2] YIM M J，PAIK K W. Review of Electrically Conductive Adhesive Technologies for Electronic Packaging[J]. Electronic Materials Letters，2006，2（3）：183-194.

[3] 尚承伟. 电子导电胶的最新研究进展[J]. 电子元件与材料，2018，315（5）：68-72.

[4] LI Y，WONG C P. Recent advances of conductive adhesives as a lead-free alternative in electronic packaging：Materials，processing，reliability and applications[J]. Materials Science and Engineering，2006，51（1）：1-35.

[5] CUI H W，FAN Q，LI D S，et al. Formulation and Characterization of Electrically Conductive Adhesives for Electronic Packaging[J]. Journal of Adhesion，2013，89（1）：19-36.

[6] 李泽亚，伍林，饶文昊，等. 石墨烯改性导电胶的制造及导电机理研究[J]. 中国胶黏剂，2018，27（4）：6-10.

[7] PAKNEJAD S A，MANSOURIAN A，NOH Y，et al. Thermally stable high temperature die attach solution. Materials & Design，2016，89：1310-1314.

[8] LUO J，CHENG Z，LI C，et al. Electrically conductive adhesives based on thermoplastic polyurethane filled with silver flakes and carbon nanotubes[J]. Composites Science & Technology，2016，129（4）：191-197.

[9] 苏中淮，陶国良，吴海平，等. 银纳米线-聚对苯二甲酸乙二醇酯透明导电胶膜[J]. 复合材料学报，2013，30（5）：55-60.

[10] LU D，WONG C P. Effects of shrinkage on conductivity of isotropic conductive adhesives[J]. International Journal of Adhesion & Adhesives，2000，20（3）：189-193.

[11] UDDIN M A，ALAM M O，CHAN Y C，et al. Plasma cleaning of the flex substrate for flip-chip bonding with anisotropic conductive adhesive film[J]. Journal of Electronic Materials，2003，32（10）：1117-1124.

[12] BANG J O，JUNG K H，LEE Y M，et al. Thermo-Mechanical Behavior of Die Attach Film on Flexible PCB Substrate for Multi-Chip Package[J]. Journal of Nanoscience and Nanotechnology，2017，17（5）：3130-3134.

[13] MOSE B R，SON I S，SHIN D K. Adhesion strength of die attach film for thin electronic package at elevated temperature[J]. Microelectronics Reliability，2018，91：15-22.

[14] HUNG F Y，LIN H M，CHEN P S. A study of the Thinfilm on the Surface of Sn-3.5Ag/Sn-3.5Ag-2.0Cu Lead-free Alloy [J]. Journal of Alloys and Compounds. 2006，415：85-92.

[15] 宣大荣. 无铅焊接 • 微焊接技术分析与工艺设计[M]. 北京：电子工业出版社，2008.

[16] CHELLVARAJOO S，ABDULLAH M Z . Microstructure and mechanical properties of Pb-free Sn-3.0 Ag-0.5 Cu solder pastes added with NiO nanoparticles after reflow soldering process[J]. Materials & Design，2016，90：499-507.

[17] LIN D C，SRIVATSAN T S，WANG G X，et al. Microstructural development in a rapidly cooled eutectic Sn-3.5% Ag solder reinforced with copper powder[J]. Powder Technology，2006，166（1）：38-46.

[18] WIESE S，WOLTER K J. Microstructure and creep behaviour of eutectic SnAg and SnAgCu solders[J].
Microelectronics Reliability，2004，44（12）：1923-1931.

[19] 陈建林. FED 平板显示器件封接及除气工艺的研究[D]. 福州：福州大学，2003.

[20] 成茵. 新硼酸盐功能玻璃结构及析晶动力学研究[D]. 长沙：湖南大学，2006.

[21] SHARMA B I，ROBI P S，SRINIVASAN A. Microhardness of ternary vanadium pentoxide glasses[J]. Materials Letters，2003，57（22-23）：3504-3507.

[22] YAMANAKA T. Lead-free tin silicate-phosphate glass and sealing material containing the same: US，US6617269[P]. 2003.

[23] 张颖川，闫剑锋，邹贵生，等. 纳米银与纳米铜混合焊膏用于电子封装低温烧结连接[J]. 焊接学报，2013，34（8）：17-21.

[24] 马缓，齐暑华，张帆，等. 复合填料/聚丙烯酸酯导电压敏胶的制造与性能[J]. 化工进展，2014，33（7）：1791-1795.

[25] PARK G H，KIM K T，AHN Y T，et al. The effects of graphene on the properties of acrylic pressure- sensitive adhesive[J]. Journal of Industrial and Engineering Chemistry，2014，20（6）：4108-4111.

[26] 罗杰，李朝威，兰竹瑶，等. 纳米碳基材料在导电胶黏剂中的应用[J]. 化学进展，2015，27（9）：1158-1166.

[27] 吴海平，吴希俊，刘金芳，等. 填充银纳米线各向同性导电胶的性能[J]. 复合材料学报，2006，23（2）：24-28.

[28] LIU J，ANDERSSON C，GAO Y，et al. Recent Development of Nano-solder Paste for Electronics Interconnect Applications[C]. Electronics Packaging Technology Conference. IEEE，2008：84-93.

[29] JU Y，TASAKA T，YAMAUCHI H，et al. Synthesis of Sn nanoparticles and its size effect on melting point[C]. Design，Test，Integration and Packaging of MEMS/MOEMS（DTIP），2013 Symposium on. IEEE，2013.

[30] 马慧文. 纳米 Cu6Sn5 焊膏制造与功率芯片贴装键合工艺[D]. 哈尔滨：哈尔滨工业大学，2016.

[31] HYUN Jin K，SEOK P J，JONG-HYUN L，et al. Transformation of SAC（Sn3.0Ag0.5Cu）nanoparticles into bulk material during melting process with large melting-point depression[J]. IET Micro & Nano Letters，2016，11（12）：840-843.

[32] 李健民. 新型导电胶黏剂[J]. 黏接，2007，28（6）：53-55.

第 4 章

包封保护材料

在集成电路封装中，包封保护需要用到的材料统称为包封保护材料。按照集成电路封装形式以及具体封装工艺的不同，包封保护材料一般可分为以下两大类。

- （固态）环氧塑封料（Epoxy Molding Compound，EMC）或称递模成型材料（Transfer Molding Compound，TMC）等。
- 液态塑封料（Liquid Molding Compound）或称底部填充料（Underfill）、包封材料等，包含芯片底部填充用有机材料，如非导电浆料（Non-Conductive Paste，NCP）、非导电膜（Non-Conductive Film，NCF）。

塑料封装中的包封保护用塑封料示例如图 4-1 所示。

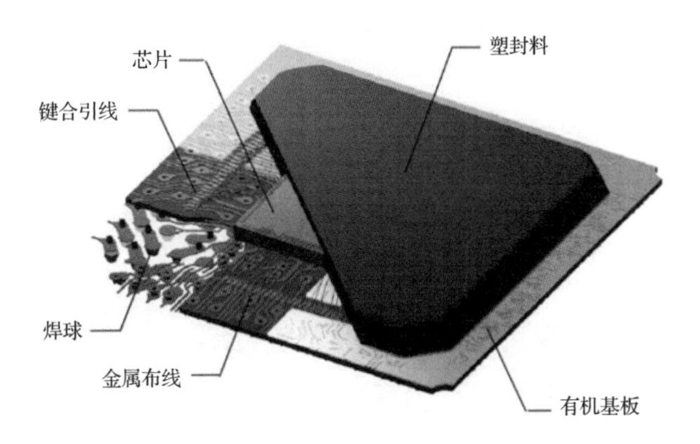

图 4-1　塑料封装中的包封保护用塑封料示例

环氧塑封料，又称环氧模塑料，主要应用于集成电路芯片的封装保护，是集成电路后道封装的主材料之一。在塑料封装中，通常采用环氧塑封料对芯片及互连部位进行包封保护，而在高可靠性的金属、陶瓷封装中，通常采用封盖技术将芯片及互连部位保护在特性气氛的空腔内，在部分金属、陶瓷封装中也会用到环氧塑封料进行包封。

底部填充料，又称底部填充胶，是一种适用于倒装芯片结构的材料，其将液体环氧树脂填充在芯片与基板之间的夹缝中，将互连部位密封保护起来。

芯片底部填充用有机材料包括非导电浆料（NCP）、非导电膜（NCF）等，更适合在芯片基板之间窄节距互连的环境下提供保护。

4.1 环氧塑封料

4.1.1 环氧塑封料在先进封装中的应用

环氧塑封料作为一种集成电路封装材料，广泛应用于集成电路封装。随着集成电路封装向小型化、高性能发展，基板承担的功能越来越多，要求越来越高。为获得极高密度的基板，线分辨力、基板厚度和大小都在减小，而层数、微孔数和元器件密度在增加。封装形式从QFP/BGA/倒装芯片球栅阵列（Flip-chip Ball Gris Array，FC-BGA）/WLP封装逐渐转变，在这种趋势下，Low-K介质层与大芯片尺寸对环氧塑封料的要求越来越高。典型的环氧塑封料封装形式如图4-2所示，环氧塑封料实物图如图4-3所示。

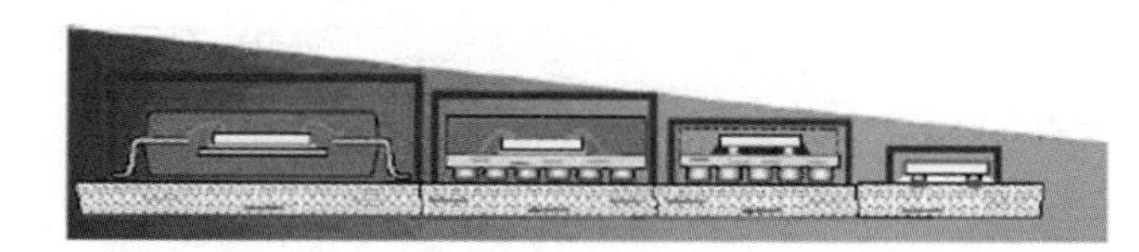

	QFP	BGA	FC-BGA	WLP
1级封装	引线键合	引线键合	凸点	无
转接板	引线框架	基板	基板	RDL层等
2级封装	引线框架外引脚	焊球	焊球	焊球
面积 Die/PKG	<1:3	<1:2	<1:1.5	1:1
高度 PKG/Die	>3.5	>2.5	>2.5	≤2

图4-2 典型的环氧塑封料封装形式

图 4-3　环氧塑封料实物图

塑封料的主体材料为热固性树脂，加热后基于高分子聚合物的化学交联来固化成型。以环氧树脂为基体树脂的塑封料叫作环氧塑封料，主要应用于集成电路芯片的封装保护，环氧塑封料的生产效率高、可靠性好且成本较低，目前已成为集成电路封装重要的封装材料之一。

环氧塑封料的组成成分包括环氧树脂、固化剂、固化促进剂、无机填充料（硅微粉）、增韧剂、偶联剂、着色剂等助剂。以上成分在专用设备进行混合、加热等工序，制造成一定形状、尺寸的用于集成电路封装的专用热固性塑料。

一般情况下环氧塑封料需要满足以下几项基本要求。

（1）热膨胀系数（Coefficient of Thermal Expansion，CTE）低。

（2）导热性好。

（3）气密性好，化学稳定性好，具有耐酸碱、耐高湿、耐高温的性能，可以减少外界环境对电子元器件的影响。

（4）良好的机械强度，可以对芯片起到支撑和保护作用。

（5）良好的加工成型性能。

环氧塑封料除需要具备上述环氧树脂的主要性能外，还需要具备黏度低、流动性好的特点。当引线框架和芯片预先放置在模具型腔中时，环氧塑封料通过传递塑封成型技术，流经引线框架和芯片，并将集成电路芯片包裹其中，不会引起集成电路芯片和元器件内部结构的明显变形。而且，环氧塑封料在塑封填充时及填充后会发生一种聚合反应，该聚合反应使制件具有较好的机械稳定性、耐湿性和抗热性，使电子元器件不受环境的影响，从而达到一定的机械性能、电学性能、力学性能和热学性能的要求。目前环氧塑封料已成为世界上集成电路塑料封装的一种主要原材料。

圆片级封装对环氧塑封料的关键技术要求主要有填料粒径较小（<75μm）、翘曲小、无空洞、无流痕（Flowmark）等。

目前大部分的圆片级封装的包封使用的是液态的有机材料（如光敏绝缘介质材料），部分公司的圆片级封装仍使用环氧塑封料（见图 4-4），在封装时采用模压方式（Compression Molding）进行封装，如图 4-5 所示。

目前世界上环氧塑封料的供应商主要集中在日本、韩国、中国，高端环氧塑封料的供应商主要是日本和韩国的公司。环氧塑封料目前主要的国际供应商包括日本的住友（Sumitomo）和日立化成（Hitachi Chemical）等。环氧塑封料的国内主要供应商有江苏中鹏新材料股份有限公司、江苏华海诚科新材料股份有限公司、天津凯华绝缘材料有限公司等。由于国外环氧塑封料起步比较早，技术比较成熟，因此进口的环氧塑封料占据了国内大部分的中高端市场。

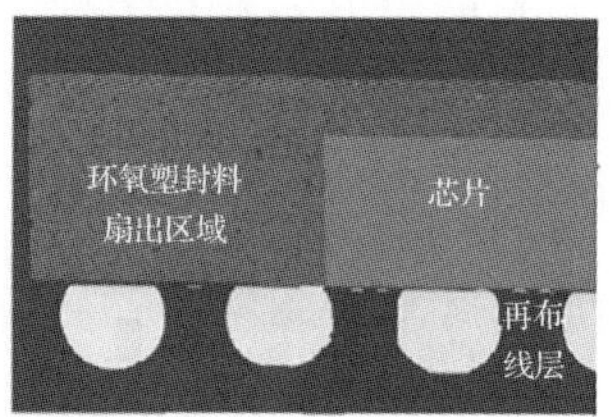

图 4-4　扇出型圆片级封装形式典型封装结构

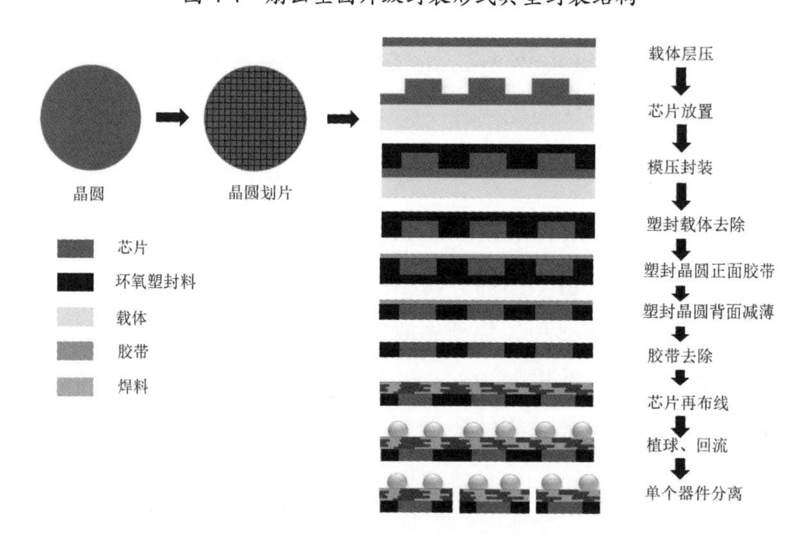

图 4-5　圆片级封装流程图

4.1.2　环氧塑封料类别和材料特性

国产环氧塑封料的分类如表 4-1 所示。

表 4-1　国产环氧塑封料的分类（SJ/T 11197—2013）

分　类	型　号	主要封装范围
标准型环氧塑封料	EMC－LRB	中小规模、大规模集成电路
	EMC－LJB	分立器件、中小规模集成电路
高热导型环氧塑封料	EMC－LJD	功率器件
	EMC－LQD	
低应力型环氧塑封料	EMC－LRY	大规模、超大规模集成电路
低线膨胀系数型环氧塑封料	EMC－QRP	超大规模、特大规模集成电路
低铀含量型环氧塑封料	EMC－QHU	存储器类特大规模集成电路
环保型环氧塑封料	EMC－QRC EMC－QFG	环保型器件及电路

环氧塑封料按照封装形式不同可以划分为两大类：分立器件用环氧塑封料、集成电路用环氧塑封料。部分环氧塑封料既可封装分立器件，也可封装中小规模集成电路，它们之间没有明确的界限。

不同环氧塑封料的制造流程基本相同，只有压塑封装用环氧塑封料不需要预成型打饼，而需要控制粉碎粒径，用户直接使用颗粒料进行封装。

环氧塑封料的制造流程如图 4-6 所示。为了保证各种原材料能够混合均匀，需要对原材料进行预处理，使各种原材料颗粒尽可能符合工艺要求，然后按照配方要求对各种原材料进行称量，根据工艺要求依次将材料加入混合器中进行混合，混合好的材料以一定的速度进入混炼机进行混炼交联反应。材料制成后进行压延、冷却、粉碎，根据用户要求预成型，打成不同规格的饼块，便于用户使用。压塑封装用环氧塑封料需要对粉碎粒径进行严格控制，用户直接使用颗粒料进行封装。

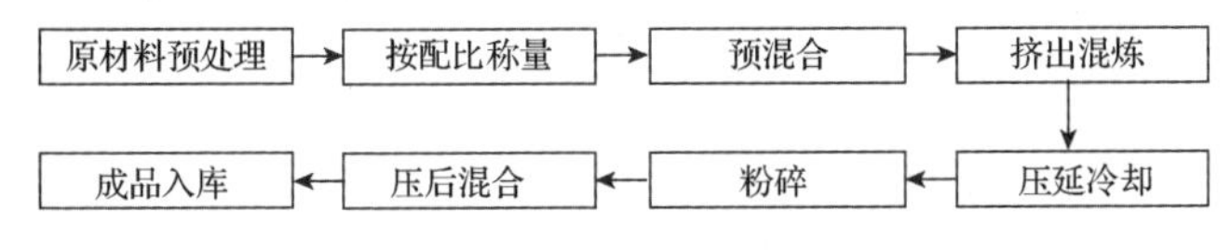

图 4-6　环氧塑封料的制造流程

集成电路的封装技术已经历了好几代的变迁，已经从传统的引线框架型封装和基于引线键合的球栅阵列封装向以倒装芯片封装、圆片级封装及基于硅通孔技术的三维集成和系统级封装等为代表的先进封装方向发展，环氧塑封料紧随着封装技术相应发展。在环氧塑封料研发过程中，基于元器件可靠性的实际需求，主要的工作集中在降低应力、介电常数等方向。

为了消除封装元器件的缺陷和失效，必须采用相应的方法来降低塑封料的内应力，目前降低塑封料的内应力的方法主要有以下两种。

（1）在塑封料中添加应力改性剂。

所用应力改性剂多为硅橡胶或有机硅，应力改性剂可以与树脂形成海岛结构或直接与树脂反应，形成微细的均匀分散体系，从而吸收塑封料的应力，达到降低应力的目的。

（2）降低塑封料的热膨胀系数。

降低热膨胀系数的方法主要有提高填料的含量和使用新型的树脂体系。

介电性能是表征环氧塑封料绝缘性能的重要参数之一，介电性能的好坏对元器件性能有着重要影响，为保证精细线路在尺寸缩小的情况下，仍然具有良好的电学性能，必须采用低介电常数的环氧塑封料。

目前低介电常数的环氧塑封料主要是采用低介电常数型基体树脂（如聚双环戊二烯环氧树脂），或低介电常数型填料来制造的，其中控制原材料的纯度至关重要。一般情况下，随着硅微粉的填充，环氧塑封料的介电性能得到改善，细颗粒填充体系要比粗颗粒填充体系的介电常数低。

4.1.3 新技术与材料发展

环氧塑封料是集成电路封装的主要原材料。近年来，国际集成电路制造商及封装测试企业出于成本控制和整个产业链的安全因素的考虑，纷纷将其塑封产能转移至亚洲（特别是中国），从而直接拉动了中国集成电路产业的迅速扩大。集成电路封装测试行业已经成为集成电路产业的重要部分，并且在技术上日益强大，不断推动着集成电路产业的蓬勃发展。

从 2013 年开始，世界集成电路产业从之前的直落谷底转而走出困境，集成电路晶圆直径在 12 英寸（300mm）的基础上向 18 英寸（450mm）发展；美国英特尔公司、韩国三星半导体及中国台湾的台积电（TSMC）等公司正在推动硅片制造业向 18 英寸时代发展，但基于材料及设备成本等经济原因，目前尚未实现批量生产，不过其通过更细的工艺图形（从 90nm 到 65nm、45nm、40nm、32nm、28nm、16nm 乃至 7nm 及 5nm）将硅片改善至更高的集成度、功能性和速度，同时可以满足铜布线技术和低介电常数层间介质技术的要求。随着圆片级封装尺寸的增大，环氧塑封料配方技术对填料的粒径要求越来越高，对翘曲度的要求也越来越高。

环氧塑封料作为集成电路封装的主要结构材料之一，随着集成电路向高集成、布线微细化、芯片大型化等技术发展，对其性能提出了越来越高的要求。从集成电路封装的可靠性和集成度出发，环氧塑封料的主要发展方向为填料尺寸小、材料的热膨胀系数小、环氧塑封料与集成电路硅片及金属化层的结合力高、防潮能力高、环保、良好的连续成膜性能等，具体要求包括：

（1）在大的温度、频率范围内，具有优良的介电性能，能够满足高电压（大于 600V）的需求。

（2）具有较好的成型加工性能。

（3）高导热率：目前国外塑封料企业已经研发出了热导率达到 3.0W/（m • K）以上的环氧塑封料。

（4）低吸水率：在 85℃、85RH%、168 小时下，吸水率要小于 0.15%。

（5）高黏接力：对于镀银框架和镀镍钯金框架，需要提高环氧塑封料在其上的黏接力，满足湿度敏感等级 1 级的考核要求。

（6）QFN/BGA 的低翘曲度及普适性：对于 BGA、QFN 等单面不对称封装形式，不同的封装设计要有更好的适应性。

4.2　底部填充料

倒装芯片封装技术是 20 世纪 60 年代由 IBM 公司开发的，是指芯片正面朝下与基板互连的封装形式。但由于当时技术和材料的限制，互连当中存在较大的可靠性问题，因此该项技术的应用十分有限。20 世纪 80 年代底部填充技术的出现，极大缓解了芯片和基板之间热匹配不协调而产生的应力问题，倒装芯片封装技术开始逐渐被推广开来。这种封装技术不需要引线连接，缩短了互连距离，提高了

I/O 密度，缩小了封装尺寸，电阻降低改善了电学性能表现，提高了组件的可靠性。如今倒装芯片封装技术已经逐步取代引线键合封装技术，在三维封装和多芯片堆叠中得到了广泛应用。倒装芯片封装结构中的底部填充料如图 4-7 所示。

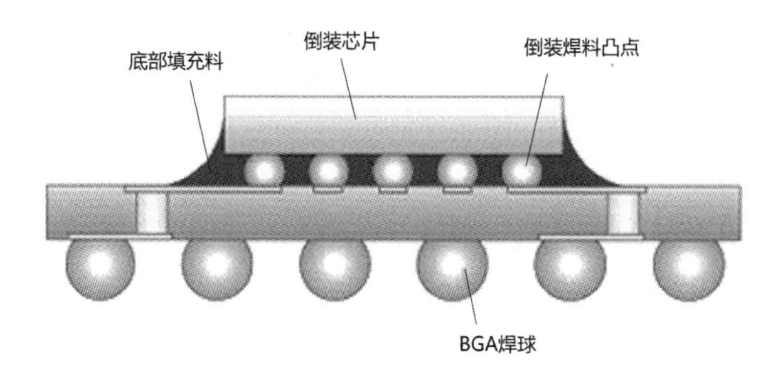

图 4-7　倒装芯片封装结构中的底部填充料

底部填充料是集成电路倒装芯片封装的关键材料之一，起到不可或缺的作用，包括缓解芯片、互连材料（焊球）和基板三者的热膨胀系数不匹配产生的内应力，分散芯片正面承载的应力，同时保护焊球、提高芯片的抗跌落性、热循环可靠性，在高功率器件中还能传递芯片间的热量。

随着 I/O 端口数量需求越来越高，互连空隙相应缩小。基于这种窄节距互连需求，热压键合（Thermo-compression-bonding，TCB）工艺成为实现各层间互连的关键。传统采用 TCB 工艺逐层叠加芯片，然后采用毛细管底部填充工艺来填充芯片空隙，保护互连线。然而，随着芯片堆叠层数的增加和层间空隙的减小，传统工艺不仅需要花费更多的时间来进行填充处理，而且增加了封装无缺陷叠层结构的难度，导致生产效率的降低和可靠性问题。

随着集成电路与封装制程及新材料的不断进步，新一代的封装材料与制程陆续被开发出来，包括非导电浆料（Non-Conductive Paste，NCP）、非导电膜（Non-Conductive Film，NCF）、回流固化（Reflow Curing）制程等，这些都是目前业内所积极发展的方向。

NCP/NCF 材料可发挥集成电路封装中大容量、窄节距铜柱工艺的先进性。这些材料缩短了固化时间，增强了封装可靠性，并实现了更大 I/O 端口数量和更窄节距。图 4-8 所示为以 NCP 为一级互连材料的倒装芯片封装示意图。

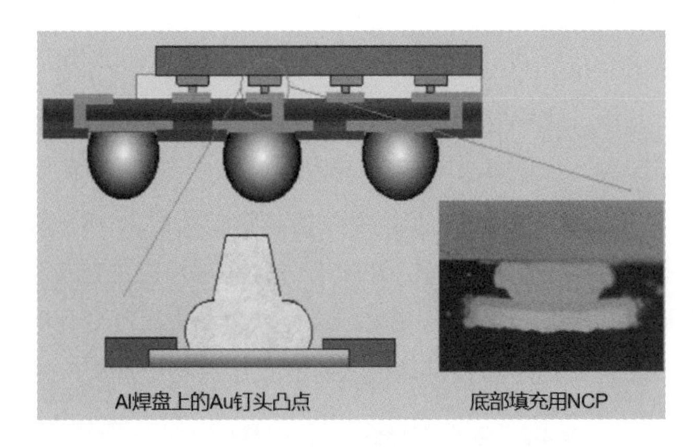

图 4-8　以 NCP 为一级互连材料的倒装芯片封装示意图

4.2.1　底部填充料在先进封装中的应用

根据实际应用环境的差异，底部填充料可以分为一级封装底部填充料和二级封装底部填充料。一级封装指的是芯片到芯片载体/基板之间的封装，与底部填充料相关的一级封装主要是指倒装芯片封装、TSV 芯片及 TSV 中介转接层（Interposer）的封装。这类封装主要的发展方向是底部填充料与焊球电气互连的封装工艺和器件可靠性的兼容性；底部填充料对芯片、基板、TSV 芯片、TSV 中介转接层的黏接强度的要求。近年来封装技术的发展，促进了 5G 通信技术、可穿戴电子产品等的小型化发展，产品小型化的发展趋势导致在二级封装层次上比以往面临更多的可靠性问题，对于 WLCSP、叠层封装等新的封装形式而言，在二级封装中采用底部填充料成为新的选择。

倒装芯片底部填充料通过填充在集成电路芯片与有机基板之间的狭缝中，起到将连接焊点密封保护起来的作用。底部填充料是影响倒装芯片组装质量的关键因素之一。当芯片承受热冲击或机械冲击时，焊球和黏接剂之间的牢固黏接可以平均分散整个芯片上的应力，并降低芯片、基板、焊球之间热膨胀系数差异造成的负面影响，以保持焊点的可靠性。

由于基板与芯片之间的空隙大多在 25～150μm 之间，而芯片 I/O 端口数量大多超过 1000，以及在制程中必须花费一段时间让底部填充料流体布满基板与芯片之间的空隙，因此填充料的黏度与高温稳定性是相当关键的。例如，助焊剂会降低液态填充料与锡铅凸点密合程度而造成空隙，所以填充料的黏度和流动性都是重要条件。在整个芯片封装过程中，毛细作用是完成整个封装的必要因素。

芯片、有机基板、焊料连接和填充材料都是不同材质的，因此这几种材料的热膨胀系数有所区别。如表 4-2 所示，一般来说，硅的热膨胀系数为 2.5ppm/℃，FR-4 基板的热膨胀系数为 16ppm/℃，焊料的热膨胀系数为 18～22ppm/℃，环氧树脂的热膨胀系数为 55～75ppm/℃。在没有进行底部填充的前提下，几种材料中芯片与有机基板的热膨胀系数差异最大，这导致当发生温度变化时，整个封装体容易发生形变，并且在芯片与有机基板之间的互连点上出现剪应力。

表 4-2　倒装芯片结构中主要材料的 CTE 值

材　　料	CTE/(ppm/℃)	倒装芯片中的应用
硅	2.5	芯片或硅基板
FR-4 基板	16	有机基板
氧化铝	6.9	陶瓷基板
焊料	18～22	互连
聚酰亚胺	45	柔性有机基板
环氧树脂	55～75	底部填充料中的树脂
二氧化硅	0.5	底部填充料中的填料

底部填充料扮演调节上述现象的关键角色，使整个系统的热膨胀系数介于芯片与基板的热膨胀系数之间，由此强化焊接连接的强度，降低连接点的疲劳应力，从而增加产品寿命。此外，底部填充料还起到保护器件免受外部环境带来的潮湿、离子污染、辐射、机械损伤等影响，提高倒装芯片整体结构的可靠性。

底部填充料已经成为倒装芯片封装由陶瓷基板拓宽至有机基板、由高档产品拓宽至对成本敏感的低端产品的一种实际解决方案。英特尔（Intel）、三星电子（Samsung Electronics）、AMD 等全球主要集成器件制造商（Integrated Device Manufacturer，IDM）及封装测试公司都在研究和使用倒装芯片技术。底部填充料的供应商主要有日立化成（Hitachi Chemical）、纳美仕（Namics）、信越化工（Shin-Etsu）、陶氏化学（Dow Chemical）、洛德（Lord）等公司。底部填充料的特性是决定封装体可靠性的关键因素之一，其选择主要取决于它的应用，如芯片尺寸、钝化材料、基板材料、焊料类型和封装体在实际应用中所处的环境等。

随着微互连节距的减小，封装结构越来越复杂，芯片堆叠的互连节距需求范围已降低为 10～40μm，多为铜铜键合和铜锡键合，这是因为与传统焊接凸点相比，铜柱（Copper Piller）技术更适合于窄节距并具有更好的连接性能，这样每个芯片可以允许更多的 I/O 端口数量。例如，传统焊接的倒装焊接凸点节距一般介于 150～200μm 之间，而使用铜柱时，芯片可容纳 40μm 乃至更小的铜柱节距。

新型高密度封装结构的出现，限制了传统毛细管底部填充料在其中的流动能力，降低了可靠性。为了克服这些问题，芯片间的互连方式从使用“毛细管底部填充料+回流”向使用“NCP/NCF 材料+热压工艺”转变，后者更加适应紧凑空间条件下封装保护的要求。图 4-9 显示了与传统回流填充工艺（CUF 工艺）相比，圆片级 NCF 工艺的优点在于通过涂覆/黏接/底部填充工艺一次成型，同时采用无孔洞底部填充技术提供了更高的可靠性。

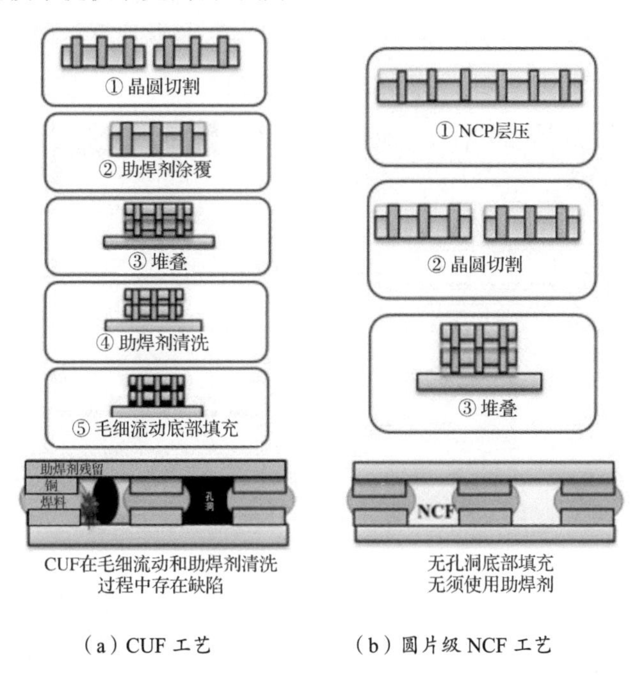

（a）CUF 工艺　　（b）圆片级 NCF 工艺

图 4-9　CUF 工艺与圆片级 NCF 工艺对比

目前，NCP 的主要供应商有汉高（Henkel）、纳美仕（Namics）、长濑产业株式会社（Nagase）、日立化成（Hitachi Chemical）、松下（Panasonic）。NCF 的供应商主要包括汉高（Henkel）、日立化成（Hitachi Chemical）、日东电工（Nitto Denko）、纳美仕（Namics）、住友（Sumitomo）。

一般来说，C2 芯片采用 NCP 或 NCF 结合高强度的热压键合技术后，凸点之间的节距可缩小至 10μm。图 4-10 所示为 Amkor 研究的 TC-NCP 的应用，其应用于组装高通骁龙 805 处理器，最终应用于 Samsung Galaxy 智能手机。

三星电子的 3D IC 集成已经在 C2 芯片的高压 TCB 技术中采用了 NCF 技术，并将其量产于基于 TSV 的双倍数据速率 4 型动态随机存取存储器中，海力士（Hynix）也将其量产于代号为斐济的 AMD 图形处理器高带宽内存（High Bandwidth Memory，HBM）上。TSV 转接层支持图形处理器和四组 HBM，后者是四个 DRAM 的堆叠形式，如图 4-11 所示，该 3D 存储器单元由 C2 芯片与 NCF 通过高强度 TCB 依次堆叠在一起，每个芯片的底部填充料凝胶化、焊料熔化、底部填充料固化、焊料固化过程需要 10s 才能完成。为了解决这一生产效率问题，海力士提出了新的集成方法，将传统方法需要 40s 堆叠四个芯片的时间缩短为不到 14s，并通过优化条件实现了较好的结合状态。

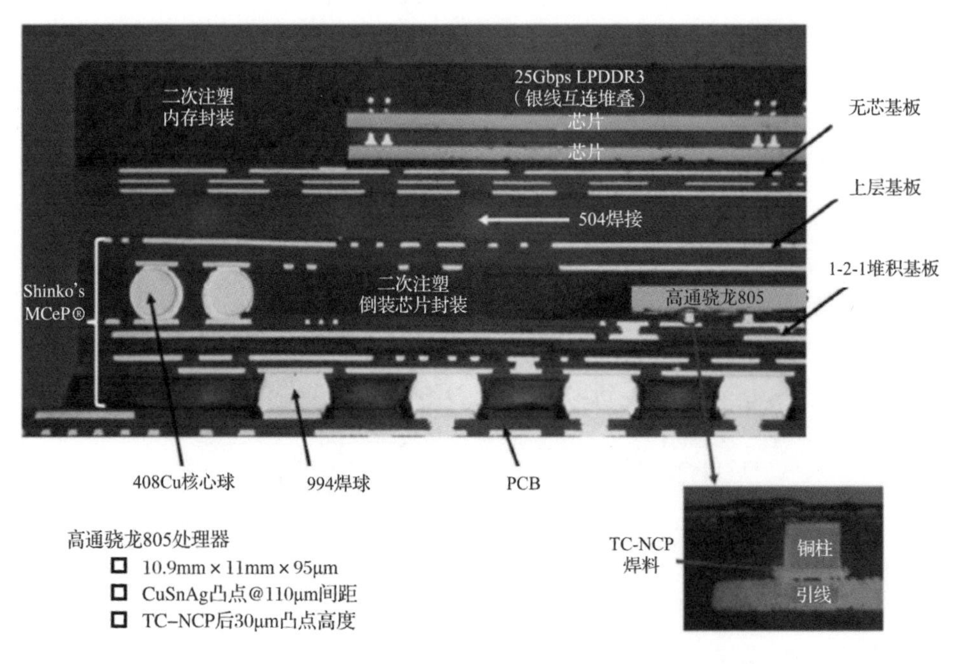

图 4-10 Samsung Galaxy 智能手机中 PoP 微处理器截面图

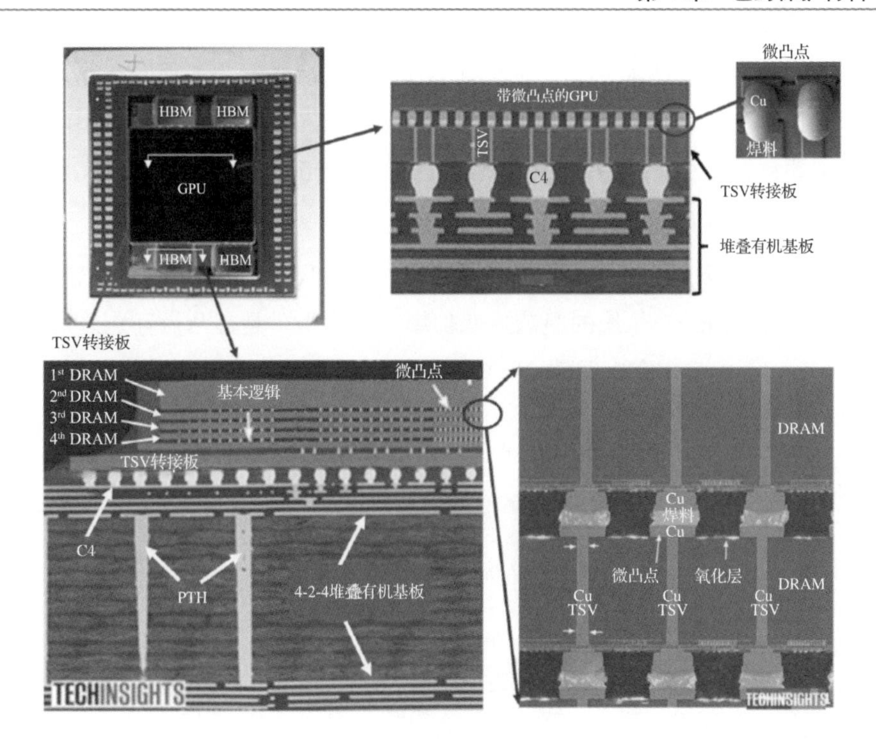

图 4-11　Hynix 生产的 AMD 图形处理器单元截面图

4.2.2　底部填充料类别和材料特性

目前，倒装芯片底部填充料的组成成分与固态封装材料相似，主要以环氧树脂为主，添加球型硅微粉（SiO_2），以及固化剂、促进剂、表面处理剂等。通常底部填充料需要具备低热膨胀系数、高玻璃化温度、高模量、低离子含量、低吸湿性、低介电常数、良好的助焊剂兼容性和良好的热导率等。按填充工艺与组装工艺的先后顺序不同，底部填充料的分类如图 4-12 所示。

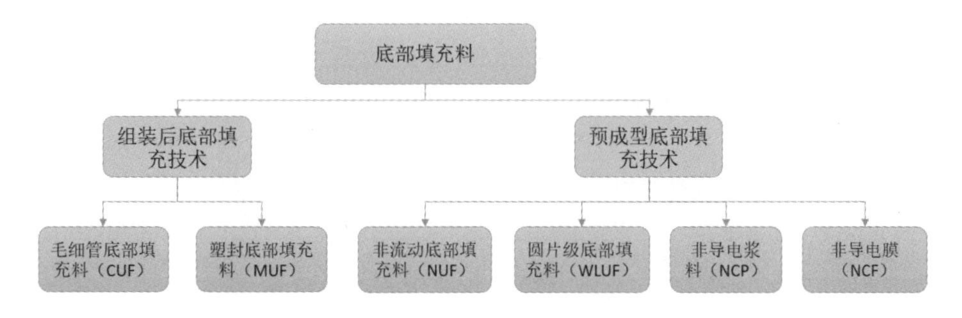

图 4-12　底部填充料的分类

传统的底部填充技术是在完成倒装芯片互连之后进行的，因此被称为组装后底部填充技术（Post-assembly Underfill）。依据倒装芯片中填充工艺的不同，底部填充料主要包括毛细管底部填充料（Capillary Underfill，CUF）和塑封底部填充料（Molded Underfill，MUF）。

随着系统集成度不断提高，倒装芯片上凸点的尺寸和节距变得越来越小（凸点节距小于 100μm），传统的组装后底部填充技术由于是在凸点互连之后才进行底部填充的，因此常常会出现凸点间填充不完全到位、产生孔洞等缺陷，如图 4-13 所示，封装互连的可靠性降低。

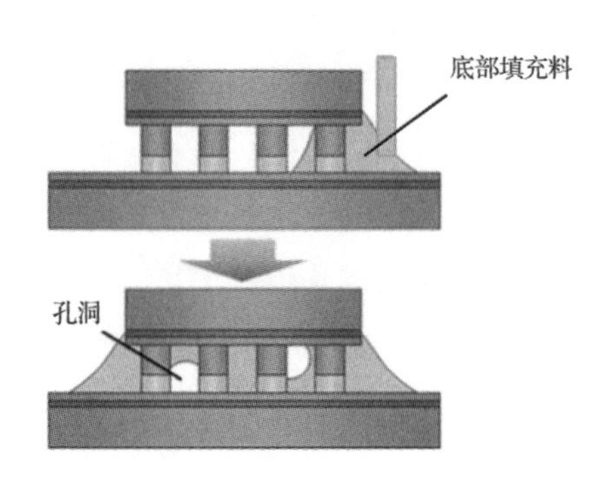

图 4-13　组装后底部填充技术在应用于窄节距互连时易产生孔洞

为适应倒装芯片窄节距互连的填充需求，产业界提出了一种新型的预成型底部填充技术（Preassembly Underfill）。这种技术既能简化工艺，又能对窄节距互连（小于 100μm）进行良好的底部填充。顾名思义，预成型底部填充技术是指底部填充料在芯片互连之前就被施加在芯片或基板上，在后续的回流或热压键合过程中，芯片凸点互连与底部填充固化的工艺同时完成。相关技术及所用的底部填充料主要包括非流动底部填充料（No-Flow Underfill，NUF）、圆片级底部填充料（Wafer Level Underfill，WLUF）、非导电浆料（NCP）和非导电膜（NCF）。其中 NUF 与 NCP/NCF 有所区别，前者所谓的“No-Flow”过程是将封装材料及助焊剂等在焊料回流时同时进行焊球的互连过程，而 NCP/NCF 是一种非导电材料（膜），是利用倒装键合的热压方式将焊球互连及封装材料固化同步完成的。

以下对不同类别的底部填充料的工艺过程和应用进行详细说明。

1）毛细管底部填充料

毛细管底部填充是一种常见和成熟的底部填充技术，主要依赖毛细作用将材料填充在芯片和芯片载体之间，其工艺流程如图 4-14 所示，首先将一层助焊剂涂在带有凸点的基板上，然后将芯片焊料凸点对准基板焊盘，加热进行焊料回流，使上下凸点互连，接着通过溶剂喷雾等方式进行助焊剂清洗，沿芯片边缘注入底部填充料，底部填充料借助毛细作用会被吸入芯片和基板的空隙内，最后加热固化。

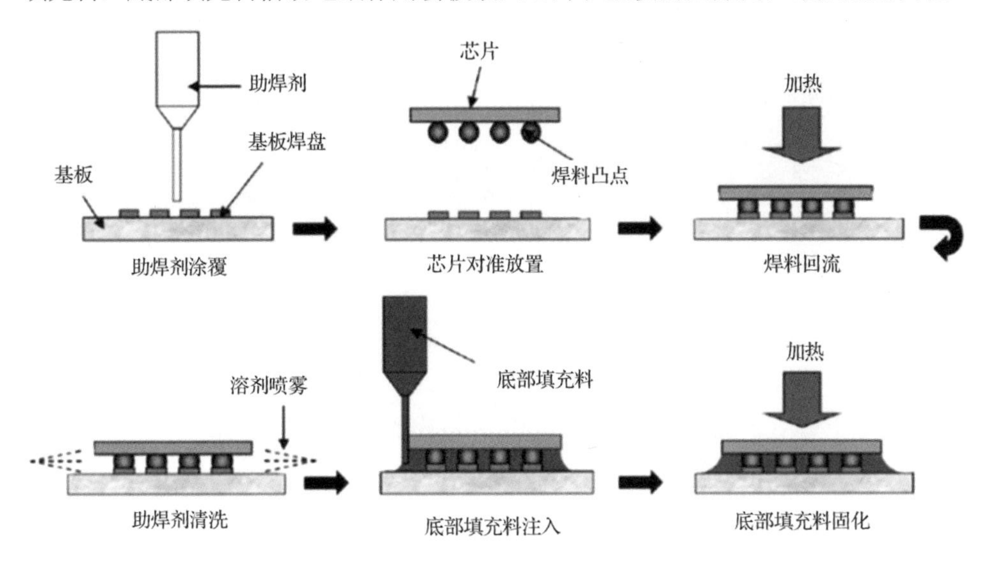

图 4-14　毛细管底部填充的工艺流程

毛细管底部填充料处在芯片和有机基板之间的空隙中，由于其通常为液态，因此流动速度是影响底部填充工艺生产效率的主要因素之一，底部填充料的流动过程会直接影响封装的可靠性，为了减少底部填充料填充所需的时间，提高底部填充料的流动性，降低其黏度是至关重要的。

同时，因为芯片与芯片载体间的空隙越来越小，采用较大尺寸的填充料易造成堵孔、产生气泡等，所以要求更换使用更小尺寸的填充料进行填充。

此外，毛细管底部填充技术的生产效率也是比较受关注的问题，有研究提出采用丝网印刷方式进行底部填充料的填充来达到提高生产效率的目的，如图 4-15 所示。

在图 4-15（a）中，印刷网板的开口位置设计在每个芯片的边缘。

在图 4-15（b）中，网板下方有一层干膜，每个芯片对应一个矩形开口，开口尺寸略大于芯片尺寸。

在图 4-15（c）中，网板与芯片背面之间有空隙，在印刷过程中，底部填充料通过网板开口落入芯片边缘一侧和干膜之间的空隙。

在图 4-15（d）中，当印刷完成后（通常只需几秒），从丝网印刷机上取下组件并放在热板（约为 120℃）上，底部填充料在毛细作用下流向芯片、焊球、基板之间，最终完成底部填充料的填充。

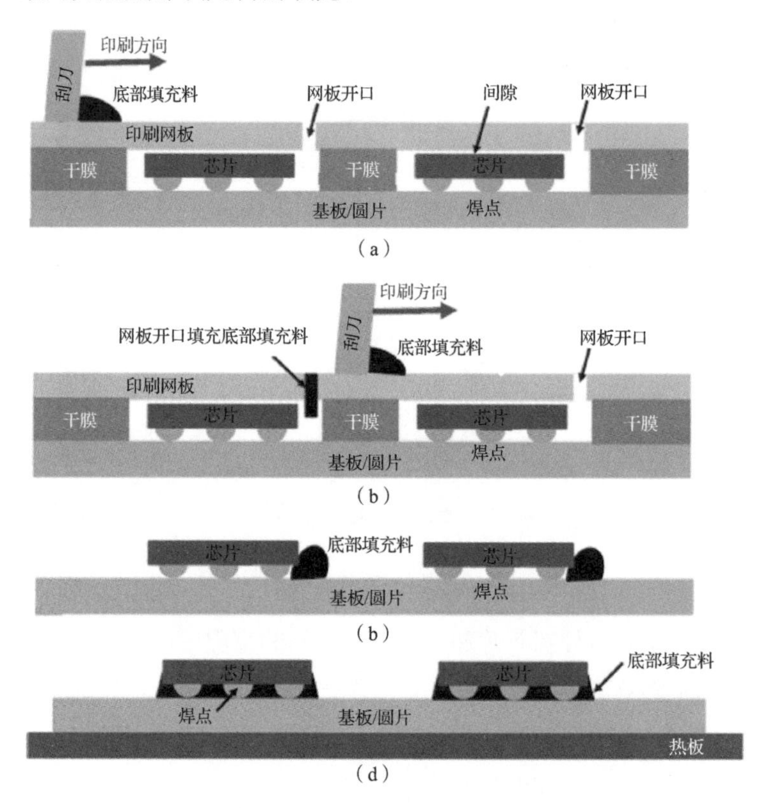

图 4-15　采用丝网印刷方式进行底部填充过程

毛细管底部填充技术是目前研究的热点和应用广泛的技术，被广泛应用于包括手机在内的许多电子器件的小尺寸芯片封装中。目前市场上大多数的底部填充料都是毛细管底部填充料。

2）塑封底部填充料

塑封底部填充料是环氧塑封料的一种变形，最初由 Cookson Electronics 在

2000 年提出，后来德克斯特工业（Dexter）、英特尔（Intel）、安靠科技（Amkor）、星科金朋（STATS）和意法半导体（STMicro Electronics）都报道过相关技术。

在常规倒装芯片塑封的应用中，毛细管底部填充工艺采用两步法：先使用毛细流动型填充工艺，使用底部填充料填充芯片和基板之间的空隙；加热固化以后，再使用标准塑封化合物将器件整体密封，起到保护封装体的作用。而塑封底部填充工艺将底部填充料的填充和器件塑封两个步骤统一，在进行塑封的同时，底部填充料进入芯片和基板间的空隙中，随后一起固化、密封。塑封底部填充工艺（MUF）比毛细管底部填充工艺更简单、更快速,两者的对比如图 4-16 所示。

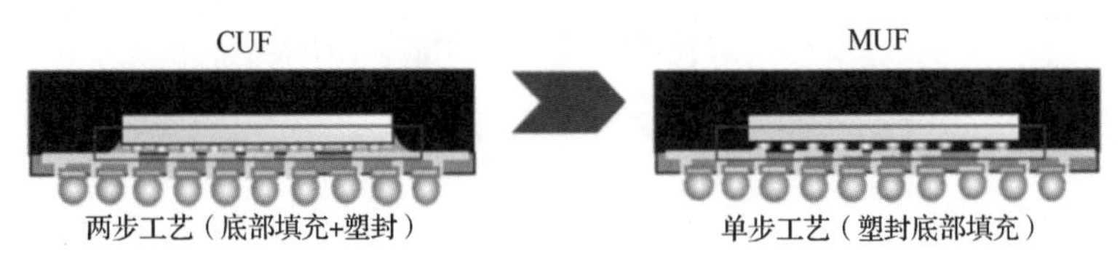

图 4-16　毛细管底部填充（CUF）工艺与塑封底部填充（MUF）工艺对比

传统底部填充料中二氧化硅等填料的质量含量一般在 50%～70%之间，而塑封底部填充料中二氧化硅的质量含量高达 80%。同时因为工艺的特点，塑封底部填充料要求二氧化硅的尺寸更小。塑封底部填充技术与传统底部填充技术相比，对工艺进行了简化，同时提高了生产效率及封装的可靠性，可以满足不断发展的市场整体产品需求。

目前塑封底部填充工艺面临的挑战有：

（1）芯片和基板之间的塑封底部填充料的流动通常由真空辅助。

（2）环氧塑封料的二氧化硅填料的尺寸必须非常小才能满足流动性。

（3）塑封底部填充料的环氧塑封料成本远远高于封装成型的成本。

（4）环氧塑封料、芯片和基板之间的热膨胀系数不匹配，容易造成封装翘曲。

（5）成型温度受到焊球熔点的限制。

（6）焊球高度和节距不能太小。

3）非流动底部填充料

毛细管底部填充料在使用时工艺较为繁琐，同时，在工艺过程中多余的助焊剂需要清洗掉，否则会减少焊球的寿命。为了克服传统毛细管底部填充工艺的缺点，非流动底部填充工艺被开发出来，其工艺流程如图 4-17 所示。与传统毛细管底部填充工艺相比，非流动底部填充工艺不需要液体的毛细作用。在芯片和基板互连之前，首先在基板表面涂覆非流动底部填充料，放置芯片在对准位置，然后在焊料回流过程中同时完成焊球互连和底部填充料加热固化两个过程。该工艺比毛细管底部填充工艺省去了助焊剂的涂覆和清除步骤，简化了工艺，减少了污染，提高了生产效率。

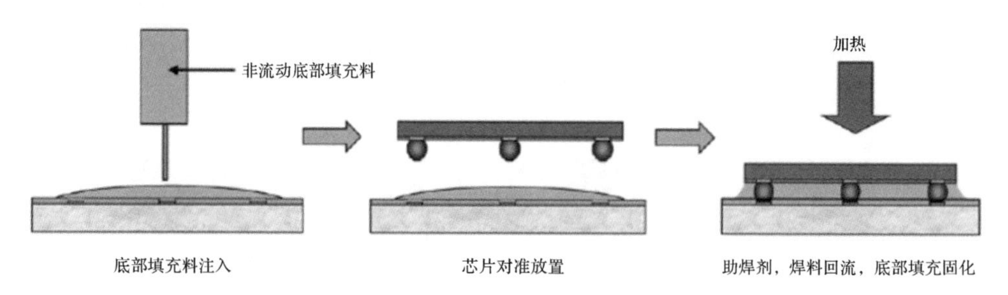

图 4-17　非流动底部填充工艺的工艺流程

非流动底部填充工艺的提出必然要求与之相应的底部填充料的更新，对比工艺可知，非流动底部填充料除需要具备毛细管底部填充料的性能外，还需要具备助焊功能，这样才能形成良好的焊球互连结构。

早期针对图 4-17 中的宽节距凸点的非流动底部填充技术是通过回流来实现凸点互连与底部填充料固化的，为了避免底部填充料中的 SiO_2 颗粒镶嵌在互连界面影响接头的形成与电互连的可靠性，早期的底部填充料中不含或只含很少的 SiO_2 填料，所以具有较高的热膨胀系数，降低了封装的可靠性。

非流动底部填充料的工艺难点：由于底部填充料在焊球回流焊连接之前已铺展在芯片基板上，因此在焊球连接过程中，底部填充料中的 SiO_2 填料容易被限制在焊球之间，造成焊球连接失效。为了解决这一问题，对非流动底部填充工艺进行了改进，主要包括在加热过程中施加压力、采用双层非流动底部填充工艺等。总之，非流动底部填充工艺的出现大大简化了倒装芯片底部填充料的工艺过程。

4）圆片级底部填充料

随着芯片之间的空隙越来越小，传统的毛细管底部填充工艺在生产效率和成本方面面临巨大挑战，特别是对于大尺寸芯片而言。因此，开发了圆片级底部填充工艺作为替代方案之一。圆片级封装是指以整片晶圆为封装结构单元，封装之后进行单个组件的切割，圆片级封装大大提高了封装的效率，与之对应地出现了一种新的底部填充材料——圆片级底部填充料，其因可靠性高、生产成本低，并且能够与表面贴装技术工艺兼容等优点，引起了人们的广泛重视，并得到了快速的发展。

圆片级底部填充工艺首先在晶圆上通过合适的涂层工艺（层压或涂覆等）添加一层底部填充料，并对底部填充料加热除去溶剂进行预固化，然后通过平整化露出互连凸点，接着将晶圆进行切割以获得带凸点的单个组件，组件与基板通过表面安装工艺相连。圆片级底部填充工艺的工艺流程如图4-18所示。

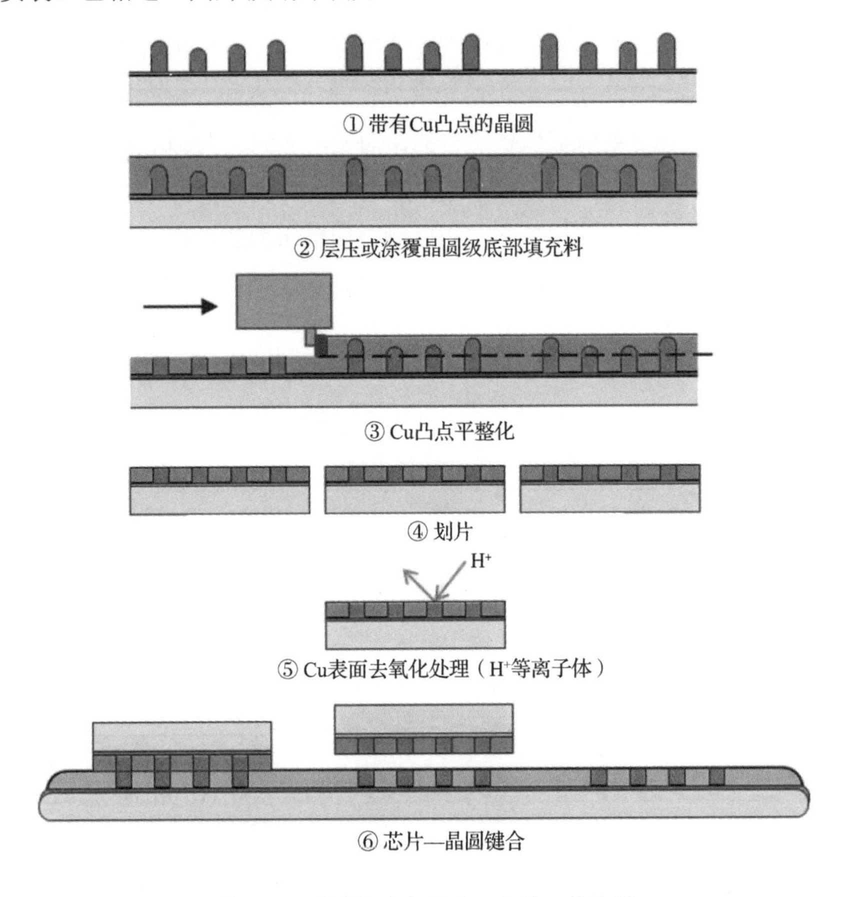

图4-18　圆片级底部填充工艺的工艺流程

圆片级底部填充工艺去除了助焊剂及其后续清除过程，在焊料回流过程中周围的底部填充料可以有效地保护焊球，防止焊球的开裂、失效和机械破损，底部填充料的固化和焊球接点的形成同时进行。该工艺把集成电路前道和后道的一些工序集合在封装工艺中，有效地提高了倒装芯片的生产效率。该工艺符合焊料凸点的窄节距、小直径、高度降低及芯片厚度变薄的发展方向，可以应用在 2.5D 封装中，得到了越来越广泛的应用。此外，圆片级底部填充工艺的高工序集成度进一步加强了芯片制造厂、封装企业及材料供应商之间的配合。

5）非导电浆料

非导电浆料（NCP）与常规的毛细管底部填充料在使用流程上有差异。常规的毛细管底部填充料需要在倒装芯片与基板之间的凸点和焊盘接触以后，通过回流的方式进行电互连达到封装保护的目的，而使用 NCP，可以直接通过热压的方式，让凸点和焊盘直接接触实现电互连，省去了助焊剂相关的工序。NCP 在固化后仅仅起着形成机械连接并保持凸点和焊盘的接触压力的作用。图 4-19 所示为使用 NCP 进行热压键合的组装过程，其中键合过程的关键是控制加热峰值温度和加热时间。

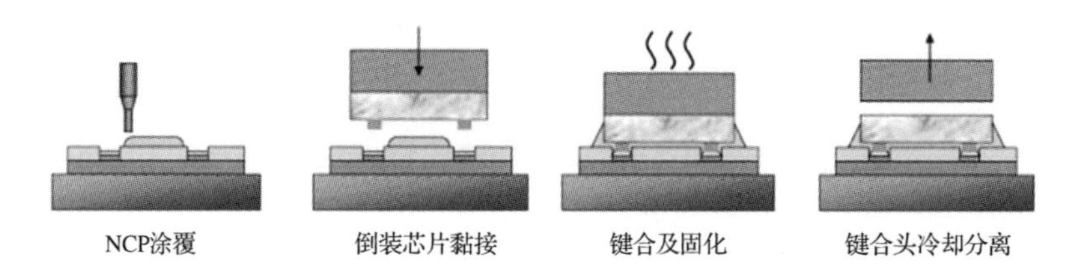

图 4-19　使用 NCP 进行热压键合的组装过程

NCP 使用热压工艺，与普通底部填充料相比，具有高黏度、快速固化、极短时间胶化的特性。CUF 与 NCP 材料特性表如表 4-3 所示。

表 4-3　CUF 与 NCP 材料特性表

性　能		R2323iHX-6B-5G3FF	R3007-6	R9020	UFR217
		CUF 低应力	CUF 好流动性	辅助 CUF 可行	NCP 应用 OSP
填充量	wt%	50	50	60	62
T_g（DMA）	℃	120	100	134	140
热膨胀系数（CTE）	ppm/℃	37	36	27	27

续表

性　能		R2323iHX-6B-5G3FF	R3007-6	R9020	UFR217
		CUF 低应力	CUF 好流动性	辅助 CUF 可行	NCP 应用 OSP
弯曲模量	GPa	6.0	7.0	7.3	8.0
黏度	mPa・s	7000	1000	1500	90000
胶化时间	s	550 @160℃	420 @150℃	120 @150℃	2 @170℃ 4 @270℃
固化时间	min	90 @160℃	60 @150℃	30 @150℃	60 @150℃

目前，NCP 的主要研究方向是减少孔洞和确保互连效果，这可从降低最小黏度、提高去氧化活性、控制固化速度等着手。此外，NCP 优良的导热性和较长的工作寿命十分受人关注。

6）非导电膜

NCP 一般是指液态形式的底部填充料，也有以膜形式存在的非导电膜（NCF）。NCF 材质柔软，可以夹在 PET（聚对苯二甲酸乙二醇酯）之类的塑料薄膜中作为卷材使用。圆片级封装由于尺寸小和工艺成本低的优点在封装生产中获得广泛使用，NCF 作为薄膜材料可应用在圆片级封装中。如图 4-20 所示，在晶圆正面贴 NCF，在晶圆背面贴划片膜，进行划片后割成小块芯片。划片完成后，倒装芯片在基板上经过热压过程固化成型。NCF 是预放置在芯片正面的，这样既可以保护凸点，薄芯片又不会有溢出到顶部的问题。圆片级 NCF 的材料为改性环氧树脂，在 80～95℃下具有高流动性，在该温度下可实现无孔洞层压，材料的高透明度和无孔洞有助于检测晶圆表面上的对准标识。NCF 的缺点是黏合速度比 NCP 慢，同时它对于不同凸点高度的芯片没有灵活性，只能考虑配以不同厚度的膜。

NCF 具有成本低、操作方便、片间间距小等优点，可以采用无孔热轧复合机在有凸点图形的晶圆活性侧进行键合。

圆片级 NCF 具备以下特性：与晶圆正面具有良好的黏着力和良好的机械性能，以防止 NCF 在切割过程中被损坏；热压焊时 NCF 基体可以快速软化、流动和润湿。

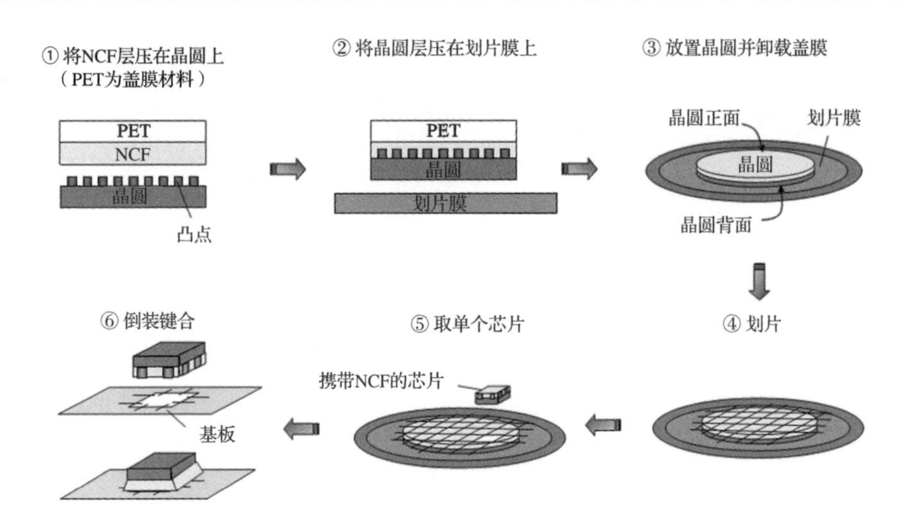

图 4-20　使用 NCF 的倒装键合过程

尽管 NCF 作为底层填充料具有上述优势，但它仍然存在一些具有挑战性的问题。由于 NCF 的导电性是通过物理/机械接触实现的，而且没有形成金属连接点，因此其导电性和载流能力有限，在高温/高湿度或热循环下的可靠性仍需进一步提高。NCF 在高电流密度环境下需要满足接触点的低接触电阻、高载流能力和高可靠性的要求。同 NCP 一样，NCF 的使用问题是孔洞和在晶圆减薄和划片时所产生的晶圆或芯片裂纹，以及 NCF 的分层。表 4-4 列出了解决 NCF 使用问题的几个改善方法。

表 4-4　解决 NCF 使用问题的几个改善方法

需　　求	解 决 方 法
晶圆层压能力	• 在层压温度下增加树脂流动性 • 调整基膜
背面减薄能力	• 改进基膜平整度 • 调整 NCF 基膜的黏接强度
对准标识的识别能力	• 匹配树脂及填充料的折射率 • 调整填充料的成分及尺寸 • 改进树脂兼容性
划片能力	• 改进晶圆 NCF 的黏接强度 • 优化黏度

4.2.3　新技术与材料发展

随着电子元器件的小型化、智能化、多功能化，集成电路的性能和集成度不断提高，封装密度也越来越高。随着 IC 芯片的尺寸逐渐缩小，目前有效的解决方案是开发 3D IC 封装技术。典型的 3D IC 封装结构设计围绕硅通孔（TSV）、微凸点互连及具有微凸点的薄型晶圆—芯片之间的互连等。在开发 3D IC 封装技术时，涉及很多挑战，如 TSV 和微凸点的开发和工艺及结构扩展、超薄晶圆的拿持、堆叠类型及合理的底部填充料的选择。

图 4-21 展示了倒装芯片底部填充料面临的挑战，如凸点尺寸进一步缩小对芯片与基板之间的互连空隙，以及凸点之间的互连节距缩小对底部填充料的黏度、流动性及底部填充料制造过程中填充料粒径（Filler Size）等提出了进一步的要求，芯片与基板之间的互连空隙从 100μm 向 50μm 过渡，甚至达到 10μm，在此条件下，除减小填充料粒径外，底部填充料的黏度和流动性等材料特性还必须实现完全的无孔洞填充；器件功率密度的提高及在功率器件等中的应用对底部填充料提出了较高的散热要求；无铅焊料等环境友好的互连材料的引入带来的高温互连对底部填充料提出了耐高温的要求；伴随着无铅化，底部填充料必须具备与无铅焊点及助焊剂兼容的性能，如必须具备通过 240～260℃无铅工艺多次回流的工艺性能，不剥离、不龟裂等。

图 4-21　倒装芯片底部填充料面临的挑战

以上问题的出现导致传统的毛细管底部填充工艺及填充料难以继续使用，这成为倒装芯片底部填充料未来发展需要考虑的关键因素和方向，相应地，产业界针对新型底部填充技术及材料开发展开了更多的研究，图 4-22 展示了底部填充料参数的发展方向。

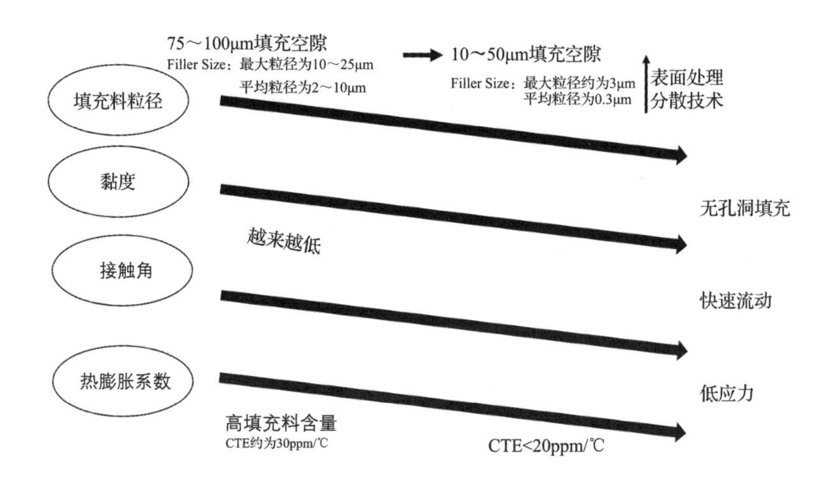

图 4-22　底部填充料参数的发展方向

底部填充料必须满足一些基本需求，如必须在填充过程中保持性能稳定，这样才可以在日益缩小的芯片底部空隙间快速流动，减少热应力和机械应力对焊球互连的破坏，同时承受高温高湿等恶劣外界环境的影响。未来随着电子元器件尺寸越来越小，会越来越多地采用系统级封装（SiP）和 3D 封装技术，为了保证封装的可靠性，对底部填充料提出了很多更高的要求：快速流动性、低温快速固化、易返修、适合叠层封装、高玻璃化温度（T_g）、良好的耐温循环性、低模量、高韧性、高可靠性和助焊剂兼容性等。

封装技术的持续发展促进了可携式电子产品的小型化发展，满足了智能手机和平板电脑的要求。产品小型化的需求导致二级封装面临更多的可靠性问题，对于多层芯片堆叠、芯片级封装、叠层封装等新的封装形式而言，在二级封装中采用底部填充料成为新的选择。例如，有研究应用热压键合工艺及圆片级底部填充料、非流动底部填充料，进行 3D 堆叠可靠性的验证，以及应用纳米材料技术改进复合底部填充料并将其应用于 3D 集成电路。图 4-23 所示为芯片堆叠结构中的包封材料。

NCP 与 NCF 材料已经有了不少改善，如孔洞问题、高填充料含量、导热性、与 OSP 基板/氮化硅/铜柱/焊锡的黏接强度等，但在实际应用中仍存在一些问题，材料供应商还在向更小颗粒填充料和快速固化等方向努力。

Henkel 开发了 NCP5209，其延长了 NCP 的工作寿命，同时正在向大尺寸芯片封装应用的方向发展。NCF 的重点是在 TSV 技术方面的应用。根据 Henkel 关于 NCP/NCF 的技术发展规划，第一代产品要求高产出率、高良率和高结合力；第二代产品要求进一步提高产出率及良率；第三代产品要求面向存储器芯片堆叠应用开发高导热性的 NCF 材料。

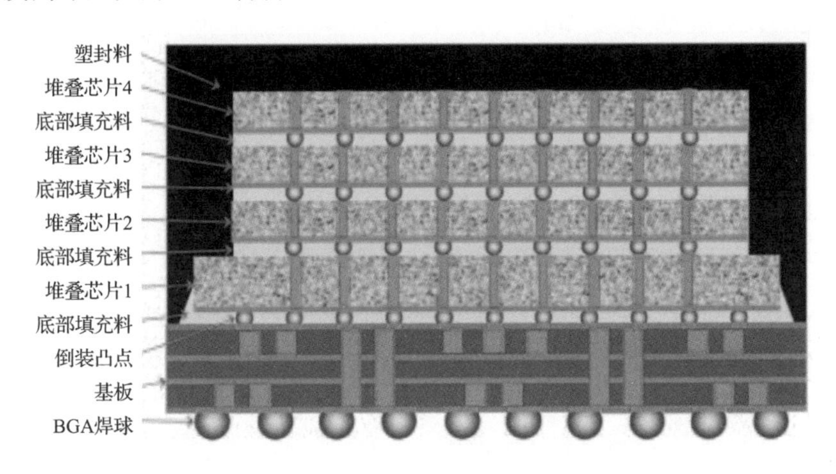

图 4-23　芯片堆叠结构中的包封材料

为了满足更小空隙和更高导热性，填充料材料从二氧化硅向铝发展，纳米级填充料成为材料开发重点。随着空隙减小和芯片增大，热导率和面积比的增大速度极快。随着芯片互连节距/空隙变小，芯片互连的凸点材料从 C4（Controlled Collapse Chip Connection，可控塌陷芯片连接）倒装芯片逐步向 C2（Cu-Pillar with Solder Cap，铜柱加焊料顶端）倒装芯片转变，芯片的互连技术由焊料回流技术转变为热压键合技术。

从目前来看，互连技术的发展方向是基于铜铜键合的互连技术，互连尺寸的持续缩小对包封材料提出了更大的挑战，基于表面活化键合技术（Surface Activated Bonding，SAB）和直接键合技术（Direct Bond Interconnect，DBI）等的无凸点互连（Bumpless Interconnection）甚至将不再需要底部填充料。

参考文献

[1] WU B W，HAN B. Effects of Underfill on Thermo-Mechanical Behavior of Fan-out Wafer Level Package Used in PoP：An Experimental Study by Advancements of Real-time Moiré Interferometry[C]. Electronic Components and Technology Conference. IEEE，2018：1615-1622.

[2] 中华人民共和国工业和信息化部. 环氧塑封料，SJ/T 11197—2013[S]. 北京：工业和信息化部电子工业标准化研究院，2013.

[3] LI Y，LU D，WONG C P. Non-Conductive Adhesives/Films（NCA/NCF）[J]. Electrical Conductire Adhesives with Nanotechnologies. Springer，Boston，MA，2010：279-301 2010.

[4] JUANG J Y，LU S T，CHUNG S C，et al. The development of high through-put micro-bump-bonded process with non-conductive paste（NCP）[C]//International Microsystems，Packaging，Assembly & Circuits Technology Conference，IEEE，2012：114-118.

[5] Todd M G. Advancements In Packaging Technology Driven By Global Market Return[EB].

[6] LU D D，WONG C P. Materials for Advanced Packaging[M]. New York：Springer Science，Business Media，2009.

[7] CHAN C F，TSENG W T，HUANG H N，et al. Development of thermal compression bonding with Non Conductive Paste for 3DIC fine pitch copper pillar bump interconnections[C]//Electronics Packaging Technology Conference. IEEE，2012：329-332.

[8] SHIN J W，KIM I，CHOI Y W，et al. Non-conductive film with Zn-nanoparticles（Zn-NCF）for 40μm pitch Cu-pillar/Sn–Ag bump interconnection[J]. Microelectronics Reliability，2015，55（2）：432-441.

[9] LAU J H. Recent Advances and New Trends in Flip Chip Technology[J]. Journal of Electronic Packaging，2016，138（3）：030802.1-030802.23.

[10] LEE M，YOO M，CHO J，et al. Study of interconnection process for fine pitch flip chip[C]//2009 59th Electronic Components and Technology Conference，IEEE，2009：720-723.

[11] MATSUMURA K，TOMIKAWA M，SAKABE Y，et al. New Non Conductive Film for high productivity process[C]//Cpmt Symposium Japan，IEEE，2015：19-20.

[12] ASAHI N，MIYAMOTO Y，NIMURA M，et al. High productivity thermal compression bonding for 3D-IC[C]//2015 International 3D Systems Integration Conference（3DIC），IEEE，2015：129-133.

[13] ZHANG Z，WONG C P. Recent advances in flip-chip underfill：materials，process，and reliability[J]. IEEE Trans.adv.packag，2004，27（3）：515-524.

[14] ZHANG Z，WONG C P. Flip-chip underfill：Materials，process and reliability[M]. Materials for advanced packaging. Springer，Boston，MA，2009：307-337.

[15] OHYAMA M，NIMURA M，MIZUNO J，et al. Evaluation of hybrid bonding technology of single-micron pitch with planar structure for 3D interconnection[J]. Microelectronics Reliability，2016，59：134-139.

[16] JAE-WOONG NAH，MICHAEL GAYNES，ERIC PERFECTO，et al. Wafer level underfill for area array Cu pillar flip chip packaging of ultra low-k chips on organic substrates[J]. 2012 IEEE 62nd Electronic Components and Technology Conference：1233-1238.

[17] LAU J H，ZHANG Q，LI M，et al. Stencil Printing of Underfill for Flip Chips on Organic-Panel and Si-Wafer Substrates[J]. IEEE Transactions on Components Packaging & Manufacturing Technology，2015，5（7）：1027-1035.

[18] REBIBIS K J，GERETS C，CAPUZ G，et al. Wafer Applied and No Flow Underfill Screening for 3D Stacks[C]//2012 IEEE 14th Electronics Packaging Technology Conference，2012：189-196.

[19] GILLEO K，COTTERMAN B，CHEN I A. Molded Underfill for Flip Chip in Package[C]//Proceedings of High Density Interconnects，2000：28-31.

[20] RECTOR L P，GONG S，MILES T R，et al. Transfer Molding Encapsulation of Flip Chip Array Packages[J]. Int. J. Microcircuits Electron.Packag，23（4），2000：401-406.

[21] LAI Y M，CHEE C K，THEN E，et al. Capillary Underfill and Mold Encapsulation Method and Apparatus[J]. U.S. Patent No.7，262，077，filed Sep. 30，2003 and issued Aug. 28，2007.

[22] LEE J Y，OH K S，HWANG C H，et al. Molded Underfill Development for FlipStack CSP[C]//IEEE 59th Electronic Components and Technology Conference（ECTC），2009：954-959.

[23] JOSHI M，PENDSE R，PANDEY V，et al. Molded Underfill（MUF） Technology for Flip Chip Packages in Mobile Applications[C]//IEEE 60th Electronic Components and Technology Conference（ECTC），2010：1250-1257.

[24] FERRANDON C，JOUVE A，JOBLOT S，et al. Innovative Wafer-Level Encapsulation and Underfill Material for Silicon Interposer Application[C]//IEEE 63rd Electronic Components and Technology Conference（ECTC），2013：761-767.

[25] XIE L，WICKRAMANAYAKA S，JUNG B Y，et al. Wafer level underfill study for high density ultra-fine pitch Cu-Cu bonding for 3D IC stacking[C]//2014 IEEE 16th Electronics Packaging Technology Conference（EPTC），IEEE，2015：400-404.

[26] VANFLETEREN J，VANDECASTEELE B，PODPROCKY T. Low temperature flip-chip process using ICA and NCA（Isotropically and non-conductive adhesive） for flexible displays application[C]//Electronics Packaging Technology Conference，IEEE，2002：139-143.

[27] JUNG Y，LEE M，PARK S，et al. Development of large die fine pitch flip chip BGA using TCNCP technology[C]//Electronic Components and Technology Conference，2012：439-443.

[28] NONAKA T，FUJIMSRU K，ASAHI N，et al. Development of wafer level NCF（non conductive film） [C]//Electronic Components & Technology Conference. IEEE，2008：1550-1555.

[29] JOSHI M，PENDSE R，PANDEY V，et al. Molded underfill（MUF） technology for flip chip packages in mobile applications [C]//Electronic Components and Technology Conference. IEEE，2010：1250-1257.

[30] REBIBIS K J，GERETS C，CAPUZ G，et al. Wafer applied and no flow underfill screening for 3Dstacks[C]//Electronics Packaging Technology Conference，2012：189-196.

[31] KAO K S，CHENG R S，ZHAN C J，et al. Assembly and reliability assessment of 50μm-thick chip stacking by wafer-level underfill film [C]//International Microsystems，Packaging，Assembly & Circuits Technology Conference，IEEE，2012：307-310.

[32] HUANG Y W，FAN C W，LIN Y M，et al. Development of high throughput adhesive bonding scheme by wafer-level underfill for 3D die-to-interposer stacking with 30μm-pitch micro interconnections[C]// Electronic Components & Technology Conference. IEEE，2015：490-495.

[33] LI G，ZHAO T，ZHU P，et al. Structure-property relationships between microscopic filler surface chemistry and macroscopic rheological，thermo-mechanical，and adhesive performance of SiO_2 filled nanocomposite underfills[J]. Composites Part A：Applied Science and Manufacturing，2019，118：223-234.

[34] TUAN C C，JAMES N P，LIN Z，et al. Self-Patterning of Silica/Epoxy Nanocomposite Underfill by Tailored Hydrophilic-Superhydrophobic Surfaces for 3D Integrated Circuit（IC） Stacking[J]. ACS applied materials & interfaces，2017，9（10）：8437-8442.

[35]LI G，HE Y，ZHU P，et al. Tailored surface chemistry of SiO2 particles with improved rheological，thermal-mechanical and adhesive properties of epoxy based composites for underfill applications[J]. Polymer，2018，156：111-120.

第5章 热界面材料

电子元器件性能不断提高，集成电路封装密度随之提高，这导致电子元器件工作能耗和发热量迅速增大。高温会对电子元器件的性能稳定性、安全可靠性和使用寿命产生不利影响，如高温会产生热应力，严重时会造成电路连接处的损坏，增加导体电阻，影响产品功能。因此确保电子元器件所产生的热量能够及时排出，已经成为集成电路产品系统封装的一个重要研究课题，而对于集成度和封装密度都较高的便携式电子产品（如笔记本电脑等）及内部发热量较大的功率器件模块而言，散热甚至成为了整个产品的技术瓶颈。简单地依靠电子芯片与封装外壳之间固体界面的机械接触，已然不能实现热量的快速有效传导。

在集成电路领域，随着对集成电路芯片、电子元器件乃至系统功率耗散研究的深入，一门新兴学科——热管理（Thermal Management）逐步发展起来，热管理学科专门研究各种电子设备的安全散热方式、散热装置及所使用的材料。当前中央处理器、通信电子、电动汽车、高铁、电网等应用的核心部件都是高功率密度电子元器件，其散热问题日益成为限制其功率密度和可靠性提高的瓶颈。

热界面材料（Thermal Interface Materials，TIM），一般也称为导热界面材料和界面导热材料，是一种广泛应用于集成电路封装热管理的材料。在系统结构中，两种异质材料的接触界面或结合界面会产生微空隙、界面表面会有凹凸不平的孔洞等几何缺陷，TIM 可以填充这些空隙及孔洞，减小传热的接触热阻，达到提高电子元器件的散热性能的目的。

热界面材料一般由弹性体材料混合填充导热填料制成，是基于高分子（大分子）的复合材料。

5.1　热界面材料在先进封装中的应用

事实上，肉眼看起来非常平滑的固体表面在纳米尺寸下非常不规整，呈现出波浪般的形貌，上面有许许多多纳米尺寸的“山峰”和“山谷”，通常用微观表面粗糙度来表征这一现象。由于存在纳米尺寸的“山峰”和“山谷”，因此电子芯片与芯片封装外壳之间固体界面的实际机械接触面积非常小，固体表面的大部分区域是被空气隔开的。由于空气的热导率较低，只有 0.024W/（m • K），因此器件与散热组件的接触热阻较大，不易将热量排散到外界。如果能在这些空隙中填充高导热性的热界面材料，排出低导热性的空气，建立电子元器件与散热组件之间的热传导通道，就可以有效降低接触热阻，这对整个元器件的散热起到极大的促进作用。热界面材料的工作原理及分类如图 5-1 所示。

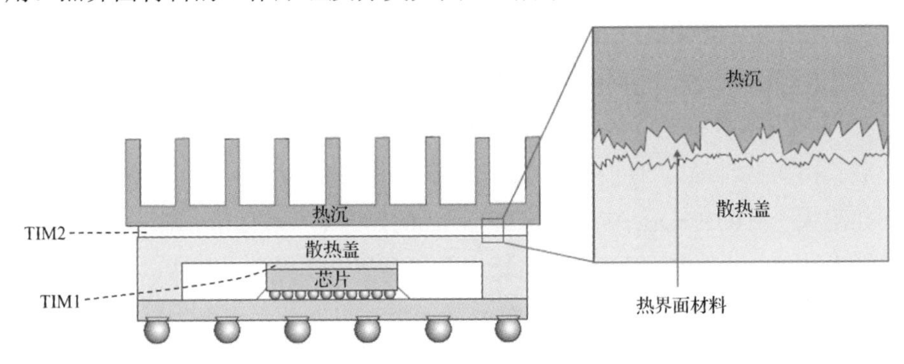

图 5-1　热界面材料的工作原理及分类

根据在电子元器件中所处的位置，热界面材料可以分为 TIM1 和 TIM2。

TIM1 又称一级 TIM，是芯片与封装外壳之间的热界面材料，因为与发热量极大的芯片直接接触，所以 TIM1 材料要求具有低热阻和高热导率，热膨胀系数也需要和硅片相匹配。

TIM2 又称二级 TIM，是封装外壳与热沉之间的热界面材料。

相对而言，TIM2 的要求较 TIM1 要低。TIM1 需要具备电绝缘的性能，以防止电子元器件的短路，一般多为聚合物基复合材料；TIM2 在结构上已经远离芯片，因此没有电绝缘性能的要求，一般多为碳基热界面材料。

不同种类的热界面材料有不同的应用。

首先，高热导率是选择热界面材料的初始考量参数。其次，由于热界面材料填充固体表面纳米尺寸的“山峰”和“山谷”的能力对传热性能有非常重要的影响，因此在选择材料时需要考虑良好的黏接性能及浸润性能。对于某些热界面材料，如热脂、相变材料、高分子复合材料等，由于它们在某些使用条件下是以液相存在的，因此需要考虑它们在液相情况下的流变性能（如剪切黏度和触变性）及相变温度等。热界面材料使用的温度范围是非常重要的，其使用的温度范围通常是由使用环境中电子元器件的工作温度决定的，应大于电子元器件的工作温度范围。同时，需要保证热界面材料在电子元器件工作的温度范围内具有好的稳定性和高的可靠性。除以上的这些需要重点考虑的性能参数外，在某些情况下，还可以考虑在使用热界面材料时施加一定的压力，以降低接触热阻；热界面材料在使用时，空气应能非常容易地从热界面材料中逸出；热界面材料与固体界面的黏接力学性能，以及易返修性能等。

对于 TIM1，其主流产品一般是采用高导热性粉体填充于含硅或非硅聚合物液体或相变聚合物中，形成浆状、泥状、膏状或薄膜状的复合材料（如导热膏、导热胶、相变材料等)。目前报道的此类热界面材料的热导率低于 10W/（m•K)，界面热阻大于 0.05K•cm^2/W，而商业化产品的热导率一般低于 6W/（m•K)，界面热阻大于 0.1K•cm^2/W，不能满足高功率密度电子元器件散热要求。采用新型阵列式填料，如碳纳米管、石墨烯、金属纳米线等，与高分子聚合物复合，其热导率可达数百 W/（m•K)，并且材料可以多次重复使用，但缺点是热阻偏高，且绝缘性差，在一定程度上限制了其应用范围。该类热界面材料一般分为导电和非导电两种类型，分别适合不同的应用场合。高压、高功率电子元器件的散热一般要求热界面材料在具有高导热性、低热阻的同时满足绝缘的要求，以避免工作时电击穿、信号衰减等情况的发生。

对于 TIM2，常用的材料包括石墨片、金刚石等碳基高导热性材料，石墨片或金刚石的热导率可达 1000～2000W/（m•K)。有报道称虽然单层石墨烯横向热导率可达 5000W/（m•K)，但当其附着于基板上时，其热导率会降低到约 600W/（m•K)，从而大大限制了该材料的散热效果，因此有必要研究碳材料与基板间的传热机理，提高横向热界面材料的整体热导率。

热界面材料广泛应用于各工业领域，如计算机、消费类设备、电信基础设施、发光二极管照明产品、可再生能源、汽车、军事/工业设备和医疗设备等。其中发光二极管、薄膜光伏、消费和医疗设备领域增长速度最快，这是在一些高温应用环境中，对相变热界面材料、金属热界面材料等新技术的开发引领导致的。现阶段，高科技制造业在亚太地区的销量增长最快，热界面材料的生产主要由两个大型企业主导：汉高（Henkel）和固美丽（Parker-Chomerics），二者共同占据了大约一半的市场份额。

目前国外热界面材料供应商主要有汉高、固美丽、莱尔德科技（Laird Technologies）、贝格斯（BERGQUIST，2014 年被汉高收购）、陶氏化学（Dow Chemical）、日本信越（ShinEtsu）、富士电机（Fuji Electric）等。莱尔德科技、贝格斯产品线配置齐全；固美丽主要做相变材料；富士电机侧重于模组应用，产品热导率高；陶氏化学主要做导热硅脂。总体而言，国外供应商的热界面材料产品技术成熟，产业规模及产能大，几乎垄断了高端产品市场；国内热界面材料供应商主要有烟台德邦科技有限公司（简称德邦）、深圳傲川科技有限公司（简称傲川）、浙江三元电子科技有限公司（简称三元电子）、依美集团（简称依美）等，技术及产品目前仍处于初级发展阶段，而且产品各有侧重。

5.2　热界面材料类别和材料特性

热界面材料的种类繁多，分类方式有很多种，一般按照导电性可将其分为绝缘型热界面材料和导电型热界面材料；按照组成可将其分为单组份热界面材料和双组份热界面材料；按照构成成分可将其分为有机型热界面材料、无机型热界面材料和金属型热界面材料；按照其特性差异及发展可分为导热膏、导热垫片、相变材料、导热凝胶、导热灌封胶及导热胶带和黏接剂等。导热膏、导热垫片、相变材料的市场产量较高，应用比较广泛。常用的热界面材料如图 5-2 所示，热界面材料分类如图 5-3 所示。典型热界面材料及其特性如表 5-1 所示。

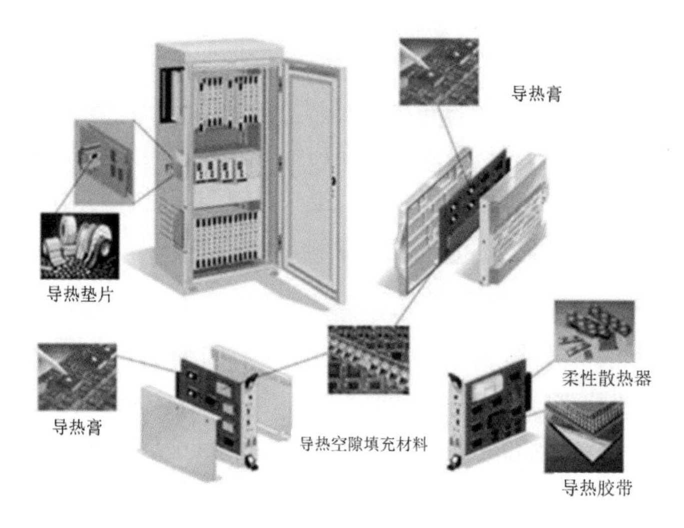

图 5-2 常用的热界面材料

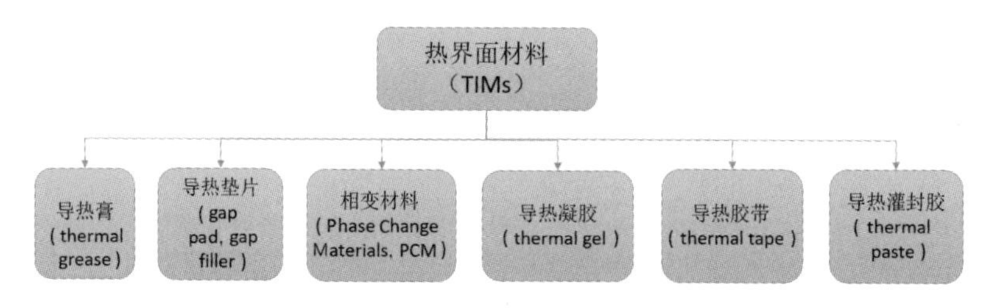

图 5-3 热界面材料分类

表 5-1 典型热界面材料及其特性

分类	热导率/［W/（m·K)］	键合厚度/μm	界面热阻（10^{-2} K·cm²/W）	可重复性	可替代性
导热膏	0.4～4	20～150	10～200	否	中
导热垫片	0.8～3	200～1000	100～300	是	优
相变材料	0.7～1.5	20～150	30～70	否	中
导热凝胶	2～5	75～250	40～80	否	中
导热胶带	1～2	50～200	15～100	否	差

5.2.1 导热膏

导热膏又称导热硅脂（Thermal Grease），是一种传统的散热材料，界面热阻为 0.2～1.0 K·cm^2/W。导热膏呈液态或膏状，具有一定的流动性，在一定压强（一般为 100～400Pa）下可以在两个固体表面间形成一层很薄的膜，能极大地降低两个异质表面间的界面热阻。

导热膏对产生热量的电子元器件和电子装置提供了极佳的导热效果，具有广泛的适应性，可用于微波通信、微波传输设备、微波专用电源等各种微波器件及晶体管、中央处理器、热敏电阻、温度传感器等。图 5-4 所示为辅助中央处理器散热的导热膏。除可以导热外，导热膏还能起到防潮、防尘、减震等作用。

图 5-4　辅助中央处理器散热的导热膏

导热膏常用的基体材料为聚二甲基硅氧烷和多元醇酯。导热填料主要为 AlN 或 ZnO，也可选用 BN、Al_2O_3、SiC 或银、石墨、铝粉及金刚石粉末。导热膏工艺操作简单，且不需要固化，成本较低。在使用前，首先通过静置、加压或真空排泡等去除导热膏中夹带的少量空气，然后将被涂覆元器件表面擦洗干净至无杂质，接着用刮刀、刷子等工具直接涂覆导热膏即可。

导热膏是目前市场份额最大的热界面材料，在各类传统热界面材料中的热导率较高；在使用过程中只需要很小的扣合压力，就能产生非常好的导热效果；与基材的润湿性好，有利于空气的排出，达到提高整个体系导热性的目的。但导热膏存在一些问题，导热膏具有流动性，在应用的过程中容易溢出工作区域污染电子元器件，且不易清洁，对使用者亲和力差；在多次温度循环后基体材料容易出现分离，出现“溢油”现象，易随时间干涸等。

5.2.2 导热垫片

导热垫片又称导热硅胶片、导热硅胶垫、电绝缘导热片或软性散热垫等，通常是以硅橡胶为高分子聚合物基体，以高导热性的无机体颗粒为填料合成的片状热界面材料。导热垫片主要应用于填充发热元器件和散热片或金属底座之间的空隙，完成两者之间的热传递，同时起到减震、绝缘、密封等作用，如图 5-5 所示。导热垫片能够满足设备小型化、超薄化的设计要求，是具有良好工艺性和使用性的新材料，被广泛应用于电子元器件中。

图 5-5 电子元器件中的导热垫片

在材料组成方面，高分子聚合物基体以有机硅聚合物为主，有机硅特殊的分子结构使其具备优异的性能，如在高温下介电性能比较稳定、耐氧化、绝缘性好、耐水阻燃，同时具有易加工的特点。导热填料的种类与导热膏相似，多为氮化物（如 AlN、BN）或金属氧化物（如 ZnO、Al_2O_3），导热填料的填充量及配比等会影响导热垫片的热导率。如果有些应用对绝缘性的要求不高，那么在导热垫片中可以多添加一些高导热性、非绝缘的填料，这样导热垫片可以获得更高的热导率。

一般来说，导热垫片需要具备如下性能。

（1）良好的弹性，能适应压力变化，不因压力或紧固力造成损伤。

（2）柔韧性好，与两个接触面均能很好地贴合。

（3）不污染工艺介质。

（4）在低温时不硬化，收缩量小。

（5）加工性能好，安装、压紧方便。

（6）不黏接密封面，拆卸容易。

（7）价格便宜，使用寿命长。

导热垫片具有优良的热导率、柔韧性、弹性等特征，能够用于覆盖不平整的固体表面，使电子元器件和散热片之间的空气完全排除，从而充分接触实现热量传导，是导热膏的替代产品。导热垫片工艺厚度可以自由裁剪，范围从 0.5～5mm 不等，每 0.5mm 一级，即 0.5mm、1mm、1.5mm、2mm，一直到 5mm，特殊要求可增至 15mm，有利于自动化生产和产品维护。导热垫片在使用中存在的问题是，随着时间的推移和温度的升高，发热元器件热量逐渐积累，导热垫片会发生蠕变、应力松弛等现象，导致机械强度降低，影响互连界面密封性。

5.2.3　相变材料

相变材料在通常状态下为薄膜片状固态，在超过一定温度时会吸热熔融成为液态，可充分润湿热传递界面，加强传热，当温度下降后，恢复为固态。相变材料实物图如图 5-6 所示。

图 5-6　相变材料实物图

相变材料的工作原理如图 5-7 所示。相变材料利用固-液相变特性，通过填充物的改性来提高热传导特性，实现热管理功能。

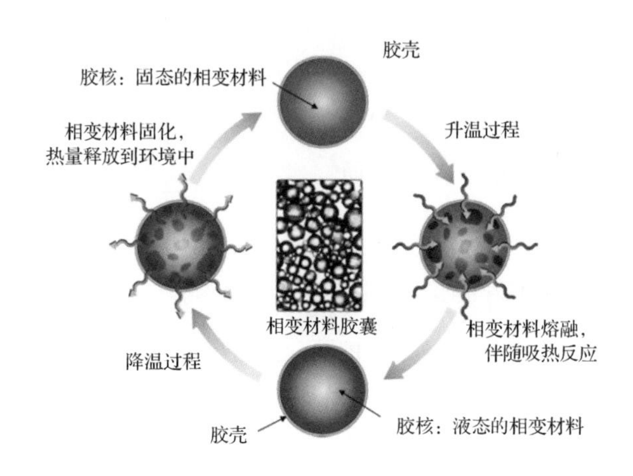

图 5-7　相变材料的工作原理

相变材料结合了导热膏和导热垫片各自的优点：电子元器件在刚开始运行时温度比较低，低于相变材料的熔点，此时相变材料为与导热垫片相似的固态，具有良好的弹性和恢复性，装配容易且不会出现被挤出的现象。随着发热元器件的工作运行，温度迅速升高，当超过相变材料的熔点时，相变材料开始熔融，由固态变为可流动状态，从而浸润部件与热沉（或电路卡组件）之间的界面，像导电膏一样尽可能地填充所有空隙，进而减少材料界面间的接触热阻。浸润之后，发热元器件恢复到正常工作温度，相变材料恢复固态。图 5-8 所示为相变材料温度随时间变化的曲线。

此外，相变材料具有能量缓冲的效果，通过相变过程中的热量吸收或释放，额外增加热耗散的路径，有利于余热的传播和扩散，防止温度急剧上升，元器件的工作温度得到缓解，从而延长使用寿命。

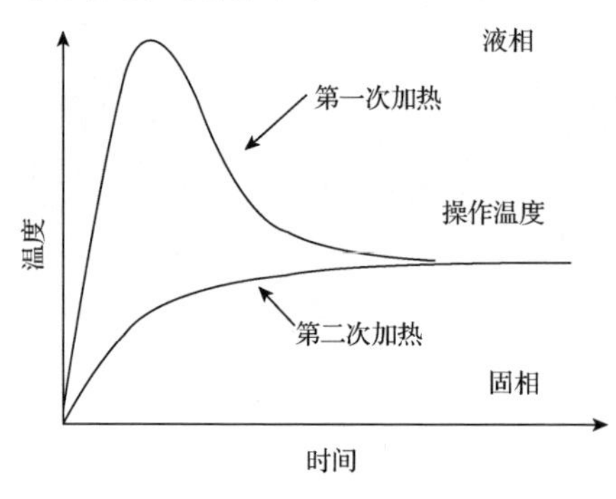

图 5-8　相变材料温度随时间变化的曲线

相变材料及其载体材料的总热导率主要取决于载体材料的热导率。根据载体材料的不同，相变材料可分为以下两大类。

（1）有机相变材料，或者称高分子相变材料。这类材料主要是指熔融温度在50～80℃的热塑性树脂，如石蜡、酯类、醇类等有机物，具有性能稳定，成本低等优点，但由于是高分子聚合物基体（如玻璃纤维或聚酰亚胺），导热性不佳，因此需要添加高导热性的填料才可以使用。有机相变材料的浸润性不如导热膏，多次循环使用后会发生不能有效填充界面空隙的问题。

（2）无机相变材料，主要包含合金和熔融盐等，由于金属本身（如铝）具有高的导热性，因此并不需要导热填料的加入，但是这类相变材料容易被氧化与腐蚀，填充界面空隙的能力较差。

相变材料的介电强度取决于载体材料的性质及厚度，如当聚酰亚胺载体的厚度为 25.4μm 时，相变材料的耐压为 3900V。由于载体材料化学组成不同，因此相变材料的熔点可以进行调整变化，常见的商用相变材料的相变温度范围在 48～130℃之间。

目前常用的有机相变材料有一些不足。例如，热导率及接触热阻比导热膏差；相变材料在由液态转变成固态时，会释放出之前存储的热量从而产生热应力，这会对导热性产生不利影响；相变材料在相变时容易发生相分离，填料颗粒与相变材料基体分离，从而影响使用性能，其稳定性和工艺重现性较差。这时通常可以采用以下方案来解决。

（1）采用导热强化的微胶囊封装技术，该技术不仅能提高有机相变材料的导热性，还能提高材料的稳定性，有效地防止相变过程的相分离。

（2）在有机相变材料中混合添加一些高导热性的填料，如石墨烯。

5.2.4　导热凝胶

导热凝胶又称导热弹性胶，是一种凝胶状的导热材料，通常是在具有较好弹性或塑性的基体（如硅胶、石蜡）中添加具有高热导率的颗粒，并经过固化交联反应制造而成的。导热凝胶的热导率为 3～4 W/（m·K），在施加较大压力的情况下，厚度可以达到 0.1mm，界面热阻可以低至 0.8K·cm^2/W。

导热凝胶具有良好的弹性和变形性，在施加一定压力的情况下，能更紧密地与固体表面结合，更好地顺应固体表面的粗糙度而填充空隙，进而排挤出两个异质界面之间的空气，达到降低热阻的目的。与导热膏相比，导热凝胶在使用时不存在溢出或相分离的情况，也不会污染电路板和环境，使用和处理都很方便。与导热垫片相比，导热凝胶材质更加柔软，表面亲和性更强，由于几乎没有硬度，因此装配应力较小，有效地提高了元器件的稳定性。

导热凝胶的缺点是需要增加固化交联反应步骤，其热导率比导热膏低。另外，导热凝胶与固体表面是通过力的作用接触在一起的，相互之间的黏接强度较弱，如果压力达不到要求，那么导热凝胶很难填充满界面之间的空隙，不能实现有效的散热效果。导热凝胶实物图如图 5-9 所示。

图 5-9　导热凝胶实物图

5.2.5　导热胶带

导热胶带主要用作散热元器件的贴合材料，具有高导热性、绝缘、固定的功能，兼有柔软、服帖、强黏等特性。导热胶带与普通胶带或双面胶大致相同，是在聚酰亚胺膜、金属箔带等支撑材料单面或双面涂覆导热胶的胶带。

导热胶带操作方便，相比其他液态的导电膏等，显著简化了工艺，而且能适应接触面的不规则形状，不会溢出污染元器件，稳固性比较好，不会轻易移动。但导热胶带中填充的导热颗粒数量有限，热导率相对较低，热导率通常为 1～2 W/(m·K)，仅应用于黏接，更加适用于小功率元器件。导热胶带实物图如图 5-10 所示。

图 5-10　导热胶带实物图

5.2.6　导热灌封胶

灌封是指按照要求把构成电子元器件的各个组分合理组装、键合、与环境隔离和保护等封装操作，可起到防尘、防潮、防震的作用，可延长电子元器件的使用寿命。随着电子领域中高密度封装技术的迅速发展，对灌封材料提出了更高的要求。

导热灌封胶是在普通灌封胶基础上添加导热填料形成的，如二氧化硅、氧化铝、氮化铝、氮化硼等，不同的导热填料可得到不同的热导率，普通热导率可以达到 0.6～2.0W/（m・K），高热导率可以达到 4.0W/（m・K）及以上。导热灌封胶的固化速度与温度有关，可以在室温下固化，如果加热，那么固化速度会更快。

导热灌封胶的优点在于黏度低、流平性好、抗冲击性好、附着力强、绝缘、防潮、耐化学腐蚀性好；缺点是需要配胶、有操作时间限制、内应力较高。导热灌封胶实物图如图 5-11 所示。

图 5-11　导热灌封胶实物图

5.3 新技术与材料发展

随着集成电路产品对热管理的要求越来越高，热界面材料的性能随之发展提高。现阶段热导率在 3W/（m·K）以下的产品占有绝大部分市场，但随着产品的不断升级提高及新原料的开发应用，市场对产品热导率的要求将会越来越高。不同行业对导热产品性能的需求不同，对于小体积的笔记本电脑、日用小家电等行业，现有材料能够满足性能要求；对于大体积的网络通信、新能源行业，现有材料需要进一步提高性能。

现阶段国外热界面材料的技术比较成熟，产品已经系列化、产业化，市场占有率高，产品随着技术进步不断更新换代，已经全面实现了规模化生产；而国内热界面材料的技术尚不成熟，产品多为中低端产品，还在提高热导率方面进行一些试验验证工作，多数研发中的高热导率的产品，产品硬度很高，柔韧性很差，与国外产品的差距比较明显。热界面材料未来一定是向着高导热性、高稳定性的方向发展的。在这方面，国内企业面临很多机遇和挑战，一方面需要在现有材料制造方面进一步提高技术水平，在新材料的开发与应用方面继续寻求技术突破；另一方面需要与终端客户一起合作，面向客户需求进行产品开发与升级。

目前存在于市场中的热界面材料多种多样，在测试方法、协议和报告标准等尚未实现标准化的背景下，各种材料的性能差异很大。对于集成电路与封装的设计人员来说，如何选择一种合适的热界面材料是一项非常重要的任务，从功能方面考虑，主要的重点是材料的热导率的选择。热导率的高低主要取决于热界面材料中填料的传热特性，具体影响因素包括填料的容积比、类型及填充颗粒的尺寸、形状和规格。一般情况下，填料含量越多，热界面材料的传热特性越好；填充颗粒越小，热界面材料的热阻越低。

由于高性能芯片的制造长期被国外公司垄断，因此比较靠近芯片的热界面材料以前很少被国内关注。近年来，随着国内集成电路制造技术的提升，国内集成电路材料企业逐步开始投入对热界面材料的研究，然而与国外相比，仍然存在一定的差距。由于封装测试产业整体向亚洲特别是中国转移的发展趋势及国内终端用户对高性能芯片的发展需求，因此集成电路热界面材料产业逐步受到国内相关行业的重视，相应的产业将逐步建立起来。

图 5-12 所示为热界面材料技术发展路线图，高导热性、低热阻、高可靠性及低成本的热界面材料将是热界面材料主要的发展方向，热导率将从现阶段的 3W/（m・K）向 10W/（m・K）甚至更高水平发展，具体的实现方式从主要依靠填料技术向纳米技术过渡，但在发展过程中还面临很多工艺上的挑战。从提升热导率的角度考虑，目前新材料的开发主要集中在填料技术和纳米技术在热界面材料中的应用上。

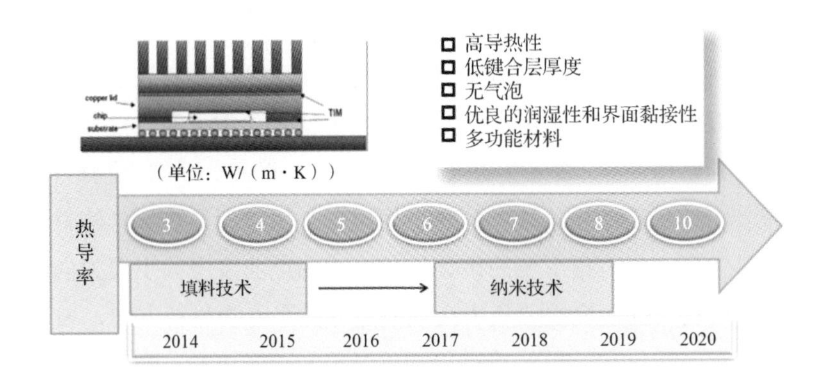

图 5-12　热界面材料技术发展路线图

5.3.1　填料技术在热界面材料中的应用

热界面材料是一种具有高导热性的高分子聚合物材料。近年来，高分子聚合物材料的应用领域不断扩大，这是因为高分子聚合物材料结构层次丰富，可以通过控制和改性结构单元，获得各种不同的材料特性，且易于加工。但是一般的高分子聚合物材料的热导率比较低（<0.5W/（m・K）），属于热的不良导体。表 5-2 列出了常见高分子聚合物基体的热导率。制造高导热性且综合性能好的聚合物热界面材料受到越来越多的关注，成为散热领域的研究重点。

表 5-2　常见高分子聚合物基体的热导率

高分子聚合物基体	热导率/［W/（m・K）］
聚乙烯（PE）	0.16～0.24
聚酰胺（PA）	0.18～0.29
聚氯乙烯（PVC）	0.13～0.17

续表

高分子聚合物基体	热导率/［W/（m·K）］
聚己二酸己二胺（PA66）	0.25
聚四氟乙烯（PTFE）	0.27
聚丙烯（PP）	0.19
聚苯乙烯（PS）	0.08
聚丁二烯（PB）	0.23
环氧树脂（EP）	0.18

热界面材料其实可以看作高分子聚合物材料和导热填料的复合产物。高分子聚合物材料具有低密度、电绝缘和良好加工性等特点，制得的导热聚合物能很好地结合这些优异物理性能。填充型导热聚合物材料是以高分子聚合物材料为基体，填充各种微米、纳米尺寸导热填料的热界面材料。填充型导热聚合物材料成本较低，制造容易实现，将占据主要的市场地位，成为产业发展的主要方向。目前国内外导热聚合物材料的研究主要集中在填充型导热聚合物材料方向，表 5-3 列出了常见导热填料的热导率。导热填料主要可以分为金属填料、陶瓷填料、碳类填料、混合填料（或称杂化填料）、定向排列填料等。

表 5-3 常见导热填料的热导率

导 热 填 料	热导率［W/（m·K）］	导 热 填 料	热导率［W/（m·K）］
Cu	398	BN	125～280
Ag	427	BeO	200～270
Au	315	SiC	80～260
Al	237	Si_3N_4	180
Mg	103	MgO	36
Fe	63	Al_2O_3	30
石墨	200～600	ZnO	26
碳纳米管	1000～5000	TiO_2	13
C	105～500	SiO_2	10
AlN	80～320	—	—

（1）金属填料，如 Cu、Ag、Au、Al 等。金属填料具有热导率优良、加工性能好、热膨胀系数低的优点，是热界面材料中常见的导热填料。有研究通过制造高度取向的 Ag 导热网络获得了热导率的极大提高。此外，连续金属基热界面材

料、液态金属填料、金属纳米线是近年来研究的热点。在相同填料占比下，Cu 纳米线比 Ag 纳米线表现出更优异的导热增强效果。液态金属填料主要成分为金属镓(Ga）及其合金，具有低熔点、低界面热阻、芯片润湿性好的优点，缺点是容易溢出。

（2）陶瓷填料，如氮化硼（BN)、氮化铝（AlN)、碳化硅（SiC）等。陶瓷填料都具有非常高的热导率，成为热管理研究中热门的研究对象。陶瓷填料具有优异的电绝缘性能，特别适合要求电绝缘的工作环境。

（3）碳类填料，从石墨、金刚石到碳纳米管、石墨烯这类碳纳米材料，都应用于热界面材料的填料研究。柔性石墨又称膨胀石墨，由于结构决定性质，柔性石墨和天然石墨的结构相同，因此柔性石墨的性质和普通石墨相同。采用多层高质量石墨作为热界面材料，可望具有更好的散热性能。

松下（Panasonic）开发的柔性热解石墨膜（Pyrolytic Graphite Sheet，PGS）已经实现大规模量产，该石墨膜由石墨片和高导热性树脂复合，热导率可达 700～1950W/（m • K)，柔软易加工，仅需粘贴膜状产品即可起到散热效果，该产品外观及基本结构如图 5-13 所示。

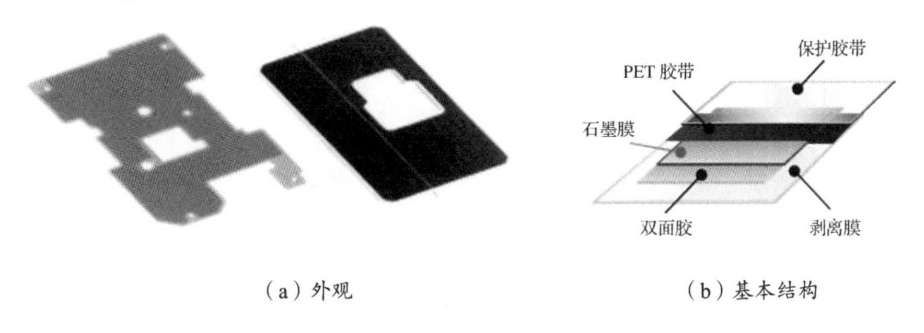

（a）外观　　（b）基本结构

图 5-13　PGS

5.3.2　纳米技术在热界面材料中的应用

碳纳米材料的出现，为热界面材料提供了一种新的应用方案。研究表明，碳纳米颗粒具有高的热导率，单层石墨烯的热导率高达 5000W/（m • K)，单根碳纳米管的热导率高达 600～3000W/（m • K)。但碳纳米材料本身的支撑强度差，在使用过程中容易变形，且在水平方向上热导率过低，因此碳纳米材料多作为填料掺在普通热界面材料中，以提高热界面材料的导热性，目前可以作为填料的碳纳米材料主要包括碳纳米管、石墨烯等。

1）碳纳米管

碳纳米管以碳原子六角网面为单元构成准一维结构，具有极高的热导率。研究表明，碳纳米管垂直阵列更能满足热界面材料高导热性、低界面热阻的应用需求。

相比传统的热界面材料，碳纳米管垂直阵列具有以下优势：碳纳米管垂直阵列在单一方向即阵列取向的 *Z* 方向具有高热导性、热导率各向异性、径向面内低热膨胀系数、可适应接触面粗糙度并高度可控、不会损伤元器件表面、不会污染元器件、轻质、抗老化、抗氧化等特点。碳纳米管垂直阵列是目前能够适应不断提高的芯片功耗的最佳热界面材料。通过调整碳纳米管垂直阵列的制造参数、改善与其接触面手段等方式，降低整体热阻，可以满足现有或未来高功率电子元器件散热的要求。

有研究使用金属键合层及铟焊料将碳纳米管垂直阵列（Vertical Aligned Carbon Nanotube array，VACNT）转移到金属生长基板上以固定碳纳米管垂直阵列，随后将它们从生长基板上剥离，测得碳纳米管垂直阵列尖端界面热阻约为 $0.3K\cdot cm^2/W$，比未键合的界面低了一个数量级，表明形成了高质量的金属键，如图 5-14 所示。

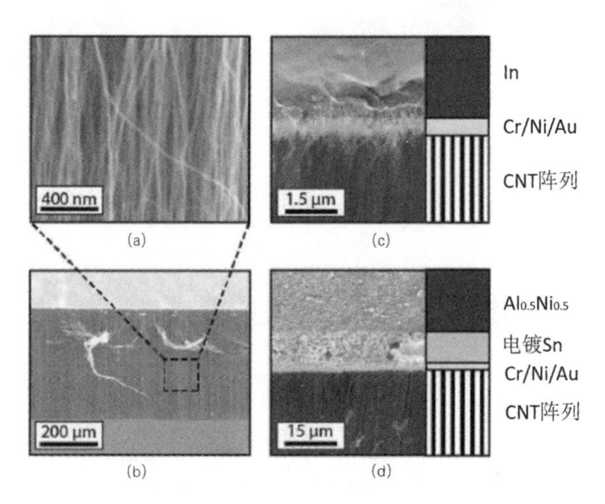

图 5-14　应用于热界面材料的碳纳米管垂直阵列

2）石墨烯

石墨烯即单层石墨，其导热性优异，可以广泛应用于各种类型的热界面材料，如作为填料用于导热膏、导热垫片、相变材料等，有助于缓解热界面问题中的“热点”问题。

石墨烯在热导率方面有各向异性的特点，即在平面内不同方向上热导率的大小出现明显差异。有研究进行了铜和石墨烯的复合电沉积分析实验，采用光学显微镜和电子显微镜（SEM）观察样品及背散射电子实验进行元素成分分析，得到铜和石墨烯的复合电沉积是可行的，复合材料的电导率总体与纯铜材料相当，且平均值要略好于纯铜材料，而且复合材料的热膨胀系数及热导率较纯铜材料有一定程度的改善。但是如何大规模制造热导率高、稳定性好、和基质相容的石墨烯仍然是今后的研究重点和难点。石墨烯和铜复合电镀材料如图 5-15 所示。

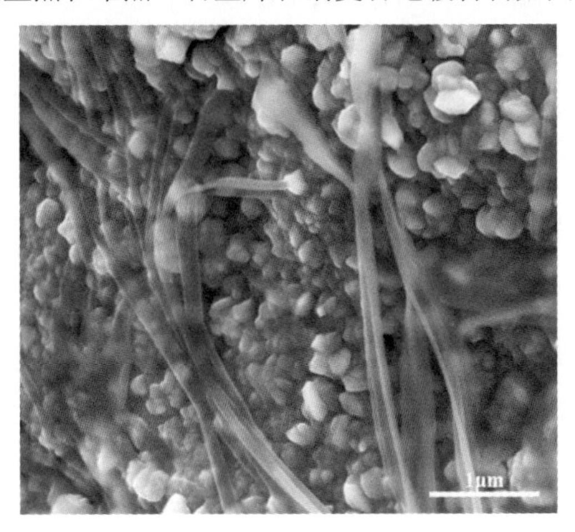

图 5-15　石墨烯和铜复合电镀材料

参考文献

[1] WALDROP M M. More Than Moore[J].Nature.2016，530（11）：144-147.

[2] HANSSON J，NILSSON T M J，YE L，et al. Novel nanostructured thermal interface materials：a review[J]. International Materials Reviews，2018（37）：1-24.

[3] GAO T，LEU P W. Copper nanowire arrays for transparent electrodes[J]. Journal of Applied Physics，2013，114（6）：063107-1-063107-6.

[4] ZHAO Y，CHU R S，Grigoropoulos C，et al. Array Volume Fraction Dependent Thermal Transport Properties of Vertically Aligned Carbon Nanotube Arrays[J]. Journal of Heat Transfer，2016.

[5] SHAHIL K M F，BALANDIN A A. Graphene-Multilayer Graphene Nanocomposites as Highly Efficient Thermal Interface Materials [J]. Nano Letters，2012，12（2）：861-867.

[6] SEOL J H，JO I，MOORE A L，et al. Two-dimensional phonon transport in supported graphene[J]. Science，2010，328（5975）：213-216.

[7] HANSSON J，ZANDÉN C，YE L，et al. Review of current progress of thermal interface materials for electronics thermal management applications[C]//IEEE International Conference on Nanotechnology，IEEE，2016：371-374.

[8] CHARLES A. Harper. 电子封装与互连手册（第四版）[M]. 贾权良，蔡坚，沈卓身，等译. 北京：电子工业出版社，2009.

[9] 何鹏. 先进热管理材料研究进展[J]. 材料工程，2018，46（4）：1-11.

[10] QIU L，SCHEIDER K，RADWAN S A，et al. Thermal transport barrier in carbon nanotube array nano-thermal interface materials[J]. Carbon，2017：128-136.

[11] SHANMUGAN S，JASSRIATUL A N，MUTHARASU D. Structural and thermal performance of Ag，Ni，and Ag/Ni thin films as thermal interface material for light-emitting diode application[J]. Applied Physics A，2017.

[12] KIM K，KIM J. Magnetic aligned AlN/epoxy composite for thermal conductivity enhancement at low filler content[J]. Composites Part B，2016，93（may）：67-74.

[13] WONG C P，BOLLAMPALLY R S. Thermal conductivity，elastic modulus，and coefficient of thermal expansion of polymer composites filled with ceramic particles for electronic packaging[J]. Journal of Applied Polymer Science，2015，74（14）：3396-3403.

[14] GAO Z，ZHAO L. Effect of nano-fillers on the thermal conductivity of epoxy composites with micro-Al2O3 particles[J].Materials & Design，2015，66：176-182.

[15] 周文英. 高导热绝缘高分子复合材料研究[D]. 西安：西北工业大学，2007.

[16] BALANDIN A A，GHOSh S，BAO W，et al. Superior thermal conductivity of single-layer graphene[J]. Nano Letters. 2008，8（3）：902-907.

[17] XU J，MUNARI A，DALTON E，et al. Silver Nanowire Array-Polymer Composite as Thermal Interface Material[J]. Journal of Applied Physics，2010，106（12）：124310-1-124310-7.

[18] WANG S，CHENG Y，WANG R，et al. Highly Thermal Conductive Copper Nanowire Composites with Ultralow Loading：Toward Applications as Thermal Interface Materials[J]. ACS Applied Materials & Interfaces，2014，6（9）：6481-6486..

[19] KIM P，SHI L，MAJUMDAR A，et al. Thermal transport measurements of individual multiwalled nanotubes [J]. Physical Review Letters，2001，87（21）：1-4.

[20] RAZEEB K M，DALTON E，CROSS G L W，et al. Present and future thermal interface materials for electronic devices [J]. International Materials Reviews，2017：1-21.

[21] WANG X，WANG Q，CAI J，et al. Preparation and Characterization of Electroplated Cu/Graphene Composite[C]//2019 IEEE 69th Electronic Components and Technology Conference（ECTC），IEEE，2019：2234-2239 .

[22] HU I，HO J R，YANG J F，et al. High Thermal Performance Package with Anisotropic Thermal Conductive Material[C]//2017 IEEE 67th Electronic Components and Technology Conference（ECTC），IEEE，2017：1348-1354.

第 6 章 硅通孔相关材料

近年来，为了顺应先进封装技术不断向高性能、低功耗和低成本方向发展的趋势，基于硅通孔（TSV）的 3D 封装技术迅速发展。TSV 技术是通过在芯片和芯片之间制造垂直通路，从而形成电气连接的新型互连技术。采用 TSV 技术能够实现芯片在三维方向的堆叠，从而提高系统集成度，缩短芯片之间的互连长度，改善信号传输速度和质量，降低功耗。

基于 TSV 的 3D 封装技术正成为电子封装技术中引人注目的技术发展方向。图 6-1 展示了不同元器件在三维方向上基于 TSV 的堆叠集成。

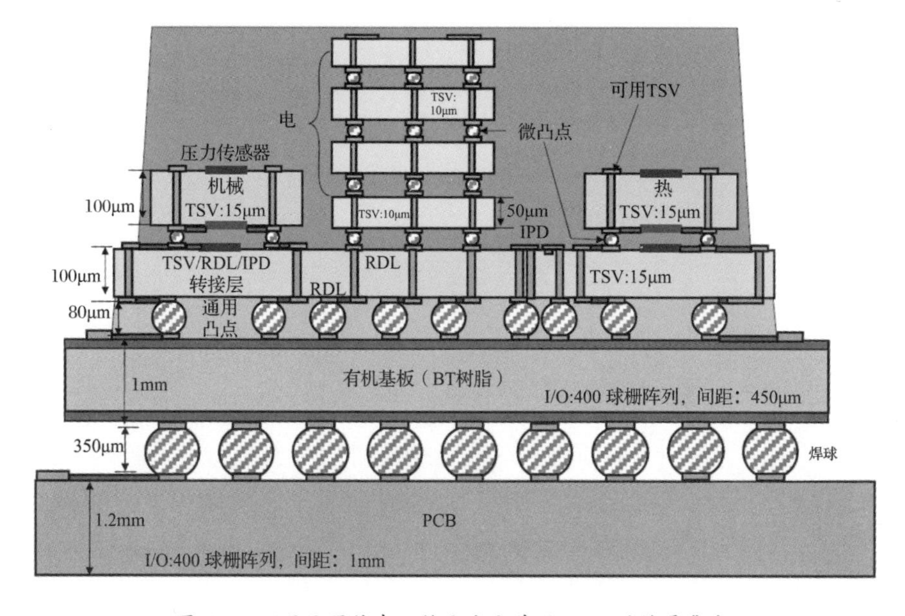

图 6-1　不同元器件在三维方向上基于 TSV 的堆叠集成

TSV 技术涉及的材料除打孔的硅基体材料和填孔材料等关键的主材料外，在工艺过程中还包含绝缘层、黏附层和种子层材料等相关材料（见图 6-2）。填孔材料将在下一章的电镀材料中单独进行阐述，本章将对 TSV 技术中不同种类的材料分别进行说明。

图 6-2　TSV 各层结构示意图

6.1　绝缘层

6.1.1　绝缘层在先进封装中的应用

绝缘层在先进封装中的应用主要可分为两方面。

一方面是作为 TSV 侧壁的绝缘层，硅是半导体材料，TSV 内要填充导电材料，需要在孔刻蚀之后，首先在其侧壁沉积一层绝缘层，从而实现导电材料与硅衬底间的绝缘。

另一方面是作为圆片级封装的介质层，在 3D 封装技术中用于金属再布线层间的介电隔离。

6.1.2　绝缘层材料类别和材料特性

绝缘层材料包括无机介质绝缘层材料和聚合物绝缘层材料，无机介质绝缘层材料主要用于 TSV 侧壁绝缘，聚合物绝缘层材料主要用于圆片级封装的介质层，两种材料有其各自的特性。

1）无机介质绝缘层材料

近几年，随着TSV技术在3D存储器领域的大规模应用，以及高深宽比三维圆片级芯片的量产，无机介质绝缘层材料在TSV中的应用显著增长。二氧化硅（SiO_2）材料由于优秀的介电性能、化学稳定性及成熟的制造工艺，被广泛用于3D-TSV集成技术领域作为TSV侧壁绝缘层材料。

根据产品对热管理控制的要求，可选择不同的二氧化硅工艺制程。如果所用衬底是无源衬底，对温度没有限制，则可以使用热氧化工艺，在TSV侧壁均匀生长高质量氧化硅层。如果衬底上包含有源器件，对工艺温度有限制，则可以采用低温化学气相沉积的方式。化学气相沉积是目前主流的TSV介质层解决方案，在该工艺中，前驱体以气相形式流经真空腔被热量或等离子体解离后，沉积到衬底上形成无定形态薄膜。用于化学气相沉积TSV绝缘层的前驱体通常包括硅烷（SiH_4）和正硅酸乙酯（TEOS），最终得到无机氧化硅绝缘层薄膜。通过调节工艺过程中的压力、流速、衬底温度等参数可以优化薄膜的厚度、折射率、湿制程中的刻蚀速率、薄膜应力、台阶覆盖率等关键物理特性。

典型的基于化学气相沉积工艺制造的氧化硅绝缘层薄膜及关键物理特性如表6-1所示。

表6-1　氧化硅绝缘层薄膜及关键物理特性

薄　膜	温度/℃	气　体	厚度/nm	应力/MPa	台阶覆盖率
Thermal oxide	700～1150	O_2、H_2	5～1000	400～500	高
PECVD oxide	150～400	SiH_4、N_2O	—	150	低
PECVD TEOS	250～400	$Si(OC_2H_5)_4$、O_2	50～5000	100～200	中
SACVD ozone-TEOS	400	$Si(OC_2H_5)_4$、O_3	150～500	100～200	高
LPCVD	650～750	$Si(OC_2H_5)_4$	20～500	80～120	高
PSG/BPSG	400～750	$Si(OC_2H_5)_4$、PH_3, TMB	300～900	—	中高

* 台阶覆盖率是在集成电路工艺中，用于衡量热氧化成膜、薄膜沉积、涂胶等工艺中膜层跨台阶时在台阶处厚度损失的一个指标，就是跨台阶处的底部膜层厚度与顶部平坦处膜层厚度比值的百分数。

次大气压化学气相沉积（Sub-Atmospheric CVD，SACVD）工艺由于沉积温度和保形涂覆特点，尤其适合3D集成的工艺需求。特别是对于高深宽比的中介转接层工艺来说，具有保形涂覆特点的绝缘层制造工艺对后续工艺兼容性十分重要。

通过 TEOS-PECVD 技术制造氧化硅绝缘层材料是当前 TSV 技术绝缘层制造的主流技术。该技术制造的氧化硅绝缘层材料既具有良好的介电性、绝缘性、热稳定性、化学稳定性，又具有低温沉积特点，因此，该技术制造的氧化硅绝缘层材料可以广泛用于 2.5D IC 或 3D IC 集成技术领域。

2）聚合物绝缘层材料

聚合物绝缘层材料是当前圆片级封装介质层的主流材料，已经具有比较成熟的工艺和材料处理方案。由于 3D 封装的再布线层密度远高于传统圆片级封装，因此要求聚合物绝缘层材料具有更高的光刻分辨力，并且适应 3D 封装工艺对晶圆翘曲和热预算控制的要求。

3D 封装技术主要采用聚合物绝缘层材料在芯片或中介转接层上制造多层金属互连结构。SiP 通常把多个裸芯片封装在同一系统，形成多功能组件。3D SiP 系统主要采用聚合物绝缘层材料作为层间介电薄膜，在中介转接层上制造电路层。采用 3D 封装技术，多芯片集成电路系统的芯片之间的距离非常小，各层芯片间通过通孔金属化实现电气连接。这样，可大幅缩短多层互连长度，提高系统整体性能。

聚合物绝缘层材料作为金属再布线层的介电层、钝化层和缓冲保护层，可以有效阻挡电子迁移，防止 HCl/盐的化学腐蚀，增加元器件的机械性能，保护元器件，降低漏电流，还能有效地阻挡潮气，在集成电路工业中的应用非常广泛。聚合物绝缘层材料的缓冲功能，可以减少热应力引起的线路断裂，防止元器件在后续的加工过程中产生损伤。当前的圆片级封装技术可以利用聚合物绝缘层材料在晶圆上制造多层布线，显著提高元器件间的连线密度，减少信号传输延迟，大幅提高电路传输速率、系统集成度和可靠性。结合聚合物绝缘层材料低介电常数、自平坦化及优良的光刻性能，加之铜的高电导率和抗电迁移性能，圆片级封装技术实现了集成电路系统的低成本和小型化。

对于 TSV 侧壁绝缘层材料，除主流的无机介质绝缘层材料外，聚合物绝缘层材料也可以作为 TSV 侧壁绝缘层材料使用，通过喷涂、旋涂或纳米喷涂技术可以在 TSV 侧壁形成绝缘膜，具有成本低、有效降低 TSV 结构应力等特点。虽然该工艺受 TSV 深宽比的限制，很难在深宽比大于 3:1 的 TSV 结构中形成均匀的绝缘膜，但其在成本上的优势仍然吸引了大量的关注。聚合物绝缘层材料在 TSV 中使用时，其光刻分辨力、拉伸强度、弹性模量、热膨胀系数、固化温度、涂覆的均匀性等因素都很关键，对材料的要求比较高。

光敏性聚合物是聚合物绝缘层材料的代表，在 3D 封装中作为绝缘层得到了广泛应用。光敏性聚合物具有低应力释放、较低的热膨胀系数、较高的耐热性和工艺精度，且旋涂和喷涂工艺简单，设备成本优势明显。然而，光敏性聚合物的开发存在技术含量高、开发周期长、原料纯度和种类要求苛刻等问题。

6.1.3 发展现状及趋势

氧化硅绝缘层材料作为 TSV 侧壁绝缘层材料，其主要客户群包括三星（Samsung）、台积电（TSMC）、美光（Micron）、国际商业机器（IBM）、英特尔（Intel）、海力士（Hynix）、意法半导体（ST Mictoelectronics）、Aptina、豪威科技（Omnivision）等。有能力在高深宽比 TSV 结构中制造氧化硅绝缘层材料的国内外设备供应商包括美国 Applied Materials、英国 SPTS 及中国的沈阳拓荆等。

随着 TSV 技术的发展，TSV 孔径越来越小，TSV 深宽比越来越大，这对氧化硅绝缘层材料的制造提出了越来越高的要求。对于无源中介转接层，TSV 孔径将会从当前的 10～15μm 缩小到 1～5μm，深宽比将达到 15:1 甚至 20:1。因此需要开发在高深宽比 TSV 结构中制造氧化硅绝缘层材料的设备，同时保证能够满足绝缘层的台阶覆盖率要求。氧化硅绝缘层材料应具有良好的介电性、绝缘性、热稳定性、化学稳定性等。此外，有源芯片上的 TSV 结构不但要满足上述要求，而且要有工艺兼容性。例如，WLCSP 图像传感器封装，要求氧化硅绝缘层沉积温度低于 200℃。低温下的高台阶覆盖率绝缘层主要通过 TEOS 源氧化硅化学气相沉积或聚合物材料化学气相沉积获得。使用 TEOS 液体源，可以在深宽比达 10:1 的孔内，在 200℃以内的温度下，获得超过 15%的台阶覆盖率。

国内封装测试产业界在应用 TSV 进行 CIS 封装上已经有了一定的技术积累，多家企业均可以利用初级的 TSV 技术进行 CIS 封装，主要采用聚合物材料作为绝缘层。而在高深宽比 TSV-CIS 的封装集成技术中，聚合物绝缘层工艺制程受到限制，需要采用 TEOS-PECVD 的方法沉积氧化硅来制造绝缘层。该集成技术方案在企业中还处于研发阶段，没有得到大规模量产。无源硅中介转接层 TSV 技术在国内尚处于起步阶段，还没有应用于实际产品中。长远而言，在 TSV 技术上实现突破将是国内封装测试产业在未来封装领域实现创新的重要方向。

目前，国内应用于高深宽比 TSV 结构中制造能够满足绝缘性要求的氧化硅材料的设备供应商只有沈阳拓荆科技有限公司。该公司的 TEOS-PECVD 设备已达到世界先进水平，并已销售给苏州晶方半导体科技股份有限公司和华天科技（昆山）电子有限公司。沈阳拓荆科技有限公司的 PECVD 设备在沉积温度为 400°C 时，可以实现在深宽比为 10:1，孔径为 10μm 的 TSV 结构中沉积氧化硅绝缘层，其台阶覆盖率能够达到 20%。未来 TSV 孔径将会缩小到 1～5μm，深宽比大于 15:1。这对 PECVD 设备提出了严峻的考验，氧化硅绝缘层的台阶覆盖率需要进一步提升。

目前，用于圆片级封装的光敏性聚合物绝缘层材料全部被国外厂商垄断。市场上供应的产品有 Rohm and Hass 的 InterVia™8000 系列，Dow Chemical 的 Cyclotene™4000 系列，Microchem 的 SU-8 环氧树脂材料，Dow Corning 的 WL-5000 有机硅系列，Promerus 的 Avatrel®; ShinEtsu MicroSi 的 SINR 系列，Sumitomo Bakelite 的 SUMIRESINEXCEL® CRC-8600、8650、8903 等，FujiFilm 的 AP2210、AN-3310 和 Durimide7000 聚酰亚胺（PI）系列，东丽株式会社（Toray）的 Photoneece™ PI 系列，Asahi Kasei EMD 的 Pimel™ PI 系列，HD Microsystems 的 PI 系列，Tokyo Ohka Kogyo 的 TMMR S2000，JSR Micro 的 WPR 酚醛系列。以上产品中的所用树脂主要是酚醛环氧树脂、丙烯酸酯改性环氧树脂、酚醛树脂、有机硅树脂、PI 树脂、PBO 树脂、BCB 树脂等，且部分产品加入了纳米填料。

由于聚合物绝缘层材料在成本上的优势，因此利用聚合物绝缘层材料制造 TSV 绝缘层的方案得到了深入的研究。

喷涂工艺（Spray Coating）用来制造较低深宽比的 TSV 绝缘层，并在图像传感器产品中得到了应用。目前，常用喷涂设备的国外供应商主要包括 EVG 和 SUSS，国内供应商（如沈阳芯源）正在逐渐占领我国集成电路市场。能够采用喷涂工艺的材料除传统的有机光阻外，还包括 PI、BCB 等聚合物浆料。但是，这些材料的黏度必须控制在 20 cst（厘斯）以下。其中，EVG101 机台配置 Nano 喷嘴，采用超声波震动原理雾化，可以实现深宽比为 5:1、孔径为 20μm 的 TSV 聚合物绝缘层制造，有望在 2.5D 中介转接层工艺中实现应用。

旋涂工艺相比化学气相沉积和喷涂工艺，具有设备成本低等显著优势，但是在加工超过 5:1 深宽比的 TSV 时具有较大挑战。因此，开发可用于旋涂工艺的聚合物材料成为关键研究方向。根据旋涂工艺参数特点，聚合物材料必须具备低触变性、防流挂性和保形涂覆等特点。因此，可以围绕材料主体树脂、功能性纳米填料及关键助剂等展开研究。中国科学院深圳先进技术研究所在这方面已经开展了大量研究并取得了一定的成绩，相继推出了深宽比为 2:1 和 3:1 的适用于旋涂工艺的聚合物材料，目前正在进行这些材料的产业化验证推广，同时继续研发深宽比为 5:1 的光敏性聚合物绝缘层材料。

我国对用于圆片级封装的聚合物绝缘层材料的研究与国际上还存在明显的差距。目前尚无成功商业化的成熟产品。据不完全统计，我国研究和应用聚酰亚胺的企业约 50 多家，其中从事研究生产的企业约 20 家，但主要的产品仍然是薄膜、塑封料、涂层、胶黏剂、纤维泡沫等，还没有可以应用于集成电路圆片级封装的光敏性产品。因此，为了打破国外垄断，开发具有自主知识产权的光敏性聚合物绝缘层材料显得尤为必要，并且随着 3D WLCSP 封装的发展，光敏性聚合物绝缘层材料的市场前景广阔。

6.1.4 新技术与材料发展

除采用化学气相沉积技术制造绝缘层外，目前产业界一直在尝试开发一些新型的沉积技术。

1）高分子聚合气相沉积技术（PVPD）

将化学气相沉积技术用于聚合反应是一种新的聚合方法，称为气相沉积聚合。这一方法可以制造多种聚合物，受到学术界和产业界的广泛关注。气相沉积聚合与传统的高分子薄膜制造方法（如湿法工艺）相比有如下优点。

（1）不含溶剂、添加剂、引发剂等，纯度高，对衬底不产生损伤。

（2）可以控制薄膜厚度，通过选择适当的沉积速率和时间，可得到所需厚度。

（3）薄膜质量好，膜厚均匀，表面光滑无针孔，且可以沉积在不同形状的表面上，保形性好。

（4）聚合与成膜工艺可以合二为一，简化了制造流程。

聚对二甲苯（Parylene，又称派瑞林）是一种典型的采用气相沉积聚合方法制造的聚合物，由于其具备优异的介电性、扩散阻挡性、化学稳定性及界面结合力，因此成为电子元器件中常用的薄膜材料。如图 6-3 所示，以 Parylene 为例说明气相沉积聚合机理：二聚体（Dimer）在 650℃左右的高温下裂解，一个二聚体分子转化为两个双自由基（Di-radical）；在 200℃以下，双自由基结合并反应形成下一个更大的双自由基，继续反应最终形成 Parylene。这一反应机理本身是自由基的简单重组，不需要其他活性分子，其中的关键工艺是裂解和聚合过程中的温度和压力控制。

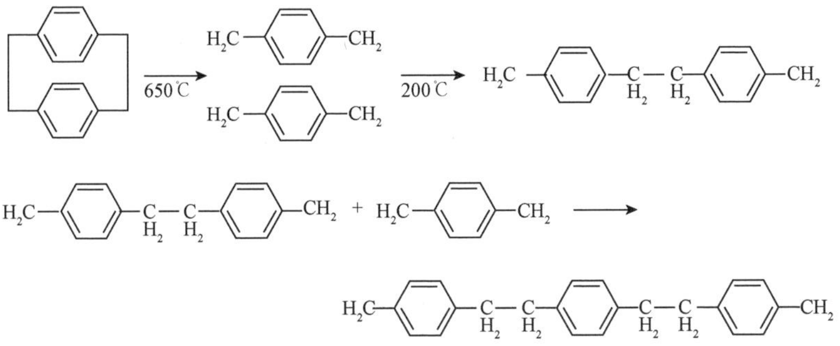

图 6-3　Parylene 聚合反应方程

AIXTRON 公司发明了一种被称为高分子聚合气相沉积（Polymer Vapor Phase Deposition，PVPD）的技术，该技术可以通过控制气相沉积得到聚合物基薄膜材料，解决了常规喷涂、旋涂等工艺难以在深宽比大于 3:1 的 TSV 结构中形成均匀聚合物绝缘膜的难题。图 6-4 所示为 AIXTRON 公司研发的 PRODOS 系列 PVPD 设备。

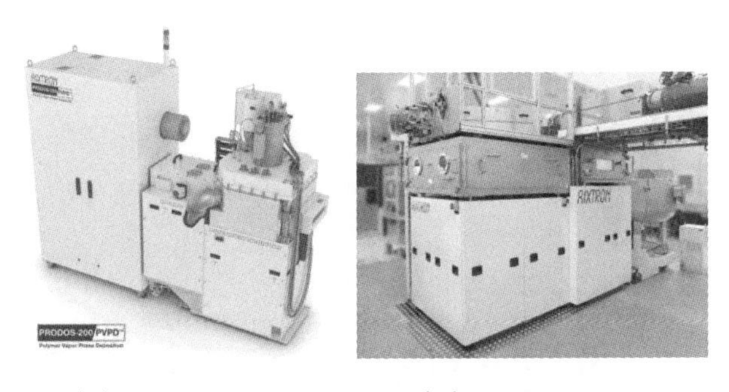

（a）PRODOS-200　（平台尺寸为 200mm×200mm，适用于研发）

（b）PRODOS-Gen3.5　（平台尺寸为 650mm×750mm，适用于量产）

图 6-4　PRODOS 系列 PVPD 设备

PVPD 技术将材料的先驱体在一个特制的、优化的源系统中汽化，被汽化的先驱体通过惰性载气提供给沉积设备。载气的作用是控制气体传输的流量，使先驱体浓度保持稳定。通过 AIXTRON 公司的专利技术，即紧密耦合莲蓬头技术，可以在不同尺寸衬底上沉积或进行批量化操作，还可以精确控制所提供材料的数量来沉积复杂的化合物。由于灵活模块化的设置，该技术可以优化各种聚合过程，精确控制沉积膜的厚度，应用范围更广泛，同时由于工艺过程是无溶剂过程，因此干燥步骤不再是必需的。

2）电接枝技术

电接枝与化学接枝是两种基础的分子工程技术。接枝（Grafting）的意思是在衬底表面与在其上生长的薄膜之间形成紧密的分子级化学键，这是通过氧化或还原等电化学反应实现的。

图 6-5 所示为自由基聚合电接枝工艺示意图，自由基聚合首先通过电诱导实现聚合物的接枝过程，然后进入纯化学扩展阶段。电诱导过程对于在聚合物与衬底表面之间形成化学键至关重要，有机前驱体 B 被用来形成接枝层的底层，同时起到激发溶液中单体 A 发生聚合反应的作用。当聚合反应完成时，大分子链（-[A-A-A]$_n$-B）结构在底部接枝层上接枝。化学接枝与电接枝的原理相同，只是接枝过程中的电子被还原剂取代，化学接枝可以应用于非导体材料表面的薄膜制造。结合电接枝和化学接枝两种湿法工艺，可以实现高深宽比 TSV 中绝缘层、扩散阻挡层和种子层的制造。

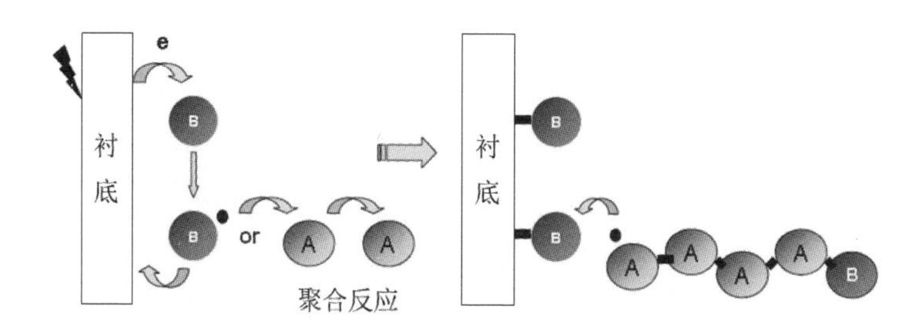

图 6-5　自由基聚合电接枝工艺示意图

电接枝技术是一种基于表面化学配方和工艺的纳米技术解决方案。该技术可用于导体和半导体表面，通过特定先驱物分子与半导体表面之间的原位化学反应的激发作用，各种薄覆盖层自定向生长。电接枝技术属于湿法工艺，但与电镀或喷涂工艺不同，它的化学反应发生在硅片表面，而不发生在电解容器或电解槽中，各种膜物质被直接还原到晶圆表面，最终的稳态不呈溶液形式；膜是从硅片表面向上生长的，而不会沉积到硅片表面，从晶圆到籽晶层形成具有高黏着性的共价键薄膜堆叠。

电接枝膜能与各种形状的表面保持共形，整体工艺（绝缘、势垒、籽晶）均使用标准电镀工具，可大幅降低工艺成本；在深宽比超过 20:1 的 TSV 中形成的金属膜的台阶覆盖率高达 90%，且具有极好的黏着性和均匀性，可以满足各类电和热力性能要求，具体参数如表 6-2 所示。

表 6-2　电接枝膜的具体参数

参　数	数　值	单位/方法
台阶覆盖率	高达 90%	
层厚	50～500	nm
孔径	1～100	μm
最大深宽比	>20:1	
黏着性	所有层均通过了划线剥落试验	
绝缘体介电常数	3	
绝缘体击穿电压	28	MV/cm
绝缘体的 CTE	30	ppm/℃
绝缘体的电阻率	25	μOhm・cm（100nm）
Cu 籽晶的电阻率	1.8	μOhm・cm（200nm）
势垒扩散特性	与 TiN 等效	2h，400℃
绝缘体温度稳定性	2h，400℃	TOF-SIMS
绝缘体的弹性模量	4（折减模量）	GPa

在电接枝工艺中，来源于偏置表面的电子可充当先驱物分子的“键合籽晶”，在第一层籽晶先驱物和晶圆表面之间形成共价化学键。这种方法不需要使用喷涂或旋涂工艺就可以将聚合物绝缘层直接“接枝”到晶圆表面。形成的电接枝层可以作为绝缘层，如果采用化学接枝技术进行势垒层沉积，则电接枝层可以用作黏接促进剂。

化学接枝技术与电接枝技术的原理相同，用于非导体表面。采用化学接枝技术可以改进势垒和聚合物之间的黏着性，首先选择专用化学材料把势垒催化剂与聚合物牢固地键合在一起，然后将湿铜籽晶电接枝到导电势垒上。这样即使高深宽比的 TSV 也可以实现较高的台阶覆盖率。由于薄膜生长速率及厚度分别受到电流密度和电荷的影响，因此化学电解槽需要保持稳定。

3）新材料

Parylene 薄膜是一种可用于高深宽比 TSV 侧壁覆盖的有机聚合物材料。Parylene 薄膜采用气相沉积工艺制造，具有厚度均一、耐酸碱、低介电常数和无色透明等优点。制造流程包括对二甲苯首先在真空腔中加热汽化，然后流经高温区裂解成对二甲苯的单体，最后室温沉积聚合成 Parylene 薄膜。

目前已经商业化的 Paraylene 薄膜主要包括 Parylene N、Parylene C、Parylene F 三种，其物理特性如表 6-3 所示。Parylene 薄膜优异的化学物理性质使其在制造中介转接层 TSV 绝缘层方面具有显著的优势，尤其是能进行高深宽比（大于 15:1）的保形覆盖且具有良好的台阶覆盖率。同时，Parylene 薄膜具有致密性特点，可以防止水汽渗透，从而显著提高耐湿热能力。

表 6-3　Parylene 薄膜的物理特性

	Parylene N	Parylene C	Parylene F
机械特性			
抗拉强度/MPa	45	45～55	52
断裂延伸/%	40	200	10
杨氏模量/MPa	2.4	3.2	2.6
密度/（g/cm^3）	1.11	1.28	
吸水性/% @24h	0.01	<0.01	<0.01
电学特性			
介电常数 @1MHz	2.65	2.95	2.17
介电损耗 @1MHz	0.0006	0.013	0.001
典型阻挡特性			
水汽渗透/（$g \cdot mil/100in^2$）@24h，37℃，90%RH	1.5	0.21	
典型热学特性			
熔点/℃	410	290	
T_g/℃	200～250	150	
CTE/（10^{-5}/℃）	69	35（退火后为 50）	36
导热系数/［10^{-4}（$cal \cdot s^{-1}$）/（$cm^2 \cdot ℃ \cdot cm^{-1}$）］	3	2	

此外，采用等离子体聚合沉积的有机薄膜 BCB 可用于中介转接层 TSV 绝缘层的制造。液态前驱体升华成单体，控制单体蒸气气压和等离子体化学气相沉积的射频参数，可显著提高 BCB 薄膜的热稳定性和台阶覆盖率，满足高深宽比 TSV 绝缘层保形涂覆等要求。

6.2　黏附层和种子层

6.2.1　黏附层和种子层在先进封装中的应用

TSV 的填充工艺主要是电镀铜工艺，在 TSV 电镀铜之前，需要先在 TSV 内壁溅射一层种子层，铜的填充效果在一定程度上依赖于种子层的厚度、均匀性及薄膜的深孔台阶覆盖率。种子层是电镀填充 TSV 的必备条件，目前主流的 TSV 种子层为铜种子层，采用的种子层材料为铜靶。铜在 SiO_2 介质中的扩散速度很快，介电性严重退化；铜对半导体的载流子具有很强的陷阱效应，铜扩散到半导体本体材料中将严重影响集成电路元器件电性特征；铜和 SiO_2 间的黏附强度较差，因此在制造种子层前一般需要先沉积一层黏附/扩散阻挡层，以防止铜扩散、增加种子层与衬底的黏附力和提高深孔台阶覆盖率。黏附/扩散阻挡层一般选择 Ti、TiW、Ta、TiN、TaN 等材料。当前进行黏附层和种子层制造的主流工艺是采用物理气相沉积的方法。

6.2.2　黏附层和种子层材料类别和材料特性

TSV 黏附层和种子层使用的材料主要是磁控溅射靶材。用于 TSV 种子层沉积的物理气相沉积腔体是经过改进的腔体，以适应高深宽比 TSV 的工艺要求，靶材一般需要根据腔体的特点进行结构调整。因此，根据 TSV 技术的性能要求研究靶材的成分、构造、制造工艺及其与溅射薄膜性能之间的关系，对充分发挥靶材的作用十分重要。

制造 TSV 种子层的铜靶材主要分为两大类：高纯铜靶材和铜合金靶材。其中，铜合金靶材可以增加溅射靶用铜材料的粒径均匀性并提高其强度。为了控制合金元素对铜电阻率的影响，靶材内合金元素的含量不能超过 10wt%。对于特定的应用，如铜薄膜和内部互连线，其电阻率需要与高纯铜的电阻率匹配，此时应该将合金元素的含量减小到3wt%以下。

黏附层一般选择Ti、TiW等材料。扩散阻挡层一般选择Ti、Ta、TiN、TaN等材料。

TSV晶圆尺寸一般不小于8英寸，随着晶圆尺寸的增大，对溅射靶材的微观组织及靶材与背板连接的要求越来越高。大面积靶材与背板的连接技术已成为靶材组件制造的关键技术。此外，在溅射过程中，靶材组件作为阴极，需要具有优良的导电性，同时为了释放高能态离子高速轰击靶材表面产生的热量，要求靶材具有优良的导热性。因此，靶材与背板的连接既要有一定的结合强度，以避免靶材在工作中的脱落、脆裂等问题，又要有较高的热导率和电导率。同时，靶材的晶粒经变形处理后，应细小均匀，不能在焊接过程中发生改变。

靶材中的杂质大部分是在电解、熔炼和铸造等过程中产生的。之所以铸锭中含有的杂质元素不同，是因为金属的提纯、熔炼和铸造工艺各有差异。对于高纯铜铸锭来说，杂质主要包括Ag、As、Al、Bi、Fe、Ni等元素。如果靶材内部含有的杂质元素过多，那么在溅射过程中晶圆表面会形成微小的颗粒（Particle），从而导致互连线短路或断路，并影响薄膜的生长质量。使用高纯度的靶材，对提高溅射薄膜的性能至关重要。因此，要尽量减少靶材中的杂质含量，以减少其对沉积薄膜的污染，提高薄膜的质量和均匀性。

高致密度的铜靶材具有导电导热性好、结合强度高、有效溅射面积大、表面变化少等优点。通过改善这些方面的性能，可以在较小溅射功率下，实现较高的成膜速率，且形成电阻率低、透光率高的薄膜。

镀膜质量的稳定性取决于靶材成分的均匀性。高纯铜靶材的微观组织结构及均匀性、晶粒的尺寸及取向分布都会对靶材的性能产生很大影响。晶粒尺寸越小，镀膜厚度分布越均匀，溅射的速率更快。对于铜合金靶材来说，第二相的尺寸分布及是否存在成分偏析等都会影响最终溅射薄膜的均匀性。

靶材的具体内容在第7章中有专门的介绍。

6.2.3 新技术与材料发展

作为后续TSV填充工艺顺利进行的保证，高质量、高连续性的扩散阻挡层和种子层的沉积技术面临巨大的挑战，传统的物理气相沉积设备无法对高深宽比

TSV 进行有效的沉积，必须使用改进型的物理气相沉积腔体才能保证高深宽比 TSV 种子层的连续性。为了制造连续均匀的且具有良好台阶覆盖率的扩散阻挡层和种子层，国际上正在研发新型的沉积技术，包括化学镀（Electroless Plating）技术和原子层沉积（Atomic Layer Deposition，ALD）技术等。

ALD 技术自 1977 年被发明以来，应用领域不断扩大，并逐渐在先进的集成电路制造领域占据越来越重要的地位。ALD 技术是一种能够在表面均匀、连续沉积薄膜的技术。ALD 技术周期性地通入前驱体，通过表面饱和的自停止反应逐层生长薄膜，能够精确控制薄膜的厚度并保证薄膜的均匀性、共形性及连续性。

ALD 技术是一种先进的纳米表面处理技术，可以制造的薄膜范围广泛，包括金属氧化物、金属氮化物、硫化物和磷化物等，具有广阔的应用前景。其中，TiN 和 TaN 等薄膜材料不仅具有优异的扩散阻挡作用，还可以作为铜电镀的种子层。ALD 技术非常适合在高深宽比的 TSV 中制造连续性和共形性良好的黏附层和种子层薄膜结构。

以 ALD 沉积 TiN 为例，其薄膜生长原理如图 6-6 所示。ALD 是一种表面饱和（Surface Saturation）、自限制（Self-limiting）的交替性反应。在 ALD 工艺中参与反应生成薄膜的物质一般呈气态，称为前驱体（Precursor）。以 $TiCl_4$、NH_3 为前驱体，以 NH_3 为还原剂，将 Ti^{4+}还原成 Ti^{3+}，即 $\mathrm{Ti^{IV}Cl} \rightarrow \mathrm{Ti^{III}N}$ ，反应过程如下。在 ALD 工艺中，下面两种反应都可能发生。

$$6TiCl_4(g)+8NH_3(g) \rightarrow 6TiN(s)+24HCl(g)+N_2(g)$$

$$TiCl_4+2NH_3(g) \rightarrow TiN(s)+4HCl(g)+H_2(g)+\frac{1}{2}N_2(g)$$

ALD 技术与传统化学气相沉积技术的主要差别是，两种气相前驱体通过交替脉冲的方式分别进入反应腔体，两种前驱体不会相遇。通过气体吹扫，前驱体隔离并在衬底表面发生单层饱和吸附反应。此反应是一种自限制反应，即当两种前驱体间的反应达到饱和时就会自动终止。

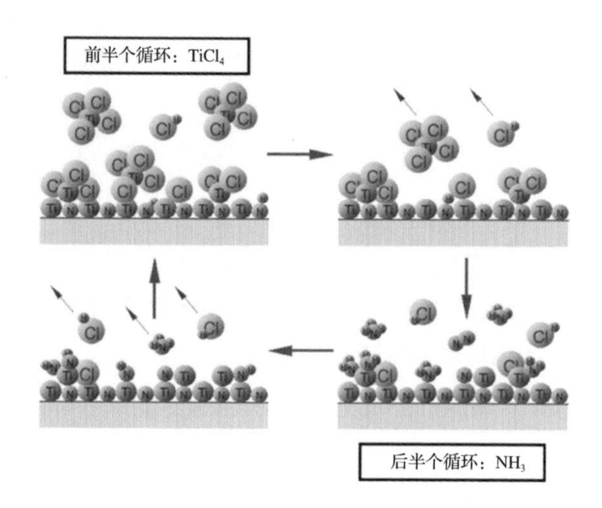

图 6-6　TiN 薄膜生长原理

由于原子层生长的自限制特性，因此采用 ALD 技术制造的薄膜具有优异的膜厚控制性能。前驱体通过交替脉冲的方式进入反应腔体，则在原子层沉积时，薄膜生长以周期性的方式进行，通过控制脉冲的周期数可以精确控制薄膜生长的厚度。一个周期包括以下四个阶段。

第一阶段：承载气体（Carrying Gas，简称载气）将第一种前驱体（$TiCl_4$）蒸气通入反应腔体，使之在衬底表面饱和吸附。载气通常选择不容易分解、不与前驱体反应的气体，如 N_2 或惰性气体 Ar。

第二阶段：通入吹扫气体（Purging Gas）将第一阶段中的未在表面吸附的前驱体吹走，排出反应腔体。一般吹扫气体通入时间相对较长，以保证前驱体被彻底排出。吹扫气体的性质类似于载气，在沉积温度下稳定且不与前驱体反应。

第三阶段：载气将第二种前驱体（NH_3）蒸气通入反应腔体，使之与已经吸附在衬底表面的第一种前驱体反应，生成薄膜。

第四阶段：通入吹扫气体将第三阶段中的未反应的第二种前驱体及其副产物排出反应腔体。同样，为了彻底排出，吹扫气体通入时间相对较长。

每个周期薄膜生长一定的厚度，通过控制这种周期的次数可以得到所需厚度的薄膜。

ALD 技术具有结合强度高、逐层沉积、膜厚一致性好、成分均匀性好、保形性好、无缺陷、无针孔等优点，可实现极具挑战性的纳米级结构，可制造的薄膜种类多，是一种先进的纳米表面处理技术，具有广阔的应用前景。

然而，ALD 技术的沉积效率较低，工艺成本高昂，在产业界实现大规模使用仍然存在严峻的考验。

另外，湿法工艺是 TSV 种子层制造技术未来发展的一大趋势。采用镍硼种子层需要扩散阻挡层控制 TSV 中填充的铜向衬底中扩散，一般湿法种子层采用化学气相沉积工艺沉积一层 W/WN 作为扩散阻挡层。湿法工艺采用化学气相沉积工艺制造扩散阻挡层，不仅可以降低工艺成本，还可以提高台阶覆盖率。同时，采用湿法工艺制造种子层的成本大幅低于物理气相沉积及 ALD 技术的成本，是一个很好的低成本解决方向。湿法工艺采用的化学气相沉积设备的供应商有 Applied Materials、Lam Research、ASM International 等，LAM research 可以提供湿法种子层沉积技术，但是目前没有成熟的商业化的设备。

参考文献

[1] LAU J H. Reliability of RoHS-Compliant 2D and 3D IC Interconnects[M]. McGraw-Hill，NY，2010.

[2] 严辉，李桢林，熊云，等. 聚酰亚胺及其在微电子中的应用[C]//深圳：2008 中日电子电路秋季大会暨秋季国际 PCB 技术/信息论坛，2008.

[3] KEIPER D，LONG M，SCHWAMBERA M，et al. Novel solutions for thin film layer deposition for organic materials[C]//Advances in Display Technologies and E-papers and Flexible Displays，International Society for Optics and Photonics，2011.

[4] SANTUCCI V，MAURY F，SENOCQ F. Vapor phase surface functionalization under ultra violet activation of parylene thin films grown by chemical vapor deposition[J]. Thin Solid Films，2010，518（6）：1675-1681.

[5] 浦鸿汀，王永星. 聚酰亚胺气相沉积聚合的研究进展[J]. 高分子材料科学与工程，2005，（5）：5-9.

[6] 晁敏，寇开昌，吴广磊，等. 聚酰亚胺薄膜气相沉积的研究进展[J]. 材料导报，2009，23（21）：118-122.

[7] BAUMANN P，GERSDORFF M，KREIS J，et al. Carrier Gas-Enhanced Polymer Vapor-Phase Deposition（PVPD）：Industrialized Solutions by Example of Deposition of Parylene Films for Large-Area Applications[M]. CVD Polymers：Fabrication of Organic Surfaces and Devices，Wiley - VCH Verlag GmbH & Co. KGaA，2015.

[8] GERSDORFF M. Method for depositing a thin-film polymer in a low-pressure gas phase[P]. Patent No：US 8，685，500，2014.

[9] TIZNADO H，BOUMAN M，KANG B C，et al. Mechanistic details of atomic layer deposition（ALD）processes for metal nitride film growth[J]. Journal of Molecular Catalysis A Chemical，2008，281（1-2）：35-43.

[10] BURTON B B，LAVOIE A R，GEORGE S M，et al. Tantalum nitride atomic layer deposition using（tertButylimido）tris（diethylamido）tantalum and hydrazine[J]. Journal of the Electrochemical Society，2008，155（7）：D508-D516.

[11] STEVEN M. Atomic Layer Deposition：An Overview[J]. American Chemical Society，2010，110：111-131.

[12] ZHANG W，CAI J，WANG D，et al. Properties of TiN films deposited by atomic layer deposition for through silicon via applications[C]//the 11th International Conference on Electronic Packaging Technology & High Density Packaging，Xi'an，China，2010：7-11.

[13] ELERS K E，SAANILA V，LI W M，et al. Atomic layer deposition of WxN/TiN and WNxCy/TiN nanolaminates[J]. Thin Solid Films，2003，434：94-99.

[14] MONDLOCH J E，BURY W，FAIREN-JIMENEZ D，et al. Vapor-phase metalation by atomic layer deposition in a metal-organic framework[J]. Journal of the American Chemical Society，2013，135（28）：10294-10297.

[15] 谢思意. 原子层沉积 TiN 用于硅通孔中阻挡层和种子层的研究[D]. 北京：清华大学，2014.

[16] MAI L，GIEDRAITYTE Z，SCHMIDT M，et al. Atomic/molecular layer deposition of hybrid inorganic–organic thin films from erbium guanidinate precursor[J]. Journal of Materials Science，2017，52（11）：6216-6224.

[17] TRUZZI C，RAYNAL F，MEVELLEC V. Wet-process deposition of TSV liner and metal films[C]//IEEE International Conference on 3d System Integration，IEEE，2009.

[18] RAYNAL F，MEVELLEC V，FREDERICH N，et al. Integration of Electrografted Layers for the Metallization of Deep TSVs[J]. Journal of Microelectronics & Electronic Packaging，2010，7（3）：119-124.

[19] PINSON J，BÉLANGER D. Electrografting：a powerful method for surface modification[J]. Chemical Society Reviews，2011，40（7）：3995-4048.

[20] MEVELLEC V，SUHR D，José Gonzalez，et al. Through Silicon Via metallization：A novel approach for insulation/barrier/copper seed layer deposition based on wet electrografting and chemical grafting technologies[C]//2008 MRS Fall Meetin，2008.

[21] 钟丹丹，严俊. 新型炭材料的表面电接枝及其应用[J]. 化工时刊，2012，26（2）：35-37.

[22] 高岩，贺昕，刘晓. 大规模集成电路用高纯铜及铜合金靶材研究与应用现状[J]. 材料导报，2018，32（S2）：111-113.

[23] INOUE F，SHIMIZU T，MIYAKE H，et al. All-wet Cu-filled TSV process using electroless Co-alloy barrier and Cu seed[C]//2012 IEEE 62nd Electronic Components and Technology Conference：810-815.

[24] OHTA K，HIRATE A，MIYACHI Y，et al. All-wet TSV filling with highly adhesive displacement plated Cu seed layer[C]// 3d Systems Integration Conference. IEEE，2015：152-154.

[25] KIM T Y，SON H J，LIM S K，et al. Electroless Nickel Alloy Deposition on SiO_2 for Application as a Diffusion Barrier and Seed Layer in 3D Copper Interconnect Technology[J]. Journal of Nanoscience and Nanotechnology，2014，14（12）：9515-9524.

第7章 电镀材料

电镀（Electroplating），也称为电沉积（Electrodeposition），是利用电流（一般为直流或脉冲电流）使电解质溶液中的金属阳离子在电极表面还原并沉积，从而形成一层薄且连续的金属或合金材料镀层的工艺。

电镀的基本原理如图7-1所示。电镀工艺过程实际上是一个电化学反应过程，以表面待电镀的材料或器件为阴极，以镀层金属材料板或不溶性的导电材料板为阳极，含有镀层金属离子的盐溶液作为电解质（电镀液），当电源接通后，通过氧化还原电极反应，电镀液中的金属阳离子在作为阴极的待电镀材料上还原成金属原子，从而通过沉积得到所需的金属或合金镀层。

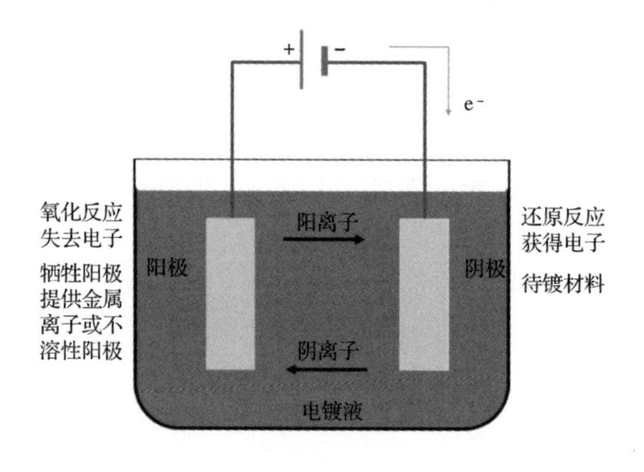

图7-1 电镀的基本原理

相对于溅射工艺等薄膜沉积工艺，电镀工艺沉积的效率较高，可以用于集成电路中厚度为亚微米级及以上的金属薄膜的沉积。但电镀工艺要求有导电层作为电镀的种子层，不适用于半导体或绝缘介质衬底。

基于工艺本身的经济性和简便性，电镀已经成为集成电路封装中重要的金属化技术之一。不考虑在印制电路板与有机基板制造中的电镀铜工艺及在表面处理中的沉锡（Immesion Sn）、化学镀镍沉金（Electroless Nickel Immersion Gold，ENIG）、化学镀镍钯沉金（Electroless Nickel Electroless Palladium Immersion Gold，ENEPIG）等化学镀及电镀相关的工艺，在集成电路先进封装中，电镀工艺通常应用于基于三维集成的硅通孔、玻璃通孔（Through Glass Via，TGV）及封装通孔（Through Package Via，TPV）等微通孔内的金属填充、面向层间（芯片与芯片间、芯片与芯片载体间）微凸点互连的金属微凸点（铜或焊料材料）的制造及圆片级封装中的再布线工艺等制程中，由于再布线工艺一般是通孔或凸点制造等工艺过程中的附属工艺，因此本书将以通孔工艺和凸点制造工艺为主来介绍集成电路先进封装所需要的电镀材料。

在集成电路先进封装的电镀工艺中，阴极是待镀的电子元器件或晶圆，阳极一般是镀层金属靶材（或不溶性材料）。电镀工艺关联的主要材料包括电镀液及电镀的阳极材料，本章涉及的电镀材料主要包括通孔电镀和凸点电镀所需要的电镀液和电镀的阳极材料，通孔电镀的特点主要用硅通孔电镀工艺来表征。

7.1 硅通孔电镀材料

硅通孔技术利用硅晶圆上的垂直金属通孔实现芯片间的电互连，相较传统的引线键合等互连方式，硅通孔明显具有较短的互连长度和较高的互连密度，所以利用硅通孔技术可以实现更轻薄、集成度更高的封装与集成，硅通孔技术是三维集成中关键的集成技术。

按照工艺制造过程在晶圆整体制造工艺中的先后顺序来进行区分，硅通孔技术主要包括三种技术：前通孔（Via-first）、中通孔（Via-middle）和后通孔（Via-last）技术，如图 7-2 所示。

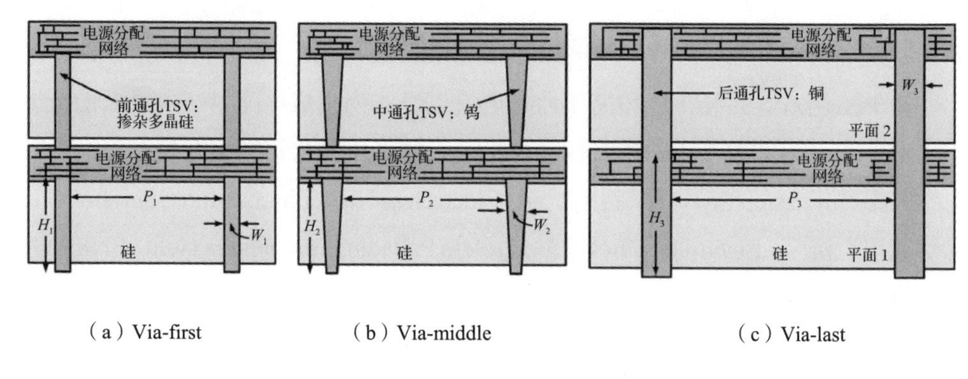

（a）Via-first （b）Via-middle （c）Via-last

图 7-2 硅通孔技术

在前通孔技术中，硅通孔的制造过程在前道工序（First End Of Line，FEOL）之前，因此硅通孔不会穿透互连的金属层；在中通孔技术中，硅通孔的制造过程介于 FEOL 和后道工序（Back End Of Line，BEOL）之间，硅通孔也不会穿透互连的金属层；而在后通孔技术中，硅通孔的形成过程在 BEOL 之后，因此后通孔技术中的硅通孔会穿透互连的金属层。

在前通孔、中通孔和后通孔三种技术中，虽然硅通孔制造工艺的先后顺序不同，但三者的硅通孔制造过程都需要应用相同的关键工艺，主要包括通孔刻蚀、通孔薄膜沉积、通孔填充、化学机械研磨、超薄晶圆减薄等，其工艺特性比较如表 7-1 所示。

表 7-1 前通孔、中通孔和后通孔技术工艺特性比较

参　数	前 通 孔	中 通 孔	后 通 孔
填充材料	掺杂多晶硅	钨或铜	铜
结构	圆柱形	环形或圆锥形	圆柱形
工艺温度	高	中	低
可制造性	难	很难	可制造
工艺过程	FEOL 前	BEOL 前	BEOL 后

硅通孔的互连必须采用通孔导电材料填充技术来实现，硅通孔的填充方式及可填充的导电材料的选择通常与硅通孔的制造阶段、硅通孔的尺寸（包括孔径和深宽比等）等相关，如图 7-3 所示。

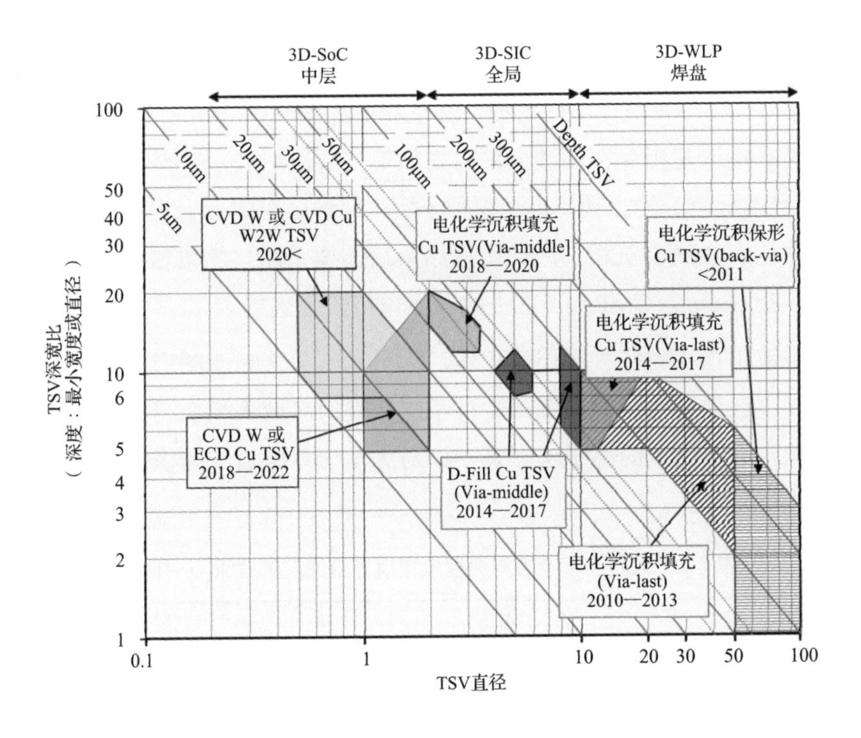

图 7-3　硅通孔填充方式与硅通孔尺寸的关系

目前，硅通孔的填充方式主要有两种：电镀和化学气相沉积（Chemical Vapor Deposition，CVD）。一般来说，如果硅通孔的尺寸较小，那么化学气相沉积比电镀更适合用于填充硅通孔，如当硅通孔的孔径在 2μm 以下时，液体不容易进入细小的微孔，需要完全通过化学气相沉积的方式进行硅通孔填充，化学气相沉积填充硅通孔的导电填充材料主要有铜、钨、多晶硅等。目前应用于先进封装的硅通孔的孔径通常都在 5μm 以上，从工艺效率及工艺成本等角度进行综合考虑，主要采用的是电镀填充的方式。

由于单质金属铜具有较高的电导率和热导率，电镀铜工艺设备简单，价格低廉，电镀铜工艺通常在室温和大气压环境下即可进行；在合适的工艺条件下，电镀铜工艺在水溶液的环境下可以得到均匀性很好的铜沉积层；电镀铜工艺具有较快的沉积速率，比较适合产业化的大批量生产；同时电镀铜工艺和传统多层互连的 FEOL 和 BEOL 工艺兼容性较好，因此通常情况下电镀铜工艺被视为先进封装中硅通孔填充的最适合的工艺。

硅通孔电镀铜工艺主要有两种，分别为大马士革电镀（Damascene Electroplating）和掩模电镀（Through Mask Electroplating）。

大马士革电镀是指先在晶圆上采用光刻工艺制造图形，获得具有一定深宽比（孔深与孔径的比率）的盲孔，再沉积种子层，种子层在图形上方，在电镀过程中孔内和表面均有金属层沉积，因此电镀结束后需要采用化学机械抛光（Chemical Mechanical Polishing，CMP）工艺去除表面覆盖的金属层。

掩模电镀是指在完成种子层沉积后，利用光刻工艺制造图形，种子层在图形的下方，在电镀过程中只会在图形中种子层暴露的区域沉积金属层，在电镀结束后需要去除未电镀区域的种子层。表 7-2 对大马士革电镀与掩模电镀填充硅通孔的优缺点进行了对比。

表 7-2　大马士革电镀与掩模电镀填充硅通孔的优缺点对比

电镀方式	优　点	缺　点
大马士革电镀	工艺兼容性好 填充效率高 填充后的铜与孔侧壁结合力好	深孔覆盖能力差 填充的铜内容易形成孔洞和缝隙 硅片表面电镀的铜厚度不易控制
掩模电镀	深孔覆盖能力好 填充的铜较致密，不易形成孔洞和缝隙 硅片表面电镀的铜厚度容易控制	工艺兼容性差 填充效率低 填充后的铜与孔侧壁结合力差

另外，铜在常温下的热膨胀系数是硅的数倍（常温下，铜的热膨胀系数是 17.7ppm/K，硅的热膨胀系数是 2.5 ppm/K），在硅通孔尺寸较大或硅通孔密度较高的情况下，硅通孔内填充的铜和周围环绕的硅材料基于热膨胀系数的不匹配会产生较大的热应力，有可能造成硅通孔互连孔的失效。如图 7-4 所示，硅通孔结构在经历 1000 次热循环之后，其顶部的再布线层区域产生了裂纹。

图 7-4 硅通孔结构中的裂纹

7.1.1 硅通孔电镀材料在先进封装中的应用

硅通孔技术通过芯片内垂直方向的互连减小互连长度，从而减小信号延迟，降低感生的电容及电感，最终实现电子元器件及芯片间的低功耗及高速通信，增加传输带宽，实现元器件的三维集成。

目前，基于硅通孔技术的三维集成主要应用于存储器的三维堆叠、多芯片集成的硅中介转接层（Si Interposer）、RF 模组、微机电系统及图像传感器等的 2.5D 及 3D 集成与组装中。在赛灵思（Xilinx）Virtex7 FPGA 和三星电子（Samsung Electronics）面向服务器应用的 RDIMM DDR4 SRAM 中都采用了硅通孔技术，图 7-5 所示为 Xilinx Virtex®-7 2000T FPGA 组装示意图，其中硅中介转接层中的硅通孔孔径为 10～15μm。

硅通孔电镀的主要客户几乎囊括了所有具备三维集成技术和量产能力的晶圆制造及封装测试公司，包括英特尔、三星电子、台积电、中芯国际、日月光、长电科技、通富微电、华天科技、晶方科技等。

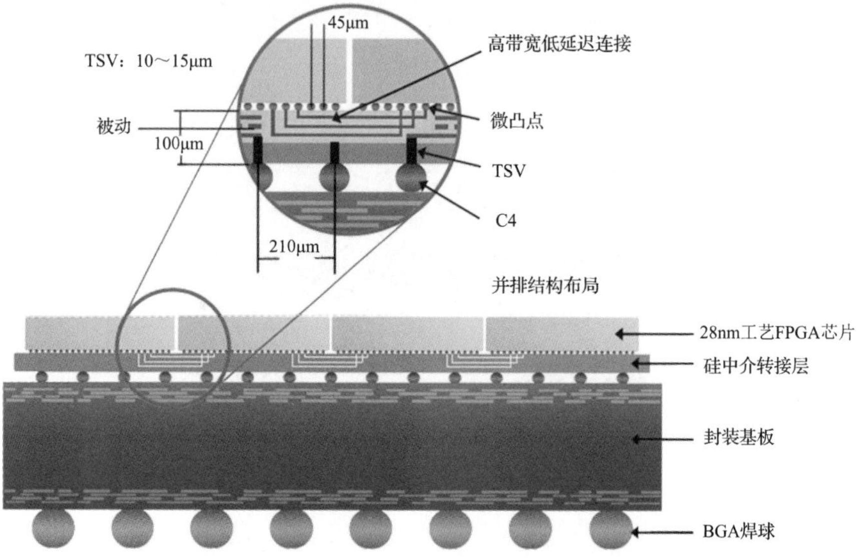

图 7-5　Xilinx Virtex®-7 2000T FPGA 组装示意图

目前，全球市场上可以提供硅通孔电镀所需电镀液的材料供应商主要包括陶氏化学（Dow Chemical）、乐思化学（Enthone Chemical）、上村（Uyemura）、安美特（Atotech）、罗门哈斯（Rohm&haas）、Pactech（2015 年被长濑 Nagase 收购）及上海新阳等。因为不同电镀液的性质和电镀参数存在差异，所以大部分电镀液供应商都在和主要的电镀设备供应商（如应用材料等）合作，以确认各自的电镀液与电镀设备的匹配程度，甚至一些电镀液供应商会同时开发适用于硅通孔电镀的专用设备，但目前市场上没有一个完全能被所有用户认可的电镀液供应商。

7.1.2　硅通孔电镀材料类别和材料特性

在硅通孔电镀中，不管是采用大马士革电镀还是掩模电镀或其他电镀方式，电镀液材料（电镀药水）的体系都基本相同。

硅通孔电镀液主要的成分包含电镀原液（或称为基础镀液）和添加剂。硅通孔电镀液的主要作用是为硅通孔的电镀填充提供充足的铜离子和良好的电镀环境，通过在电镀液中加入各种添加剂可以改善硅通孔的电镀质量，从而提高电镀填充的效果。

电镀原液主要为电镀工艺提供电镀填充所需要的金属离子，即铜离子。在电镀铜的工艺中，常用的电镀原液体系主要包含碱性氰化物、焦磷酸盐、硫酸盐、氟硼酸盐、甲基磺酸盐等几大体系。各电镀原液体系的应用范围或多或少存在一定的交叉。每一种体系都有其特定的使用范围和使用环境。

碱性氰化物体系主要适用于镀层较薄的电镀，但由于碱性氰化物体系的溶液有剧毒并伴随废液处理的环保问题，因此在产业界的使用越来越少；焦磷酸盐体系在早期曾经大量应用于印制电路板的深孔电镀，但现在已经逐步被具有高分散能力的硫酸盐体系替代；氟硼酸盐体系具有较高的沉积电流密度，但材料的价格比较昂贵，在产业界被具有同样电镀质量而且成本便宜、工艺容易控制、对杂质不敏感的硫酸盐体系替代。基于上述因素，目前硅通孔电镀液的原液体系主要采用的是硫酸铜和甲基磺酸铜两种体系。

硫酸铜体系的硅通孔电镀原液主要成分是硫酸铜（$CuSO_4 \cdot 5H_2O$）和硫酸，同时溶液中含有微量的氯离子，硫酸铜体系原液配方如表 7-3 所示。

表 7-3　硫酸铜体系原液配方

硫酸铜镀液	浓 度 单 位	高浓度配方	低浓度配方
硫酸铜（$CuSO_4 \cdot 5H_2O$）	g/L	200～250	60～100
硫酸（H_2SO_4）	g/L	45～90	180～270
氯化物	mg/L	—	50～100

在电镀原液包含的成分中，硫酸铜是提供电镀液中 Cu^{2+}的主盐，硫酸铜的浓度需要进行控制，硫酸铜浓度过低会造成允许使用的电流密度下降，降低电镀的效率，也会影响电镀的光亮度；硫酸铜浓度过高，电镀原液中的硫酸铜容易结晶析出，同时会影响电镀原液中金属离子的分散能力。

电镀原液中的硫酸是作为强电解质存在的，主要用于提高电镀原液的电导率并增强 Cu^{2+}的分散能力，从而较大程度地降低阳极和阴极的极化率，保证阳极正常溶解，同时提供电镀原液整体的酸性环境，以阻止在电镀过程中出现碱式盐的沉淀，确保溶液中的 Cu^{2+}的稳定存在。硫酸的浓度也需要控制，硫酸浓度过高会降低镀层的光亮度和平整度，因此，硫酸浓度的变化对阳极、阴极极化和溶液电导率的影响比硫酸铜浓度的变化影响要大，需要进行优化。

在电镀原液中还需要添加氯离子，氯离子存在的作用主要是降低阳极极化率。

少量的氯离子可以作为表面活性剂吸附在电极表面，能够加快阳极铜的溶解，但过量的氯离子会在阳极表面产生不溶的铜氯化物，迟滞铜的溶解进程，氯离子的存在还会影响镀层的表面形貌、结构、晶格取向等晶体结构特性，显微硬度等物理特性及沉积层的应力状态等。

甲基磺酸铜体系的硅通孔电镀原液组成为 $Cu(CH_3SO_3)_2$、甲基磺酸及微量的氯离子。

与硫酸铜体系的电镀原液作用相同，$Cu(CH_3SO_3)_2$ 是提供电镀液中 Cu^{2+}的主盐，在电镀原液中加入甲基磺酸是为了提高电镀原液的电导率并增强 Cu^{2+}的分散能力，氯离子的作用主要是降低阳极极化率。

上海交通大学李明等人对硅通孔镀铜用甲基磺酸铜高速镀液中氯离子的作用机理开展了研究，并得出了以下的结论：在硅通孔深孔内扩散控制的条件下， 氯离子的存在对铜沉积起着明显的加速作用；相反，在表面非扩散控制的区域，尤其是高电流密度的区域，氯离子的存在对铜沉积具有一定的抑制效果。因此，氯离子的添加有助于改善硅通孔深孔内的镀铜填充效果，提高孔内的填充速率。

硫酸铜体系材料的价格较低，但在实际电镀过程中工艺窗口较窄；甲基磺酸铜体系工艺窗口较宽，但材料的价格较高。另外，甲基磺酸铜体系中铜离子的含量较高，因此，在实际的应用中，硅通孔电镀铜中的电镀原液一般会采用甲基磺酸铜体系。

在硅通孔电镀液中，添加剂的主要作用是在电镀过程中将添加剂材料吸附（化学吸附和物理吸附）到电镀的阴极（待镀的晶圆）表面等特定的位置，通过改变表面生长点浓度、表面吸附离子浓度、扩散系数及吸附离子表面扩散的活化能等因素来影响电镀沉积的动力和生长机制，从而对铜在阴极的沉积过程和晶体生长进行精确的调控，实现改善电镀质量的目标。

硅通孔具有一定的深宽比，在电镀填充过程中容易产生孔洞（Void）或缝隙（Seam）等缺陷影响电镀的质量，因此硅通孔电镀添加剂的选择和优化非常重要，需要实现无孔洞填充来避免由此产生的后续的可靠性问题。

从硅通孔电镀的填充机理角度考虑，硅通孔的电镀填充主要有三种方式：保形生长（Conformal）、超保形生长（Super- conformal）和自底向上生长（Bottom-up），如图 7-6 所示。

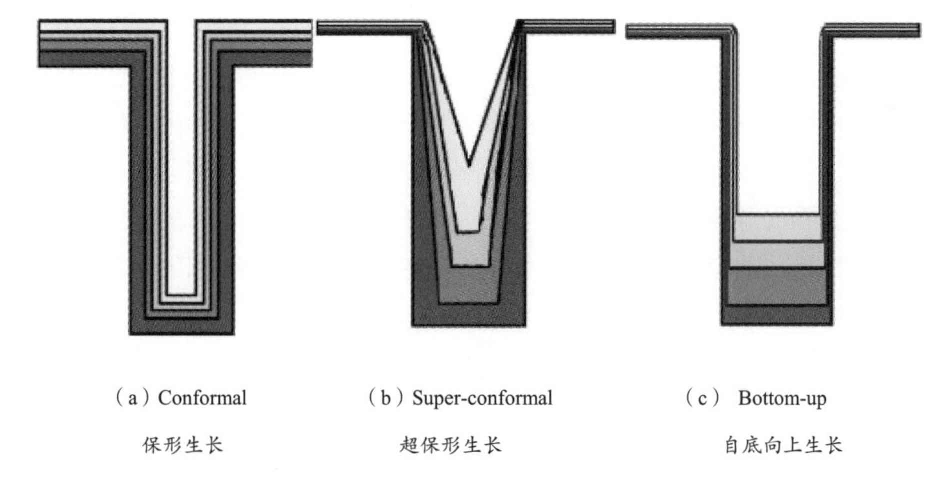

图 7-6　硅通孔电镀填充三种方式

保形生长是指在硅通孔侧壁和表面同时均匀进行铜沉积的方式；自底向上生长是指优先在硅通孔底部向上垂直生长沉积铜的方式，侧壁和表面几乎不沉积铜；超保形生长介于保形生长和自底向上生长两种方式之间，其在硅通孔底部垂直向上生长沉积铜的速率远大于侧壁铜的沉积速率。

硅通孔一般深宽比较高，产业界倾向于采用自底向上生长的填充方式，这样可以保证填充的有效性，因此在工艺过程中需要抑制边角及表面的增长，同时加速孔底部的填充，但自底向上生长的填充方式基于孔的深度实现完全填充需要的时间较长；保形生长方式填充速率较快，但由于硅通孔本身的结构，在电镀的时候，受溶液中铜离子扩散速率等的影响，硅通孔孔底及孔内的铜离子供应较表面及孔口慢，因此在表面及孔口的铜沉积不受其他限制的条件下，这种生长方式容易在整个电镀过程中产生孔洞、缝隙等缺陷，而且由于孔内和表面处铜的沉积速率相当，因此容易产生较严重的覆盖面铜，覆盖面铜的存在会增加后续的化学机械抛光工艺的负担并提高整体的工艺成本；超保形生长介于两者之间，在提高沉积速率的同时能尽可能避免孔洞、缝隙等缺陷并减小覆盖面铜，在多数情况下，相对于其他两种方式是较理想的硅通孔电镀填充方式。

在硅通孔的实际电镀过程中，采用保形生长、超保形生长或自底向上生长的填充方式，会受到很多因素的影响，其中影响最大的因素是电镀液中添加剂的种类与配比。

硅通孔电镀液的添加剂体系中主要的添加剂包括平整剂、加速剂及抑制剂等。

平整剂加入电镀液中主要是为了改善镀层表面的平整性。在电镀过程中，待镀表面的高起伏区域比低起伏区域更易吸附平整剂，从而高起伏区域的沉积阻力较大，沉积速率较慢，经一定时间后，低起伏区域因为沉积速率较快逐渐被镀层填满，最终降低镀层整体的粗糙度。有研究表明，借助均匀分布的电流，当镀层厚度达到或超过沟槽深度的时候，可以实现半圆形或三角形沟槽的几何平整，因此添加平整剂可在镀层厚度小得多的条件下获得平整的效果。

加速剂一般为小分子的有机材料，加速剂的存在有利于电镀沉积金属铜的晶体的形核，加速剂在电镀液中的扩散速率较快，因此容易被吸附在硅通孔之内，通过加速低电流密度区域铜的沉积来实现硅通孔底部铜的沉积。

抑制剂主要吸附在电位较高的晶圆的水平表面和硅通孔的孔口等部位，由于抑制剂覆盖于铜表面的原子位置，因此该位置铜的沉积被抑制。自底向上生长的填充方式正是利用这种强力抑制剂在晶圆表面和硅通孔孔口部位的吸附作用，在一定程度上对铜在晶圆表面和硅通孔孔口部位的沉积进行了抑制，从而实现硅通孔自底向上的铜的沉积。

通过对硅通孔电镀液的添加剂体系中的平整剂、加速剂和抑制剂浓度的配比进行调整，可以实现对不同填充方式的控制，最终针对不同孔径与深宽比的硅通孔完成最优的填充效果。

硅通孔电镀液中常用的添加剂主要包括聚二硫二丙烷磺酸（SPS）等加速剂，聚乙二醇（PEG）和聚丙二醇（PPG）等抑制剂，以及硫脲、苯并三唑（BTA）、杰纳斯绿 B（JGB）等平整剂。

在电镀过程中，添加剂会产生损耗，添加剂损耗的主要途径包括添加剂在电镀过程中直接参与阴极或阳极的电化学反应及随电镀金属一起掺入镀层等。因此，在电镀过程中，必须对各种添加剂的损耗进行实时监控以便及时进行补充，监控的内容包括添加剂浓度的变化及添加剂在电极上反应产生的副产物等。

7.1.3 新技术与材料发展

在三维集成的硅通孔技术中，对硅通孔的电镀工艺及电镀液的基本要求包括高的电镀速率、高深宽比下的填充能力、尽可能长的电镀液使用寿命、镀层可靠性好及电镀液对电镀设备的适应性等。

另外，硅通孔技术的发展对硅通孔电镀材料提出了要求，如较小的覆盖面铜及与不同介质层的结合力较好等。

近年来，在硅通孔电镀铜的电镀液体系的研究上基本无大的进展，主要研究工作集中在各种添加剂对硅通孔填充的工艺及质量的影响上。

7.2　凸点电镀材料

凸点是集成电路先进封装中（如倒装芯片封装及三维集成中层间互连等封装形式）主要的互连介质材料，在整个封装结构中主要起到机械连接、电气连接及作为散热通道等作用。

凸点按照材料成分来区分，主要包括以铜柱凸点（Cu Pillar）、金凸点（Au Bump）、镍凸点（Ni Bump）、铟凸点（In Bump）等为代表的单质金属凸点和以锡基焊料为代表的焊料凸点（Solder Bump）及聚合物凸点等。

凸点互连相关技术包括凸点材料的选择、凸点尺寸的设计、凸点的制造、凸点的互连工艺及凸点的可靠性和测试等。其中，凸点材料的选择尤其重要。不同的凸点材料，其加工制造方法各不相同，对应的互连方式和互连工艺中的焊（黏）接温度也不尽相同。

表 7-4 列出了近年来在产业界广泛应用的不同类型凸点的材料及互连方法。电镀凸点由于对凸点材料及尺寸跨度变化范围适应能力强、能够实现凸点尺寸小型化、工艺较简单、稳定性好且生产效率高，因此是凸点制造中的首选的技术手段。

表 7-4　不同类型凸点的材料及互连方法

凸点类型	凸点材料	互连温度/℃（对焊料凸点）	互连方式	能否电镀
单质金属凸点	Au	—	黏接、热声或热压焊	能
	Ni	—	黏接	能
	Cu	—	黏接	能
	In	—	回流焊	能

续表

凸点类型	凸点材料	互连温度/°C（对焊料凸点）	互连方式	能否电镀
Pb-Sn 焊料凸点	95Pb5Sn	370	回流焊	能
	90Pb10Sn	350	回流焊	能
	37Pb63Sn	220	回流焊	能
无铅焊料凸点	80Au20Sn	310～330	回流焊或热压焊	能
	共晶 SnAg	260	回流焊	能
	共晶 SnAgCu	260	回流焊	能
聚合物凸点	导电聚合物	—	黏接	否

本节将主要介绍采用电镀方式制造的铜柱凸点和焊料凸点，在这两类凸点中，直径为 100μm 及以下的凸点应用最为广泛，其他凸点材料将在第 9 章中的微细连接材料中进行介绍。

焊料凸点具有较好的导电及导热性，在倒装键合时焊料熔化对焊点高度差的补偿及“自对准效应”（Self-alignment Effect）的存在使得焊料凸点一直是倒装芯片的主要凸点互连材料，在高密度的系统级封装中，焊料凸点的直径和节距都在逐步减小，目前凸点节距已经缩小到 50μm 以下甚至更低。随着凸点尺寸的进一步缩小，凸点互连的金属界面层在互连中占有的比重越来越大，焊料和凸点下金属层（Under Bump Metallization，UBM）的界面也越来越重要，这会产生新的键合机理并由此导致新的可靠性问题，图 7-7 所示为比利时微电子研究中心（Interuniversity Microelectronics Center，IMEC）展示的凸点的尺寸效应，当焊料凸点尺寸减小至 20μm 以下后，由于参与形成互连的凸点下金属层的比重越来越大，因此完成回流和倒装互连后的凸点的主要成分是金属间化合物（Intermetallic Compound，IMC）。

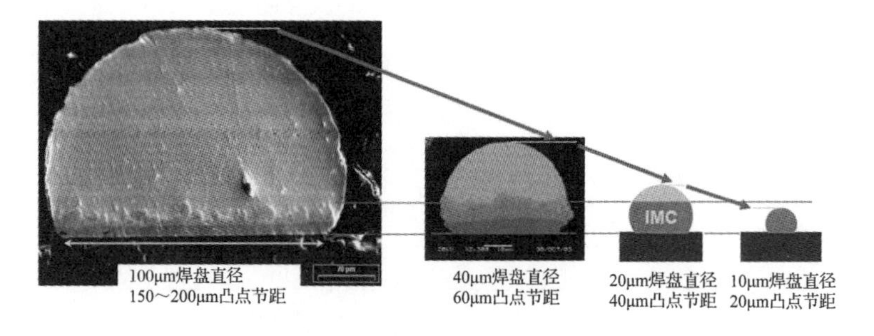

图 7-7　凸点的尺寸效应

在倒装键合的工艺过程中，焊料凸点由于焊料的熔化会从界面溢出，从而在窄节距的情况下产生桥接短路的现象，利用电镀工艺制造的铜柱凸点可以获得比焊料凸点更窄的节距，在倒装键合时不存在桥接短路现象，同时铜柱具有更优越的电特性，因此铜柱凸点技术正在逐渐成为高密度、窄节距倒装封装与圆片级封装应用中取代传统焊料凸点的一种替代选择方案。

凸点电镀工艺的关联材料主要包括电镀液和电镀阳极。本章介绍的凸点电镀材料主要是指凸点电镀所需要的电镀液和电镀阳极。

7.2.1　凸点电镀材料在先进封装中的应用

凸点是集成电路先进封装中（包括倒装封装、扇入/扇出型圆片级封装等封装形式）的关键的互连介质材料。在这些封装形式中，芯片与芯片载体之间及芯片与芯片之间的互连等都是通过凸点来实现的。

拥有凸点制造能力的公司包括英特尔、安靠、三星电子、日月光、长电科技、通富微电、华天科技、苏州晶方半导体、AEMtec、Advanced Plating Technologies on Silicon、村田（Murata）、瑞萨（Renesas）、宏茂微电子等拥有倒装封装技术能力的封装测试企业，相关公司制造凸点的电镀液均由电镀液供应商提供。

目前，全球凸点电镀液的供应商主要有陶氏化学（Dow Chemical）、乐思化学（Enthone Chemical）、上村（Uyemura）、安美特（Atotech）、罗门哈斯（Rohm&haas）、Pactech、上海新阳等。这些公司在凸点电镀液方面均有较多的专利。

7.2.2　凸点电镀材料类别和材料特性

采用电镀法制造的凸点主要包括铜柱凸点和焊料凸点两大类。铜柱凸点一般在芯片焊盘上电镀一定尺寸的铜柱后，再在铜柱上表面电镀可焊性镀层（SnPb、SnAg、Sn 等），以便实现后续的互连或组装。焊料凸点则直接在芯片上电镀焊料层（Sn、SnAg 等），经回流后形成焊料凸点。

铜柱凸点被认为是可以实现窄节距凸点互连的主要材料。其特点是高度一致性好、可靠性高，节距可以达到 20μm 及以下，如图 7-8 所示。铜柱凸点是目前凸点应用的主流方向。

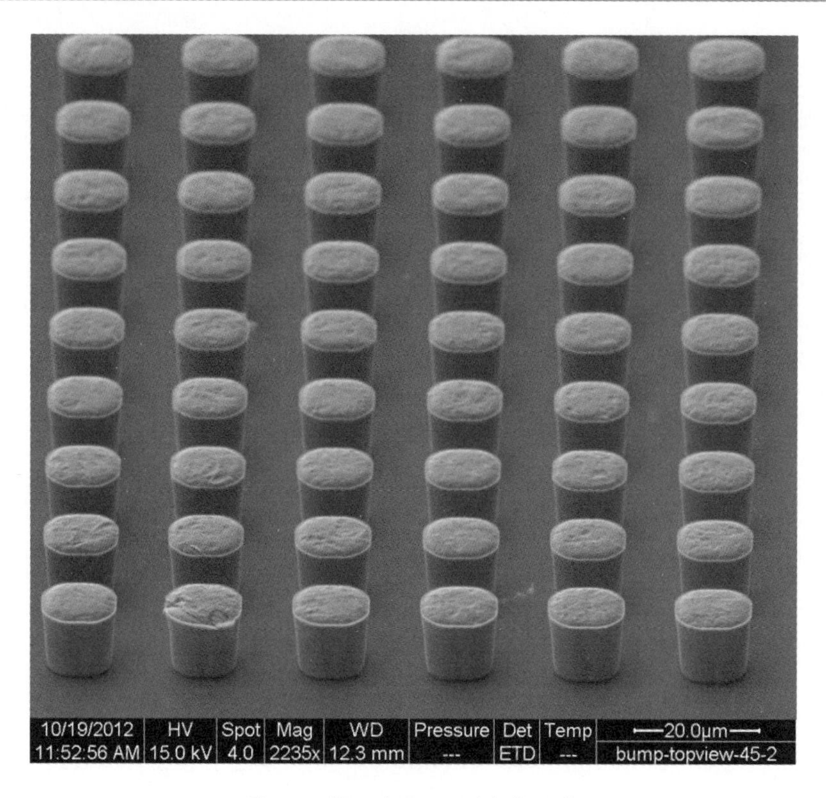

图 7-8　节距为 20μm 的铜柱凸点

铜柱凸点的典型结构如图 7-9 所示。主体结构是铜柱及铜柱上的表面层。该表面层被称为焊料帽（Solder Cap）。铜柱凸点的结构实际上是通过先沉积铜凸点，再沉积焊料层（SnPb、SnAg、Sn 等）实现的。

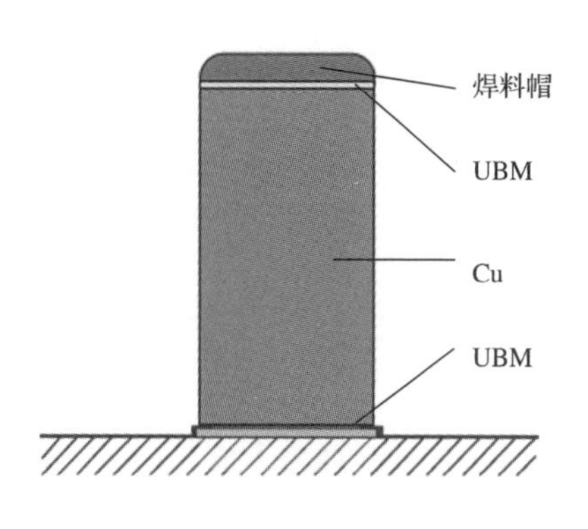

图 7-9　铜柱凸点的典型结构

图 7-10 所示为铜柱凸点采用电镀工艺制造的工艺流程：首先采用厚胶光刻的方法获得铜柱凸点的模具，然后用电镀方法沉积铜柱，在铜柱上沉积一层焊料帽。与传统的焊料凸点相比，铜柱凸点在整个互连工艺流程中受热变形较小，高度一致性较好，从而提高了互连的可靠性。同时由于铜柱凸点的节距不会受到焊料熔化塌陷的限制，而由铜柱自身的尺寸决定，因此凸点节距可以做得更小，达到 10μm 以下。此外，铜的导热性较好，在同样尺寸下，铜柱凸点能更快地将热量传递出去，防止局部温度过高导致器件失效。

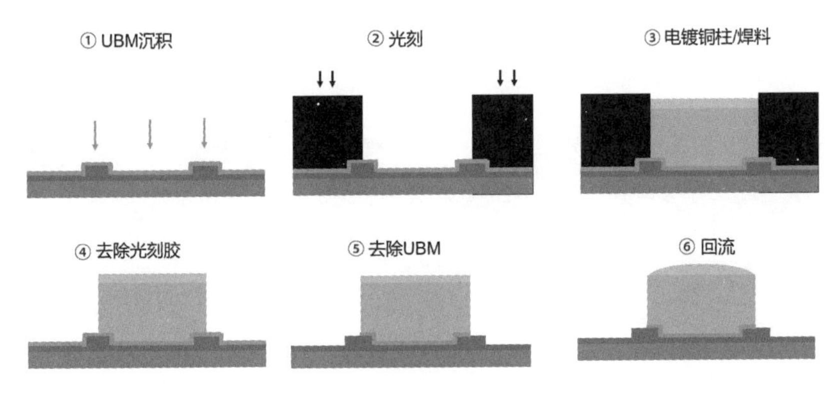

图 7-10　铜柱凸点采用电镀工艺制造的工艺流程

和硅通孔的铜电镀液一样，铜柱凸点的电镀液体系主要包含硫酸铜和甲基磺酸铜两大体系。应用广泛的是硫酸铜体系，其材料价格较低，工艺易控制，同时电镀液本身对杂质不敏感；而甲基磺酸铜体系材料价格较高，但甲基磺酸铜体系中铜离子的含量较高，因此电镀效率会有一定的提高。

铜柱凸点电镀沉积的质量会受到铜盐浓度、添加剂成分、电镀液中的游离酸、电镀温度、阴极电流密度、搅拌状态及程度等的影响，不同于硅通孔电镀液的添加剂，铜柱凸点的添加剂体系主要包含平整剂和光亮剂，一般不需要抑制剂等。在公开发表的工艺文献中使用的添加剂主要有苯并三唑、酪蛋白、二硫化物、二硫苏糖醇、环氧乙烷、明胶、紫胶树脂、聚乙氧基醚、聚乙二醇、聚乙烯亚胺、硫脲等。

在铜柱凸点的电镀工艺中，需要优先考虑的情况是避免在工艺过程中长铜瘤。铜瘤的产生主要与阴极的质量有关，对电镀参数进行优化可以抑制铜瘤的产生。更重要的是需要选择适宜的添加剂，硫脲等添加剂可以获得光滑的电镀铜表面，消除铜瘤。

焊料凸点的电镀成型过程是首先采用电镀方法在焊盘上沉积焊料的各种成分，然后通过回流工艺形成焊料凸点。电镀方法适用于不同成分的焊料凸点成型，其基本工艺流程如图 7-11 所示，首先在芯片及焊盘上沉积凸点下金属层及电镀所需的必要的种子层；然后通过光刻定义凸点所在的位置，通过电镀及回流获得焊料凸点，由于光刻掩模的限制，获得的焊料凸点为蘑菇形（Mushroom）焊料凸点，如图 7-12 所示，回流后可以获得如图 7-13 所示的球冠状焊料凸点。

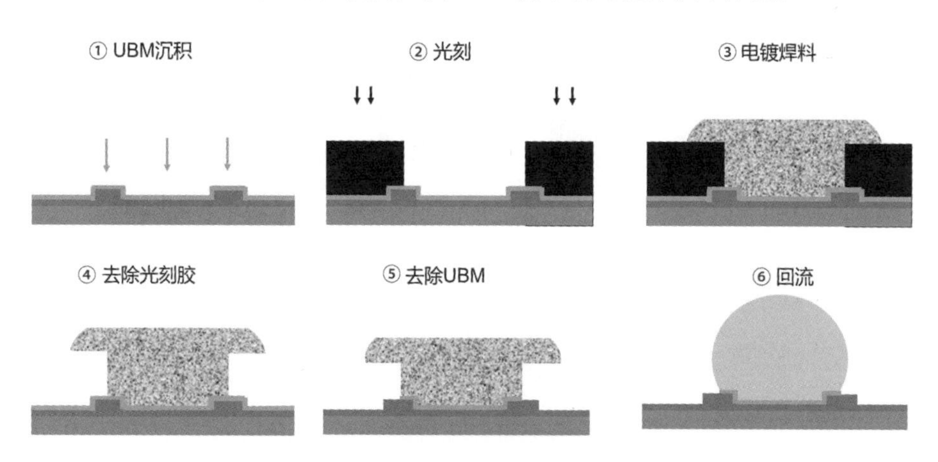

图 7-11　焊料凸点电镀制造基本工艺流程

图 7-12　蘑菇形焊料凸点（回流前）

图 7-13　球冠状焊料凸点（回流后）

传统的焊料是纯锡和铅锡焊料，铅锡焊料材料系统稳定，熔点较低（63Sn37Pb 共晶焊料的熔点为 183℃），具有优良的焊接性能、加工性能和低廉的价格，因此被广泛应用于集成电路封装与组装中。

随着人类社会环保意识的加强，各国对电子产品提出了绿色电子制造和无铅化的要求，推动了无铅焊料的研发和使用，各国研发及使用的无铅焊料主要是锡基焊料，不考虑铅锡焊料，采用电镀方式制造的焊料凸点，一元金属的以纯锡焊料凸点为主；无铅焊料的多元合金凸点材料由于氧化还原电位、热力学及动力学等相关因素的限制较难实现，目前可实现电镀的二元合金焊料体系的无铅焊料主要包括 Sn-Bi、Sn-Cu 和 Sn-Ag 等焊料体系。在无铅电镀制造凸点的过程中，主要采用 Sn-Ag 焊料体系，三元体系主要为 Sn-Ag-Cu 焊料体系。

纯锡电镀的电镀液主要有以下几种酸性溶液体系：氟硼酸、硫酸、苯酚磺酸（PSA）、盐酸及甲基磺酸等。

氟硼酸体系是早期的电镀锡的溶液体系，通常用于快速镀锡，其优点在于能在高电流密度下操作、具有高深镀能力和在阳极和阴极上具有高电流效率，缺点是该体系是所有酸性镀锡液中腐蚀性最强的体系，存在对环境的污染问题，而且电镀废液的处理成本较高。

硫酸体系的最大优点是较低的成本和相对较高的深镀能力，缺点是高电流密度下的阳极钝化、锡氧化（$Sn^{2+} \rightarrow Sn^{4+}$）及对电镀设备的腐蚀。

PSA 体系和盐酸体系都可以在高电流密度下进行电镀工艺，但是 PSA 在电镀过程中释放的苯基具有毒性；而盐酸体系在电镀过程中会形成泥渣，超过 20wt% 的锡会沉淀进入泥渣。

相对于其他的酸性电镀液体系，由于镀锡的甲基磺酸电镀液可以在较宽的 pH 范围内保持稳定，而且可在宽电流密度范围内应用，可满足集成电路中多样的深镀和覆盖能力的要求，因此在集成电路相关行业中，以甲基磺酸为代表的有机磺酸盐体系成为最常用的焊料电镀液体系。

纯锡电镀液中的添加剂主要包括表面活化剂、晶粒细化剂和抗氧化剂等。在锡的电镀过程中，由于电镀液不断且大量地暴露在空气中，溶液中 Sn^{2+}氧化转化为 Sn^{4+}的现象很严重，因此需要在电镀液中添加抗氧化剂。

抗氧化剂对 Sn^{4+}形成的抑制机制包括：

（1）形成稳定的 Sn^{2+}络合物添加剂。

（2）在电镀液中，抗氧化剂的存在降低了氧的可溶性。

（3）抗氧化剂的存在“阻碍”了溶液中的可溶性氧，降低了氧化速率。

在甲基磺酸体系的电镀液中，对苯二酚及其衍生物是最常用的抗氧化剂，但由于此类化合物的活性会对镀层性能产生有害影响，因此需要严格控制添加剂中抗氧化剂的浓度。

另外，在锡电镀过程中会产生内应力，镀层会产生如图 7-14 所示的锡须（Tin Whisker）等缺陷。

锡须形成的根本原因是电镀过程中产生的或外部机械压力等引起的镀层的内应力，在相关的影响因素中，电镀沉积的锡层的晶粒结构和有机杂质等因素对镀层应力分布状态影响较大，这两个因素均与电镀液材料本身和电镀参数密切相关。文献研究表明，电镀液添加剂中的有机成分可能会增加镀层的内应力，进而促进锡须的生长，因此，通过对电镀液材料的优化和电镀参数的控制可以在一定程度上抑制锡须的生长。

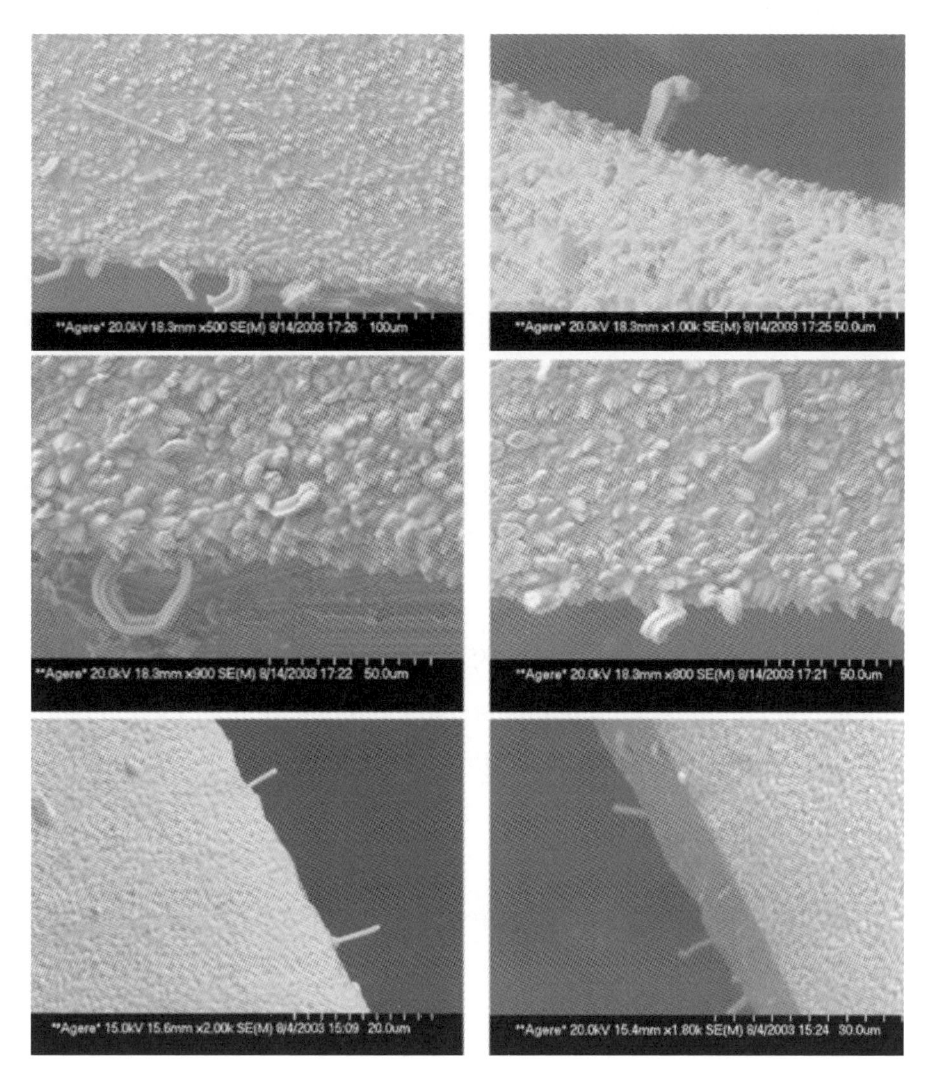

图 7-14　锡须

二元乃至三元、四元体系的焊料的电镀属于合金电镀，要求两个或两个以上的金属元素实现共沉积，因此这些元素的金属离子必须都存在于电镀液中，而且各自的析出电位必须相近或相等。另外，合金电镀的相结构可能与平衡相图得到的情况相同，也可能不同。

表 7-5 给出了金属在酸性溶液中的标准电位，与其他金属相比，Pb 与 Sn 的氧化还原电位非常接近，可以进行有效共沉积。

表 7-5　金属在酸性溶液中的标准电位

半　反　应	E_0/V	半　反　应	E_0/V
$In^{3+}+3e \rightarrow In$	−0.338	$SbO^{+}+2H^{+}+e \rightarrow Sb+H_2O$	0.204
$Sn^{2+}+2e \rightarrow Sn$	−0.137	$Bi^{3+}+3e \rightarrow Bi$	0.317
$Pb^{2+}+2e \rightarrow Pb$	−0.125	$Cu^{2+}+2e \rightarrow Cu$	0.340
$Sn^{4+}+2e \rightarrow Sn^{2+}$	0.150	$Ag^{+}+e \rightarrow Ag$	0.799

只有在金属的析出电位相近或相等的条件下，才能在电镀过程中实现金属的共沉积并形成合金。通常可以通过以下方式减小金属间的析出电位差，实现不同金属的共沉积。

（1）调整金属成分的相对浓度，如限制电位较正的金属的浓度，以便在其完全消耗前析出电位较负的金属。

（2）引入络合剂。

（3）添加有机添加剂来延缓电位较正金属的电沉积。

目前较成熟的凸点的二元无铅焊料体系主要是 Sn-Ag 焊料体系，因为相对于 Sn 来说，Ag 是一种电位较正的金属，所以可实现的方法是一方面限制溶液中 Ag^+ 的浓度，另一方面采用络合剂使 Ag 的还原电位接近 Sn。Ag 易与某些阴离子（如 CN^-、SCN^-、$S_2O_3^{2-}$、$S_2O_8^{2-}$等）形成络合物。

但是，在电镀时电镀液中的各种金属离子的损耗速率各不相同，为使沉积条件得到控制，金属离子的补充必须以与给定合金的析出速率的比率成比例的方式来进行从而保证电镀液中金属离子浓度不变，但溶液中金属离子损耗的实时监测是一个难点。

表 7-6 所示为日本石原药品株式会社（Ishihara Chemical）的 Sn-Ag 电镀液的成分，阳极材料为不溶性的表面镀铂的钛电极。表 7-7 所示为美国 LeaRonal 公司的 Sn-Ag 电镀液的成分和电镀参数。表 7-8 所示为中国台湾交通大学的 Sn-Ag 电镀液的成分和电镀参数。

表 7-6　Ishihara Chemical 的 Sn-Ag 电镀液的成分

成　　分	单　　位	优 化 成 分	控 制 范 围
Sn（II）	g/L	49.5	40～55
Ag（I）	g/L	0.6	0.48～0.72

续表

成　　分	单　　位	优 化 成 分	控 制 范 围
自由酸	g/L	120	100～200
UTB TS-40 AD	mL/L	40	30～55
UTB TS-SLG	g/L	172	140～210

表 7-7　LeaRonal 公司的 Sn-Ag 电镀液的成分和电镀参数

成分/电镀参数	控 制 范 围
Sn	40g/L
Ag	7g/L
电镀液	专营
添加剂	20mL/L
pH	7～8
温度	45℃

表 7-8　中国台湾交通大学的 Sn-Ag 电镀液的成分和电镀参数

成分/电镀参数	控 制 范 围
$K_4P_2O_7$	337g/L
KI	333g/L
$Sn_2P_2O_7$	100g/L
AgI	0.4g/L
HCHO	4.8mL/L
PEG600	1.2mL/L
温度	室温

Sn-Ag-Cu 三元合金体系的焊料的电镀可以通过相同的方法实现。

英国拉夫堡大学（Loughborough University）的 Yin Qin 等人采用了如表 7-9 所示的电镀液进行 Sn-Ag-Cu 合金电镀。$Sn_2P_2O_7$、AgI 和 $Cu_2P_2O_7$ 分别在溶液中提供 Sn^{2+}、Ag^{+}和 Cu^{2+}。为了减小 Sn、Ag、Cu 三种金属间的析出电位差，加入 $K_4P_2O_7$ 作为 Sn 的络合剂，加入 KI 作为 Ag 的络合剂。

表 7-9　拉夫堡大学的 Sn-Ag-Cu 电镀液的成分和电镀参数

成分/电镀参数	控 制 范 围
$K_4P_2O_7$	2mol/L
KI	1mol/L

续表

成分/电镀参数	控 制 范 围
$Sn_2P_2O_7$	0.25mol/L
AgI	0.008mol/L
$Cu_2P_2O_7$	0.002mol/L
添加剂	0.001～0.02mol/L
温度	室温

中国科学院深圳先进技术研究所的孙蓉等人采用的电镀液成分为[$Sn(CH_3SO_3)_2$, 0.15mol/L]、[AgI, 5.0mmol/L]、[$K_4P_2O_7$, 4.0mmol/L]、[$Cu(CH_3SO_3)_2$, 1.0mmol/L]、[KI, 1.0mol/L]、[TEA, 0.2mol/L]、[对苯二酚, 4g/L]、[肉桂醛, 4.0mmol/L]等。

除了共沉积，合金电沉积的另外一种途径是双层或多层结构的镀层之间的扩散。在这种场合下使用两种不同的电镀液或在同一电镀液中使析出电位进行周期性的变化以便交替电镀出不同金属材料的镀层，在电镀结构完成后再进行热处理，各镀层之间相互扩散直至形成合金镀层。例如，东芝公司的 Hirokazu Ezawa 等人开发了分层电镀的方法，如图 7-15 所示，Ag 和 Sn 分两次电镀获得，厚度按照最后成分的比例计算获得，在电镀完成后去除光刻胶和种子层，回流得到相应成分的 Sn-Ag 焊料凸点。

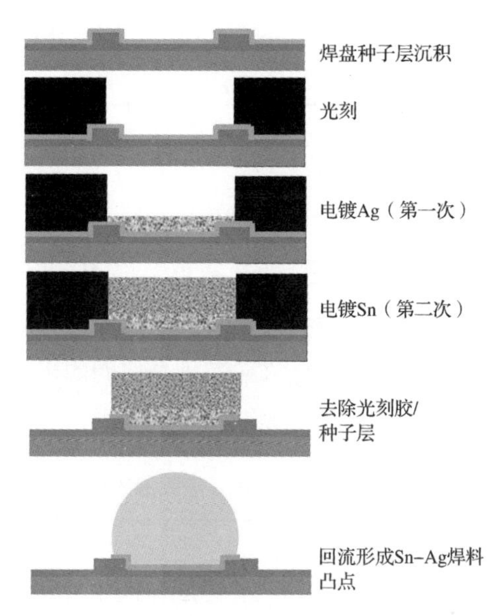

图 7-15　分层电镀获得 Sn-Ag 焊料凸点的工艺流程

7.2.3　新技术与材料发展

电镀方法制造焊料凸点的主要方向是实现无铅多元合金的电镀凸点，包括 Sn-Bi、Sn-Cu、Sn-Ag 等二元合金及 Sn-Ag-Cu 等三元合金甚至更多元的焊料合金凸点，二元体系的合金共沉积较容易实现，当涉及三元或四元合金时，由于需要考虑每种金属的相对氧化还原电位而调整浓度或添加有机添加剂，电镀共沉积的情况会更加复杂，因此无铅合金电镀的相关研究进展比较缓慢。

面向窄节距倒装互连的凸点材料，采用电镀方法制造的铜柱凸点将是集成电路封装市场目前和未来一段时间的主流。

7.3 电镀阳极材料

在电镀工艺中，阴极是待镀的元器件或晶圆，阳极是镀层金属或其他不溶性的金属材料。电镀工艺是制造成本相对较低的金属薄膜层制造工艺，电镀的阳极材料属于附加利润较低的封装材料。

7.3.1　电镀阳极材料在先进封装中的应用

阳极材料是电镀工艺制造金属薄膜层重要的金属原材料。

在集成电路先进封装中，电镀工艺通常包括两个部分的内容：面向基于三维集成的硅通孔、玻璃通孔等的孔内填充电镀及面向凸点互连的制造凸点的电镀。

7.3.2　电镀阳极材料类别和材料特性

阳极材料按照镀层金属分类如下。

硅通孔镀铜和铜柱凸点的制造需要铜作为阳极；焊料电镀需要锡作为阳极，焊料合金电镀需要焊料合金作为阳极。

对于和镀层金属一样的可溶性阳极，阳极中除主体镀层金属外，还不可避免地含有少量或微量的其他金属或元素杂质，这些杂质以单质、合金或化合物的形态存在于阳极中，当阳极发生极化时，这些杂质由于下述原因成为阳极泥。

（1）杂质的平衡电位正于阳极电位，因此不能离子化溶入电镀液中。

（2）虽然某些元素能以离子化的状态溶入电镀液中，但它们会立即与电镀液形成不溶的盐而从电镀液中析出。

（3）部分元素在电镀过程中氧化形成不溶的化合物或单质。

阳极泥以分散状的细粒粉末状态存在，可能黏附在阳极表面上，可能借重力作用沉淀于电镀槽底部，或者悬浮于电镀液中。为使电镀过程正常进行，一般需要定期从阳极上刷洗下黏附的阳极泥，从槽底掏出沉淀的阳极泥和将电镀液过滤分离出悬浮的阳极泥。

轧制铜、铸造铜棒及电解铜板（片）均可作为电镀铜的阳极，这些铜材料中通常存在微量的银、硫、铅、锡、镍和其他元素的杂质，而高纯无氧铜一般杂质较少，因此产业界通常采用各种型号的高纯无氧铜作为阳极。为尽可能地减少阳极泥的产生，在电镀铜的实际应用中，一般采用含磷 0.1%～0.3%（质量百分比）的磷铜作为阳极。磷铜作为阳极，表面容易生成一层褐色的膜。这是包含 Cu^+、Cl 和 P 的多孔膜，一般称为磷铜阳极膜。磷铜阳极膜的存在可以加快 Cu^+的氧化，减少 Cu_2O 的产生，保证阳极的正常溶解。同时，磷铜阳极膜可以在一定程度上阻止铜阳极在电镀液中的快速溶解。在酸性电镀液中，一般采用聚丙烯（PP）材料制造的阳极袋装磷铜阳极，从而阻止阳极泥进入并污染电镀液。

在焊料凸点中，锡的电镀可采用可溶性或不溶性的阳极，可溶性阳极是指和镀层金属一样的锡阳极，通常在酸性电镀液中使用；不溶性阳极一般在碱性电镀液中使用，锡的电沉积可以采用不同类型的不溶性阳极。在集成电路相关行业中，以甲基磺酸为代表的环烃磺酸体系是最常用的焊料电镀液体系，通常采用可溶的高纯锡材料作为阳极，主成分 Sn 的含量为 97.50～99.99%。

合金电镀要求两种或两种以上的金属元素实现共沉积，在电镀过程中，由于不同金属在阴极的析出速率不同，因此两种或多种金属离子在溶液中的损耗是不同的。为使沉积条件得到控制，金属离子的补充必须以与给定合金析出速率的比率成比例的方式来进行，从而保证电镀液中金属离子浓度不变，这对合金电镀的阳极材料要求更高。在实际生产中，更多采用不溶性阳极，如表面镀 Pt 的 Ti 靶作为 Sn-Ag 电镀的阳极。由于在合金电镀中多种金属离子的浓度差异太大，因此有时候会采用其中浓度最高的金属材料作为阳极材料，如纯锡作为 Sn-3.5Ag 和 Sn-Ag-Cu（成分比例为 96.4:3.0:0.6）电镀的阳极材料。

参考文献

[1] 旋莱辛格，庞诺威奇. 现代电镀（原著第四版）[M]. 范宏义，译. 北京：化学工业出版社，2006.

[2] RAGHUNANDAN C，GANESH H，JEFF L，et al. Assembly challenges in developing 3D IC package with ultra high yield and high reliability[C]//ECTC 2015：1447-1451.

[3] 魏红军，师开鹏. 基于多种添加剂的 TSV 镀铜工艺研究[J]. 电子工艺技术，2014，35（4）：239-242.

[4] JANG S Y，WOLF J，EHRMANN O，et al. Pb-Free Sn/3.5Ag Electroplating Bumping Process and Under Bump Metallization（UBM）[J]. IEEE Transactions on Electronics Packaging Manufacturing，VOL. 25，NO. 3，JULY 2002：193-202.

[5] 马丽. 硅通孔（TSV）镀铜填充技术研究[D]. 上海：上海交通大学，2016.

[6] 季春花，凌惠琴，曹海勇，等. TSV 铜互连甲基磺酸铜电镀液中 Cl^-的作用[C]// 2011 年全国电子电镀及表面处理学术交流会论文集，2011：195-199.

[7] 童志义. 3D IC 集成与硅通孔（TSV）互连[J]. 电子工艺专用设备，2009，3：27-34.

[8] HSIUNG C K，CHANG C A，TZENG Z H，et al. Study on Sn-2.3Ag Electroplated Solder Bump Properties Fabricated by Different Plating and Reflow Conditions[C]. EPTC，2007：719-724.

[9] SWINNEN B，BEYNE E. Introduction to IMEC`s Research programs on 3D-technology[Z]. 2007.

[10] 郑宗林，吴懿平，吴丰顺，等. 电镀方法制造锡铅焊料凸点[J]. 华中科技大学学报（自然科学版），2004，32（9）：59-62.

[11] 罗驰，练东. 电镀技术在凸点制备工艺中的应用[J]. 微电子学，2006，36（4）：467-472.

[12] JOHN W，RICHARD L，BRIAN T，et al. Sn Whiskers：Material，Design，Processing，and Post-Plate Reflow Effects and Development of an Overall Phenomenological Theory[J]. IEEE Transactions on Electronics Packaging Manufacturing，VOL. 28，NO. 1，JANUARY 2005：36-62.

[13] 田民波.电子封装工程[M]. 北京：清华大学出版社，2003.

[14] 王阳元. 集成电路产业全书（全三册）[M]. 北京：电子工业出版社，2018.

[15] EZAWA H，MIYATA M，HONMA S，et al. Eutectic Sn-Ag Solder Bump Process for ULSI Flip Chip Technology[C]//50' ECTC Symp，2000：1095-1100.

[16] EZAWA H，MIYATA M，INOUE H. Eutectic Solder Bump Process for ULSI Flip Chip Technology[C]// Proc IEEWCPMT Int Electron Manuf. Technol. Symp. VOL.2lst，1997：293-298.

[17] XIE J Q，ZHONG Z，ZHANG K，et al. Electroplating fabrication and characterization of Sn-Ag-Cu eutectic solder films[C]// 2016 17th International Conference on Electronic Packaging Technology（ICEPT），2016：318-321.

[18] HSIUNG C K，CHANG C A，TZENG Z H，et al. Study on Sn-2.3Ag Electroplated Solder Bump Properties Fabricated by Different Plating and Reflow Conditions[C]//EPTC，2007：719-724.

[19] HUANG K C，CHEN J Y，TSAI H C，et al. Electroplating of Sn-2.5Ag solders as 20 μm pitch micro-bumps[C]// 2010 5th International Microsystems Packaging Assembly and Circuits Technology Conference，2010.

[20] SCHETTY R. Pb-free external lead finishes for electronic components：Tin-bismuth and tin-silver[C]//2nd 1998 IEMT/IMC Symposium（IEEE Cat. No.98EX225），1998：380-385.

[21] QIN Y，LIU C Q，WILCOX G D，et al. Near-eutectic Sn-Ag-Cu solder bumps formation for flip-chip interconnection by electrodeposition[C]//2010 Proceedings 60th Electronic Components and Technology Conference（ECTC），2010：144-150.

[22] XIE J Q，ZHONG Z，ZHANG K，et al. Electroplating fabrication and characterization of Sn-Ag-Cu eutectic solder films[C]//2016 17th International Conference on Electronic Packaging Technology（ICEPT），2016：318-321.

[23] SUHAS M，EMRE S. Power Distribution in TSV-Based 3-D Processor-Memory Stacks[J]. IEEE Journal on emerging and selected topics in circuits and systems，VOL. 2，NO. 4，December 2012：692-703.

[24] CHEN Y，SU W，ZHANG P，et al. Failure Analysis Examination of the Effect of Thermal Cycling on Copper-filled TSV Interposer Reliability[C]//2018 19th International Conference on Electronic Packaging Technology（ICEPT），2018：148-151.

第8章 靶 材

物理气相沉积（Physical Vapor Deposition，PVD）是一种薄膜制造技术，是指在真空条件下，采用物理方法使原材料（固体或液体）表面逸出分子或离子或汽化为气态原子、分子或部分电离成离子，并通过低压气体（或高能束流）在待沉积样品表面沉积具有某种成分的薄膜的技术。在物理气相沉积过程中，只有物质相的变化而没有化学反应过程，物理气相沉积技术一般包括真空蒸发、溅射、离子镀等多种工艺方法。溅射示意图如图 8-1 所示。

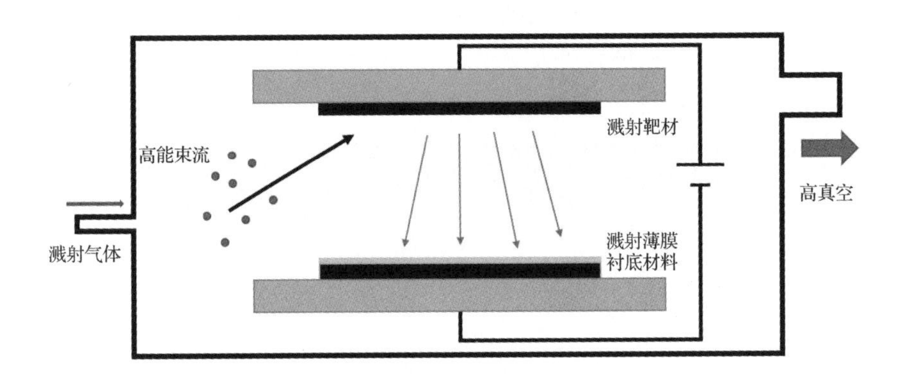

图 8-1　溅射示意图

溅射（Sputtering）是物理气相沉积薄膜制造技术的一种，它利用离子源产生的离子［溅射用的轰击粒子（离子）通常是带有正电荷的惰性气体离子，在实际应用过程中多采用氩离子］，在高真空中经过加速聚焦等过程，形成具有高速度的离子束流，高速离子束流轰击固体表面，离子和固体表面原子碰撞并发生能量和动量的转移，固体表面的原子从固体材料中逸出并沉积在衬底材料的表面。在工艺过程中，被轰击的固体即溅射工艺在待溅射晶圆上沉积各种金属薄膜的原材料，也就是靶材料，称为溅射靶材。

在集成电路制造工艺中，溅射工艺和电镀工艺均适用于金属薄膜的制造，溅射工艺制造的金属薄膜密度高、纯度高，而且厚度的一致性好，但成本高、沉积效率低，因此一般用于厚度在亚微米级以下的薄膜的制造。

溅射工艺具有衬底材料温度低（残余应力低）、薄膜纯度高、薄膜组织结构致密、薄膜与衬底材料结合强度高、薄膜重复性和厚度一致性好及成膜效率高（面积大）等优点，是集成电路制造工艺过程中制造薄膜材料的主要技术之一。

溅射靶材的靶坯和背板如图 8-2 所示。从结构构成上区分，溅射靶材主要由靶坯、背板等组成，靶坯是指高速离子束流轰击的目标材料，属于溅射靶材的核心成分。在溅射镀膜过程中，靶坯被高速离子束流轰击后，其表面原子被轰击飞散出来并在衬底材料上沉积形成薄膜。溅射靶材需要固定安装在专用的溅射设备内完成溅射的工艺过程。溅射设备工作环境一般为高电压、高真空，为防止装配过程中对靶坯的机械破坏和污染，同时为了更换靶材的方便，靶坯通常需要整体焊接在背板上。背板的主要作用是固定和保护靶坯，同时不给靶坯造成污染，因此背板需要具备良好的机械强度及导电、导热性及高温稳定性，背板材料通常采用铜、钛这样的金属材料。

图 8-2　溅射靶材的靶坯和背板

8.1　溅射靶材在先进封装中的应用

在倒装封装中，互连凸点的凸点下金属层及互连金属（Al、Cu 等）、用于圆片级封装的再布线层的布线层（Cu）下的金属层结构和硅通孔及凸点电镀的种子层等金属薄膜都需要采用溅射工艺来制造，溅射靶材是集成电路先进封装中非常重要的金属薄膜的原材料。随着先进封装技术的发展，在 2.5D/3D 硅通孔、WLCSP、SiP 等新型封装技术及微机电系统封装技术等工艺过程中，对上述薄膜材料的需求将会越来越大。

目前溅射靶材的主要供应商包括比利时的优美科集团（Umicore）、E-Chem、Materion、日本的东曹株式会社（TOSOH），以及中国的有研亿金新材料股份有限公司（Grikin）、宁波江丰电子材料股份有限公司（KFMI）等。

8.2　溅射靶材类别和材料特性

凸点下金属层是凸点金属和芯片焊盘之间的连接层，从功能上考虑，至少需要包括黏附层（Adhesion Layer）、扩散阻挡层（Barrier Layer）、浸润层（Wetting Layer）和抗氧化层（Oxidation Resistance Layer）等四层结构，图 8-3 所示为凸点下金属层的典型结构示意图。

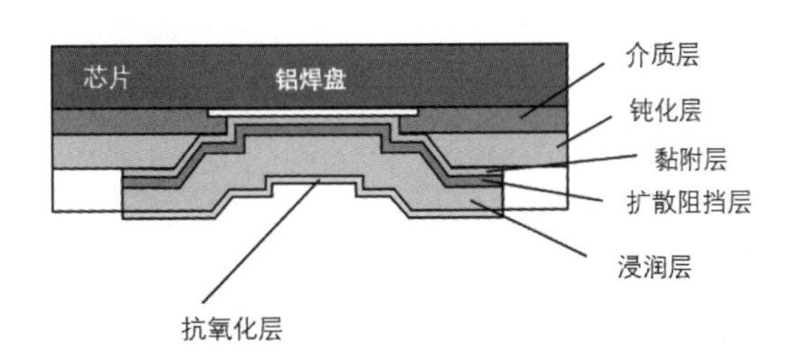

图 8-3　凸点下金属层的典型结构示意图

黏附层要求与铝焊盘及钝化层（一般为 PI）间具有较好的黏附性，与铝焊盘间接触电阻小，同时满足热膨胀系数接近铝。常用的作为黏附层的金属材料有 Cr、Ti、TiW（N）、V 等。

扩散阻挡层要求能有效阻止凸点材料与铝焊盘、硅衬底材料等之间的相互扩散，避免凸点材料进入铝焊盘，形成不利的金属间化合物。常用的作为扩散阻挡层的金属材料有 Ti、TiW（N）、Ni、Cu、Pd、Pt 等。

浸润层要求能和凸点材料良好浸润，同时能作为凸点电镀的种子层，在键合或焊接时不会与凸点材料形成不利的金属间化合物。常用的作为浸润层的金属材料一般选用 Au、Ni 或 Cu。

抗氧化层是凸点下金属层最外层的一层很薄的金属层，用来保护黏附层、扩散阻挡层及浸润层的金属不被氧化和污染，一般选用 Au。

硅通孔种子层的材料一般需要和电镀层的材料一致，选用 Cu；由于铜和 SiO_2 间的黏附强度较差，因此在制造种子层前一般需要先沉积一层黏附/扩散阻挡层，以防止 Cu 扩散、增加种子层与衬底的黏附力和提高深孔的台阶覆盖效果。黏附/扩散阻挡层一般选用 Ti、TiW、Ta、TiN、TaN 等材料。

再布线层的布线层下的金属层结构和凸点下金属层的结构要求基本相同，至少要求具备黏附层和扩散阻挡层的功能。

应对各种应用对金属层的不同需求，表 8-1 列出了集成电路先进封装中常用的溅射靶材。

表 8-1　集成电路先进封装中常用的溅射靶材

材　　料	纯　　度	应　　用
Al、AlSi、AlCu、AlSiCu	5N5	UBM、RDL
Ti	4N5	UBM、RDL、TSV
NiCr、NiV	4N、4N5	UBM
TiW	4N5	UBM、TSV
Ag	4N	UBM
CuP	4N	UBM
Sn	4N	Bumping
In	4N	Bumping
Ni	4N	UBM

应用于集成电路工艺中的溅射靶材的质量直接决定集成电路元器件中金属薄膜的质量，其要求比传统材料更高，为了保障溅射得到的金属薄膜的质量，对溅射靶材的基本要求包括高纯度、低杂质含量（尤其是 N、O、C、S 等对集成电路

元器件有害的杂质）、高密度（致密度）、高成分与组织的均匀性、低缺陷性、高平整性及合适的靶材尺寸等。

溅射靶材本身的纯度越高，所获得的金属薄膜的质量越高，应用于集成电路相关行业中的溅射靶材，对于纯度的要求至少是 4N（主成分含量在 99.99%以上）；同时，溅射靶材的尺寸越大，所获得的金属薄膜的均一性越好，但相应地，溅射靶材的成本会随之提升。另外，对溅射靶材更进一步的要求包括对表面粗糙度、电阻值、晶粒度与结晶取向、杂质（氧化物）含量与尺寸、磁导率、超高密度与超细晶粒等的控制，这些因素均会对成膜质量产生一定的影响。

此外，在靶材的制造中需要考虑靶材尺寸与主流溅射设备供应商，如应用材料（Applied Materials）、爱发科株式会社（ULVAC）、SPTS Technologies、北方华创科技集团股份有限公司（北方华创）等生产的相关溅射设备的匹配问题。

按靶坯材料生产制造的工艺分，溅射靶材的制造方法主要包括熔融铸造法和粉末冶金法。

熔融铸造法是指首先将需要制造靶材的金属原材料（块状、粉末等）在真空中进行高温熔炼，然后将熔融状态的金属熔液浇注于模具中形成靶材的铸锭，最后进行机械加工并与背板组装制成溅射靶材。熔融铸造法主要工艺流程包括：铸锭成型、热处理、机械加工、与背板组装、质量检测、打包出货，如图 8-4 所示。

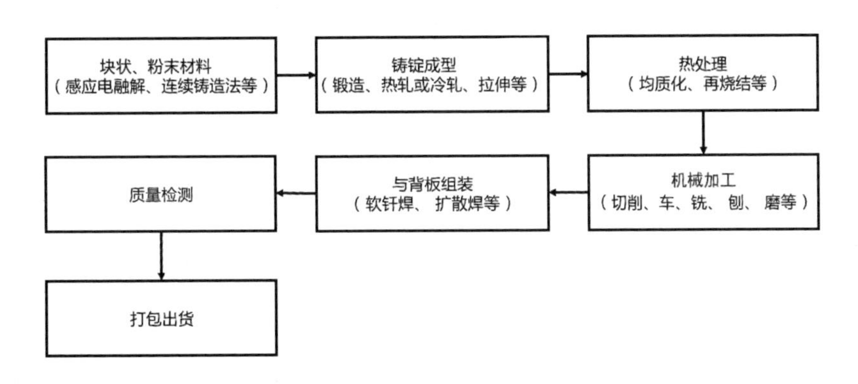

图 8-4　熔融铸造法主要工艺流程

由于采用了高温的真空熔炼工艺，熔融铸造法制造溅射靶材的优点是靶材杂质含量（尤其是气体杂质含量）低、致密度高，因此主要用于制造大尺寸的单质金属靶材。但是对熔点和密度相差较大的多元金属合金、复合金属及高熔点金属材料等，普通熔融铸造法难以获得成分均匀的溅射靶材。

粉末冶金法是制造高熔点金属和多元金属合金、复合金属溅射靶材的重要方法，将一定成分配比的金属粉末作为原材料，经热等静压等方法成型，最后经机械加工并与背板组装制成溅射靶材，其主要工艺流程如图 8-5 所示。粉末冶金法制造溅射靶材的优点是制造的靶材合金成分均匀、靶材原材料利用率高、生产效率高等；缺点是材料密度低、杂质含量较高等。

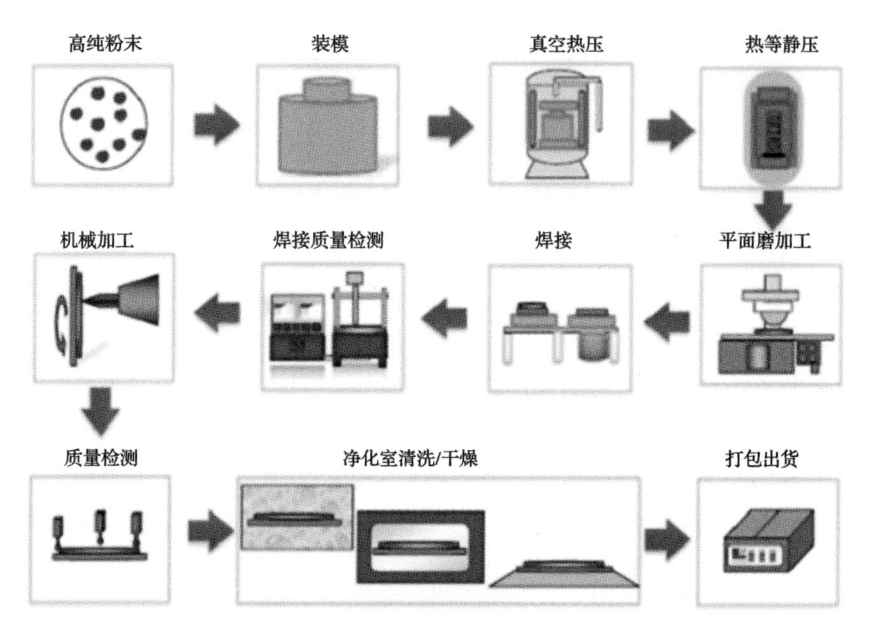

图 8-5　粉末冶金法主要工艺流程

溅射靶材的质量关键在于料的纯度、微观组织控制、靶材的尺寸、靶材与背板的焊接质量、靶材的结构设计等，面向集成电路产业量产需求的大尺寸超高纯金属材料提纯与制造成型能力是获取高质量溅射靶材的核心竞争力。

溅射靶材应用于集成电路先进封装中的凸点下金属层、再布线层和硅通孔等相关金属薄膜的制造时，对溅射靶材的要求具体体现在以下几方面。

（1）薄膜的纯度与成分的均匀性。

（2）薄膜厚度的均匀性。

（3）薄膜内应力的控制。

（4）薄膜材料组织稳定性。

（5）镀膜过程稳定性及可靠性。

同时，薄膜材料制造工艺与整套工艺流程和效率的匹配整合是需要考虑的因素。

8.3　新技术与材料发展

集成电路先进封装对溅射靶材的需求直接取决于集成电路先进封装的技术发展，除特定靶材材料的需求外，主要的发展方向为以下几方面。

1）全面提升薄膜各项性能

在材料性能方面，在靶材材料的纯度、晶粒均匀性和可靠性等方面提出了越来越严格的要求，以保证溅射工艺的高质量、高效率及溅射成膜的高可靠性。

在材料品种方面，除常规的高纯 Al、Ti、Cu、NiV 等材料外，随着集成电路先进封装技术的持续发展，在高纯 Ta、Cr、Mo、Pt 等高熔点材料上陆续提出了相关的应用需求。

2）降低成本

溅射靶材的设计与工艺优化需要与特定的溅射设备协同考虑，进行匹配。

针对平面靶材，需要开展结构设计优化，面向不同的工艺设备及工艺的均匀性要求可以适当调整与优化靶材的尺寸和结构，以提高靶材的利用率，延长靶材寿命。另外，在溅射工艺中可以采用旋转溅射等方式，以大幅度提高靶材利用率。

3）特种封装需求

在微机电系统封装或高可靠性的系统级封装中，多功能集成对于封装气密性、可靠性等存在一些特殊的要求，需要在溅射材料的选取及制造工艺方面进行匹配。

我国是世界薄膜靶材的最大需求地区之一，但目前仍缺少生产靶材的大型专业企业，靶材市场大部分仍被国外公司占据。我国在高纯金属的提纯工艺方面与国外发达国家相比还有较大差距，特别是在高纯 Cu、Al、Ti 方面，靶材技术仍大幅落后于国际大公司。随着国内对 TSV 技术研究力度的不断加大，对 TSV 黏附层/种子层靶材的需求日趋迫切。有研亿金针为北方华创的 Polaris T430 等 TSV 物理气相沉积系统设备研发的 TSV 黏附层/种子层靶材已经面世，并成功在华进半导体、华天科技等企业实现了 TSV 填充。该靶材填补了国内空白，并得到了市场的初步认可，其成功商业化为 TSV 种子层材料技术国产化创造了一个良好的开端。

对应用于 TSV 的种子层及再布线层溅射的高纯铜靶材，其研究方向在朝着大尺寸、长寿命和低功耗的方向发展，重点研究内容包括：

（1）如何通过优化靶材背板的材料和焊接方式来提高大尺寸高纯铜靶材的焊接强度。

（2）如何合理设计靶面结构或靶体的结构来延长靶材的使用寿命。

（3）如何通过磁场的改变和设备的更新来提高高纯铜靶材的使用效率，从而减少清洁真空设备的费用及停机时间。

（4）如何通过热加工和热处理的手段来增加致密度，减少溅射过程中的微粒飞溅。

（5）如何通过塑性变形和热处理的方法来细化晶粒，获得具有择优取向的晶体组织，提高靶材的利用率。

（6）如何通过塑性变形和热处理的方法来减少孪晶对溅射的影响。

（7）如何合理设计靶材的几何形状和尺寸，提高靶材的加工精度，设计喷砂和表面粗糙度等相关技术参数从而提高靶材的溅射质量。

（8）如何改进靶材工艺来提高物理气相沉积台阶覆盖率等。

从事靶材研发与生产的材料供应商需要根据不同应用技术对薄膜的性能要求开发针对 TSV 等先进封装应用的新型溅射靶材，同时应该加强与溅射设备生产企业的合作，保证溅射靶材与溅射设备的兼容性。

参考文献

[1] 田民波. 薄膜技术与薄膜材料[M]. 北京：清华大学出版社，2006.

[2] MICHAEL Q，JULIAN S. 半导体制造技术[M]. 韩郑生，等译. 北京：电子工业出版社，2004.

[3] 王喆垚. 三维集成技术[M]. 北京：清华大学出版社，2014.

[4] 旋莱辛格，庞诺威奇. 现代电镀（原著第四版）[M]. 范宏义，译. 北京：化学工业出版社，2006.

第 9 章

微细连接材料及助焊剂

1985 年 8 月，理查德 • 费曼（Richard Feynman，1965 年的诺贝尔物理学奖获得者）在日本东京的学习院大学（Gakushuin University）进行了题为“未来计算机”的专题演讲，在演讲中他提到，另一种改进算力的方法是使物理设备采用三维结构而不用二维表面结构。这一过程可以分步进行而不必一次性完成，即可以随着时间的推移不断增加芯片的层数。“Another direction of improvement （of computing power） is to make physical machines three dimensional instead of all on a surface of a chip. That can be done in stages instead of all at once – you can have several layers and then add many more layers as time goes on”这段演讲为集成电路的持续前进指明了三维集成的一个发展方向，即芯片的三维堆叠集成。

三维集成是指通过垂直互连的方法将两层或多层的有源器件整合为单一的电路系统。与传统集成相比，三维集成具有更高的集成度和更小的尺寸，并可实现异质集成。三维互连是实现三维集成的关键，通过垂直方向的互连可实现微系统内各模块（处理器、存储器、数字芯片等）之间的信号传输及互连的逐级放大，最终实现与芯片载体（基板）、印制电路板等的连接。

三维互连主要包括片内互连和片间互连。图 9-1 展示了三维互连的片内互连、片间互连及互连节距，不同层级的互连需要的凸点尺寸不同，尺寸可以从数微米到数百微米，互连凸点的材料也不尽相同。例如，英特尔（Intel）的倒装芯片凸点材料与节距随着芯片工艺制程的变化而变化，其 90nm 工艺芯片的凸点节距为 180μm，凸点材料为高铅焊料；65nm 工艺芯片的凸点节距为 175μm，凸点材料为铜柱凸点材料；22nm 工艺芯片的凸点节距为 130μm，凸点材料为铜柱凸点材料。

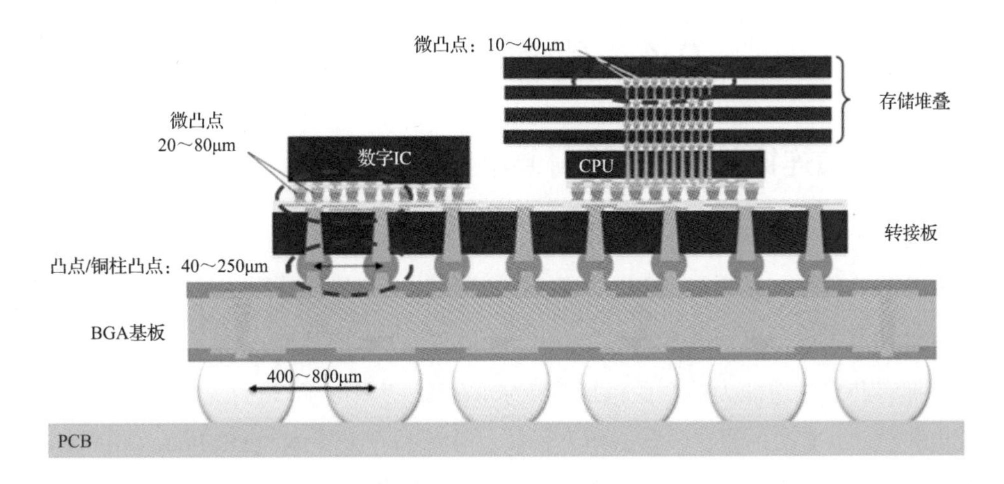

图 9-1　三维互连的片内互连、片间互连及互连节距

在以三维集成为代表的先进封装中，在功能和可靠性不变的要求下，电子元器件的尺寸和体积在不断缩小，相应的以节距（Pitch）为表征的互连尺寸也在不断缩小，异质整合路线图（Heterogeneous Integration Roadmap，HIR）在 2019 年的报告中预测了倒装互连的互连节距发展趋势，如表 9-1 所示。

表 9-1　芯片-封装互连节距路线图

年份/年	2018	2019	2020	2121	2022	2023	2024
倒装阵列-低端与消费类/μm	150	150	130	130	130	130	130
倒装-成本端/μm	110	110	110	100	100	100	90
倒装-高端/μm	110	100	100	90	90	90	90

在三维集成中，芯片与芯片的层间互连、芯片与芯片载体（基板）的互连主要通过凸点或微凸点这样的微细连接材料来实现，由于使用了更短的互连路径，三维集成在功耗、带宽等方面优于传统的基于引线键合互连的封装。

在焊料凸点互连工艺中有可能会用到助焊剂等材料，助焊剂按照焊后是否需要对残留物进行清洗进行划分，可以分为清洗型助焊剂和免清洗型助焊剂两类。

9.1 微细连接材料

9.1.1 微细连接材料在先进封装中的应用

在先进封装中，微细连接材料主要应用于三维集成中芯片与芯片的层间互连、芯片与芯片载体（基板）的互连，倒装芯片封装、芯片堆叠互连及大多数圆片级封装中都会采用凸点实现互连。

拥有凸点制造能力的企业包括英特尔、安靠、三星电子、日月光、矽品（SPIL）、长电科技（JCET）、通富微电、华天科技、苏州晶方半导体、AEMtec、Advanced Plating Technologies on Silicon、村田（Murata）、瑞萨（Renesas）、宏茂微电子等拥有倒装封装技术能力的封装测试企业等。

9.1.2 微细连接材料类别和材料特性

目前通用的凸点按照材料成分来分，主要包括以铜柱凸点（Cu Pillar）、金凸点（Au Bump）、镍凸点（Ni Bump）、铟凸点（In Bump）等为代表的单质金属凸点和以锡基焊料为代表的焊料凸点（Solder Bump）及聚合物凸点等。

实际上，不同层级（芯片—芯片、芯片—芯片载体等）的倒装互连在实际应用中采用的互连节距存在很大的跨度变化范围，不同尺寸的凸点，其制造方法不同，如图 9-2 所示，可满足窄节距互连的凸点制造技术包括蒸发/溅射技术、丝网印刷技术（Screen Printing）、激光植球技术、电镀技术、化学镀技术、钉头凸点技术等。

单质金属凸点按照材料成分主要可分为金凸点和铜柱凸点，在一些特殊的应用场合还有镍凸点、铟凸点等；按照工艺来分，主要包括钉头凸点（Stud Bump）和电镀凸点。金凸点、铜柱凸点可以用电镀方式制造，镍凸点通常用化学镀方式制造，铟凸点通常用电镀或蒸发薄膜的方式制造。化学镀方式制造的镍凸点如图 9-3 所示。

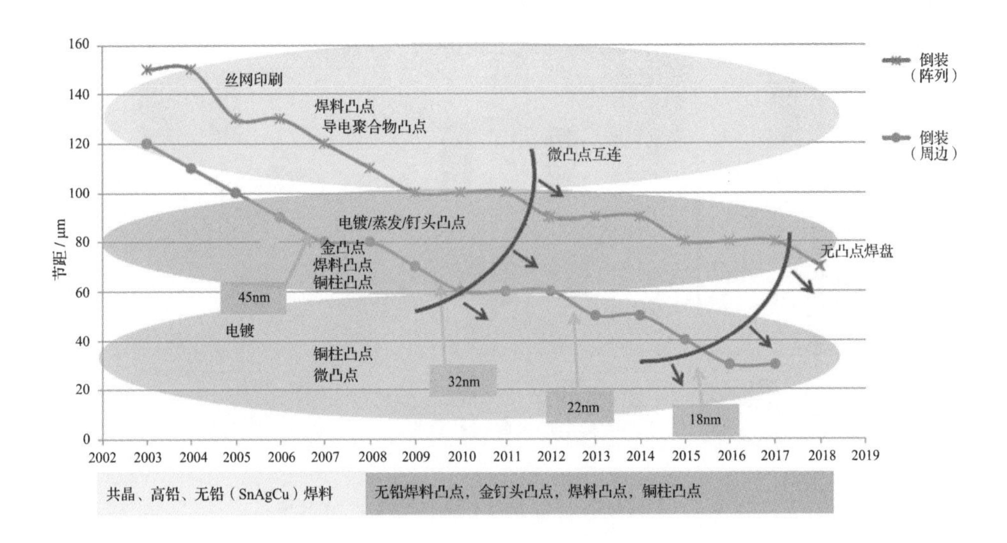

图 9-2　窄节距凸点尺寸与制造技术

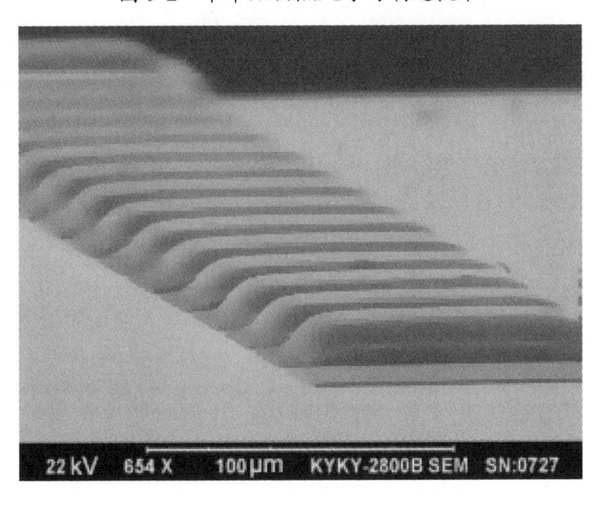

图 9-3　化学镀方式制造的镍凸点

钉头凸点的材料主要包括金和铜，通常使用引线键合设备采用键合引线球焊的方法来制造钉头凸点，如图 9-4 所示，这种方法得到的凸点直径和所用的键合引线的粗细有关，凸点直径一般为键合引线直径的 2～3 倍，目前能达到的最小节距为 40μm 左右。钉头凸点可以直接在铝焊盘上制造，在制造及互连工艺过程中均不需要凸点下金属层，工艺较为简单，但生产效率较低，一般应用于引脚数较少的集成电路封装产品中。

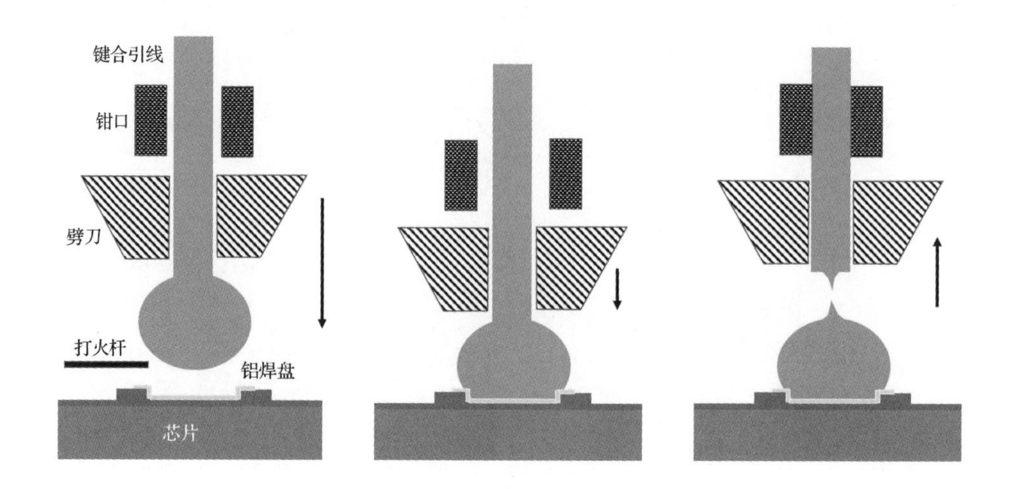

图 9-4　引线键合设备制造钉头凸点工艺流程图

与焊料凸点相比，金和铜的钉头凸点具有以下特点。

（1）钉头凸点的导电性较好，就电阻率而言，常温下铅锡合金的电阻率约为 22μΩ・cm，而金的电阻率为 2.19μΩ・cm，铜的电阻率为 1.72μΩ・cm，相差一个数量级。

（2）钉头凸点互连能够提供一种清洁的、无污染的界面，而传统焊料凸点倒装芯片互连工艺往往要使用助焊剂，这会对界面造成污染，甚至对元器件表面造成腐蚀，从而显著降低了互连接头的性能和可靠性。

（3）钉头凸点结构中不需要凸点下金属层，工艺较为简单。

（4）由于键合互连过程中没有液相存在，在键合时不能实现自对准，因此钉头凸点在封装时对设备的对位精度要求较高。

钉头凸点如图 9-5 所示。

电镀方式制造铜柱凸点是非常热门的一种凸点制造方法，被认为是制造窄节距凸点的主要工艺。其凸点的高度一致性非常好，可靠性高，最小节距可以达到 20μm 以下，成为未来凸点制造的主流方向，相关内容在第 7 章电镀材料已有介绍。

焊料凸点（Solder Ball Bump，SBB）一般为锡基的焊料形成的凸点，材料成分包括纯 Sn 及 Sn-Pb、Sn-Cu、Sn-Ag、Sn-Zn 和 Sn-Bi 等体系的合金。由于组装工艺非常简单，在宽节距的情况下（节距≥100μm），焊料凸点应用最为广泛。

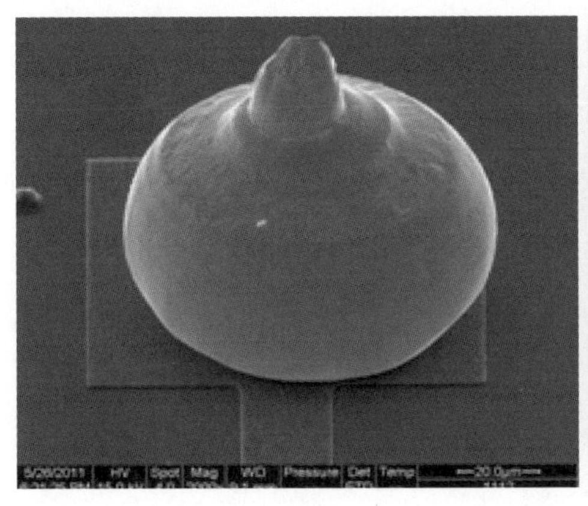

（a）金钉头凸点

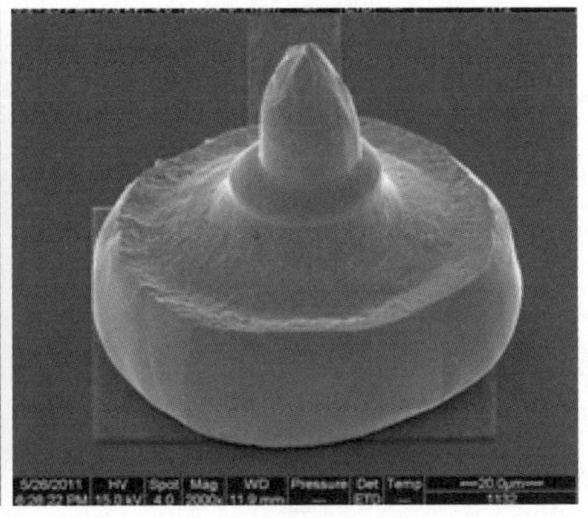

（b）铜钉头凸点

图 9-5　钉头凸点

焊料凸点由于球形焊料的几何尺寸限制及键合互连时的溢出现象，因此其节距向下存在一定的极限值，一般认为焊料凸点的节距只能减小至 100μm 左右，但近年来随着凸点制造技术和键合互连设备等的发展，焊料凸点的节距已可以达到 50μm 甚至更低。

最初的焊料凸点材料为 Pb-Sn 焊料，然而，随着人们环保意识的提高，锡铅合金逐渐被禁止用于民用集成电路封装产业，电子元器件的无铅化成为必然趋势，Sn-Pb 焊料已经逐步淡出集成电路封装产业，越来越多的无铅焊料被人们关注，可能取代 Sn-Pb 焊料的无铅焊料参见第 3 章的表 3-2。在众多无铅焊料中，基于 Sn-Ag-Cu 合金的无铅焊料由于熔点低、润湿性好、成本低等优势被广泛应用于焊料凸点连接。例如，Sn-3.0Ag-0.5Cu（Sn-3.0wt%Ag-0.5wt%Cu，SAC305）在日本电子制造业中被广泛应用，而 Sn-3.9Ag-0.6Cu 较多地应用在北美电子制造业中，中国集成电路封装中使用的无铅焊料主要是 SAC305。

与传统的 Sn-Pb 焊料相比，无铅焊料在铺展能力和润湿性方面存在较大的差距，同时无铅焊料的熔点较高，润湿性较差，在键合互连过程中因工艺温度过高容易引起焊料的氧化，因此人们研制了与无铅焊料配套使用的助焊剂来解决这一问题。随着倒装互连和表面贴装（Surface Mount Technology，SMT）技术的不断发展，助焊剂作为微凸点和凸点互连的辅助材料，需求量不断增加。

焊料凸点和助焊剂被广泛应用于集成电路封装行业中的微细互连，是比较成熟的材料，目前仍占据大部分消费类电子产品的市场份额，在家用电子产品、专业声像设备和低成本办公设备等终端产品的非高密度的元器件中有着广泛的应用。

目前，焊料凸点在集成电路封装领域的应用中尤其是倒装封装中占据大部分的市场份额，随着集成电路封装设备的小型化、高功能密度化和窄节距化，由于焊料凸点在节距上存在一定的极限值，因此窄节距单质金属凸点的制造成为研究的热点。焊料凸点到窄节距凸点的变化如图 9-6 所示。

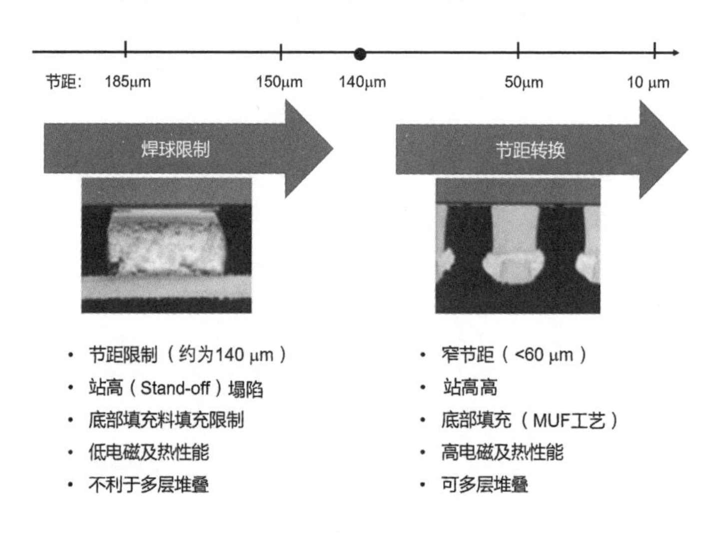

图 9-6　焊料凸点到窄节距凸点的变化

焊料凸点的制造有许多不同的方法，目前较常用的制造方法有电镀法、蒸发法、丝网印刷法及激光植球法等。

德国 Pactech 公司开发了激光植球（Solder Ball Placement and Laser Reflow Bumping, SBB）法，其原理如图 9-7 所示，利用激光辅助焊球凸点直接在氮气气氛下回流并固定于焊盘上，该方法适用于晶圆或芯片焊盘上的焊料凸点的制造，灵活性强，焊料凸点直径为 30～40μm。

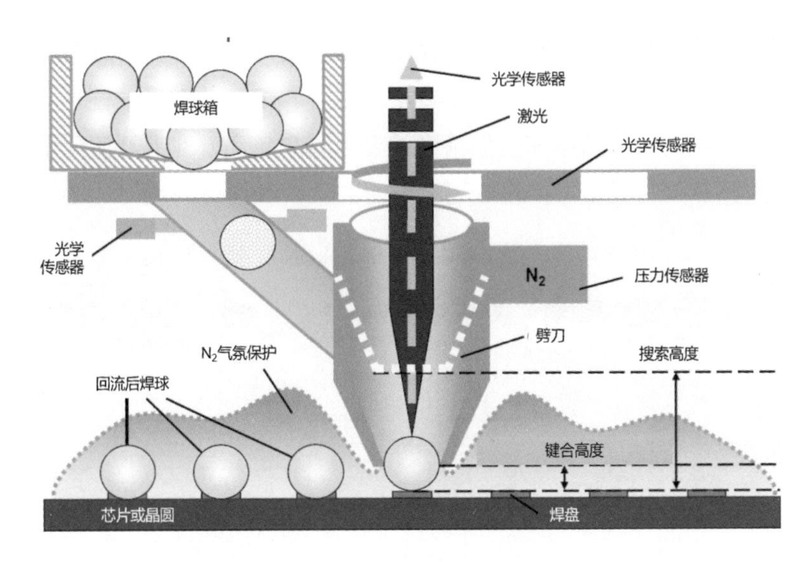

图 9-7 Pactech 公司的激光植球法原理

聚合物凸点（Polymer Bump）技术采用导电聚合物制造凸点，其互连工艺温度较低，通常在 140～170℃之间，远远低于焊料凸点的工艺温度。由于工艺原因，聚合物凸点的高度一致性好，可靠性高，设备和工艺相对简单。但是聚合物凸点没有焊料凸点的自对准性能，在进行互连工艺前必须首先进行高精度对准。

聚合物凸点技术主要用于柔性器件的封装中，如在液晶显示中玻璃上芯片（Chip On Glass，COG）的封装，同时由于高度一致性和材料生物兼容性，聚合物凸点技术在生物微机电系统器件中有着广阔的应用前景。

聚合物凸点阵列（Polymer Stud Grid Array，PSGA）是由西门子与比利时微电子研究中心联合开发的一种凸点制造技术。这一技术最初是针对非导电胶技术中存在的一些弊端而开发的。在采用非导电胶进行的互连中，微细导电颗粒的不一致性会导致 I/O 连接可靠性降低。而聚合物凸点最大的特点是其凸点尺寸上的高度均一性，因此，这种技术在柔性器件封装方面取得了一定的发展。

典型的聚合物凸点制造工艺流程如图 9-8 所示，首先在芯片上通过光刻制造聚合物凸点的聚酰亚胺核（Polyimide Core），然后在表面沉积金属层实现表面金属化，最后采用光刻结合刻蚀技术的方法对表面金属层进行图形化以获得聚合物凸点。

在聚合物凸点制造过程中，聚合物及金属层的刻蚀图形化十分关键。一般刻蚀方法有干法刻蚀、湿法刻蚀和光刻成型技术等。随着凸点尺寸逐步向小型化方向发展，对凸点的尺寸精度和定位精度的要求越来越高，业界开始采用激光来刻蚀制造成型凸点阵列模具，以获取更窄节距的聚合物凸点阵列。

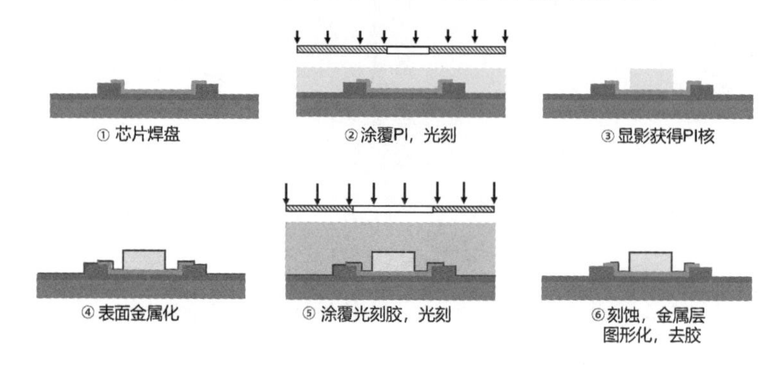

图 9-8　典型的聚合物凸点制造工艺流程

和传统的焊料凸点相比，聚合物凸点具有以下优点。

（1）聚合物凸点互连工艺温度较低，通常在 140～170℃之间，远远低于焊料凸点的工艺温度，这将大大节约电子元器件的生产成本。

（2）凸点高度一致性好、有弹性，在互连过程中，虽然凸点材料与基板材料的热膨胀系数不匹配，但不会产生过大的形变，因此，聚合物凸点的机械和环境可靠性较好。

（3）环境友好，聚合物凸点在加工过程中基本不产生对环境有害的物质。

聚合物凸点的不足之处在于：

（1）当温度和湿度上升时，聚合物凸点的接触电阻稳定性变差，进而影响电互连的可靠性。

（2）聚合物凸点的电阻和热阻均比焊料凸点高，电阻过高会使得电学性能恶化，造成信号延迟和损耗。同时过高的热阻可能造成局部过热，影响互连的热可靠性。

（3）聚合物凸点没有自对准（Self-alignment）性能，在互连过程中需要进行高精度对准。

典型的聚合物凸点截面结构如图 9-9 所示。树脂芯凸点呈半球形，在其表面有一层金属层，这层金属层很薄，一般在 1μm 左右甚至更小，用于增强凸点互连的力学性能和电学性能。

聚合物凸点金属层的制造可采用三种方法：化学镀法、蒸发（或溅射）法和电镀法。其中，电镀法由于成本优势成为主要的制造方式，其工艺流程为：首先用蒸发（或溅射）法在已形成聚合物凸点焊盘的大圆片/基板上沉积一层底层金属作为电镀的种子层，然后进行光刻露出聚合物凸点，接着电镀需要的金属层，就可以得到一定厚度的聚合物凸点。电镀法制造的聚合物凸点节距最小能达到 5μm。在连接过程中，通过高度一致性非常好的树脂芯凸点和基板上的金属层连接，能形成高度可靠的电气连接。

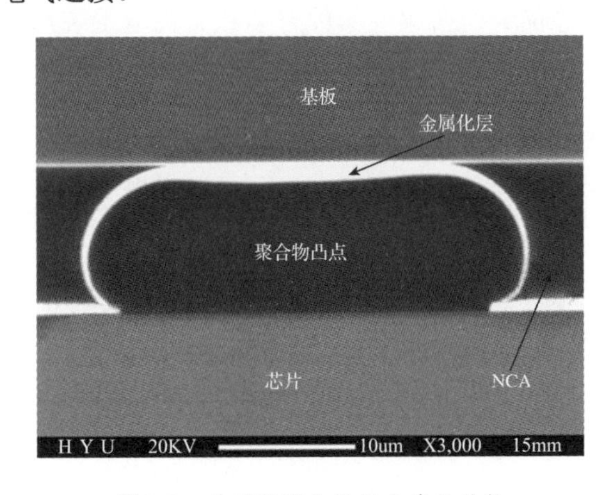

图 9-9　典型的聚合物凸点截面结构

辛辛那提大学（University of Cincinnati）的 Li 等人采用丝网印刷方法制造了直径为 0.5mm，高度为 150μm 的聚合物凸点，并将这种凸点用于 CdZnTe 探测器器件的封装，测试后发现 CdZnTe 探测器在 85℃、95%湿度的环境下长时间运行良好。同时他们将这种丝网印刷方法制造的聚合物凸点用于封装导管型温度传感器器件，互连聚合物凸点的直径为 25μm，封装后的温度传感器在气态和液态环境中工作良好且性能长期保持稳定。上述的结果证实了聚合物凸点在微机电系统等特种器件封装中的可靠性。

日本千野株式会社的 Tanaka 等人将树脂核凸点技术应用于 COG 的封装，采用这种凸点技术可以获得节距为 10μm 的互连结构。他们将 20μm 节距的凸点阵列用于封装实验并以热循环法来评估其可靠性。研究表明这种封装结构下的初始接触电阻比传统的 COG 封装结构还要小，且随着循环次数的增加，其电阻增加率并不高，这进一步验证了聚合物凸点阵列的封装可靠性。

中国台湾工业技术研究所（Industrial Technology Research Institute，ITRI）的 Huang 等人制造出了尺寸为 13μm×90μm×12μm 的聚合物凸点，其外镀 0.4μm 厚的金属层，用于液晶显示产品中非导电膜（Non-Conductive Film，NCF）的互连。尽管传统的 NCF 价格低廉、工艺简单，但是其力学性能较差，树脂芯凸点取代传统 NCF 能提高互连的可靠性。研究表明在较低互连压力、较高互连温度下，聚合物凸点阵列具有长期的环境可靠性。

聚合物凸点被认为是能替代焊料凸点的微细连接材料之一。聚合物凸点具有高度一致性和柔性等优势，在柔性器件封装和微机电系统封装中有较大的应用潜力。

9.1.3 新技术与材料发展

微细封装材料的技术发展路线图如图 9-10 所示。基于成本，在节距较大（≥100μm）的情况下，焊料凸点仍然是倒装封装互连凸点的首选，而采用电镀法制造的铜柱凸点将是高密度、窄节距集成电路封装市场目前和未来一段时间的主流。

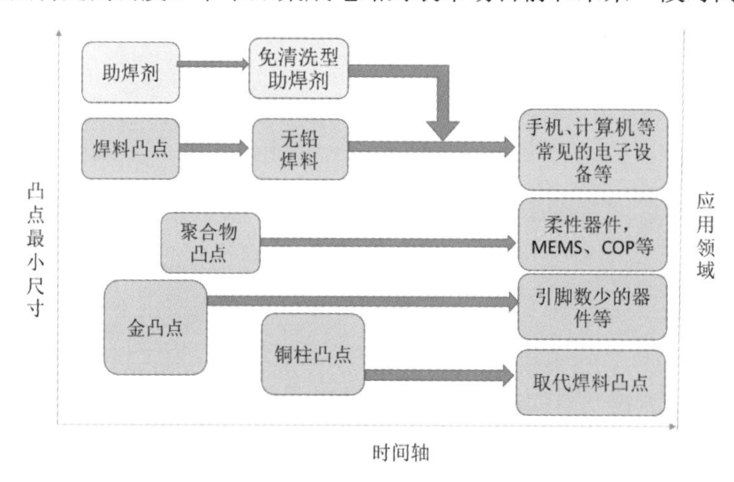

图 9-10　微细封装材料的技术发展路线图

近年来，随着凸点键合互连技术的发展，产业界和学术界提出了很多新的凸点材料和结构的技术方案。

1）超窄节距凸点

德国汉诺威激光中心（Laser Zentrum Hannover）的 Korte 等人用飞秒激光诱导的方法在镀有金薄膜的石英上制造了超窄节距的金凸点阵列，如图 9-11 所示，凸点节距最小可以达到 1.5μm。

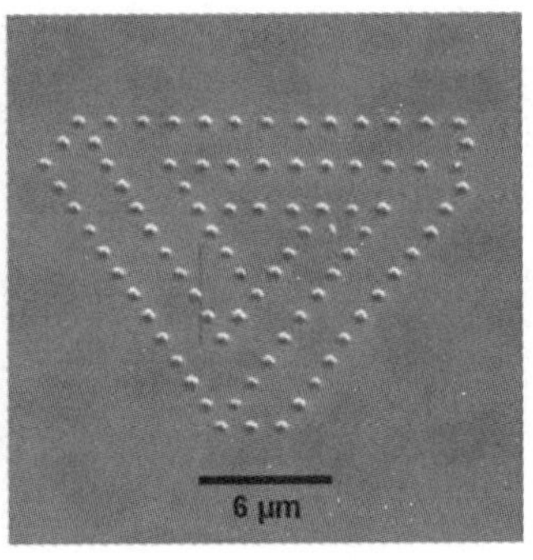

图 9-11　超窄节距的金凸点阵列

2）Sn-In 柔性凸点

韩国电子通信研究所的 Seong 等人提出了一种针对柔性封装的基于 Sn-In 凸点的新的低温互连方法。他们首先采用无掩模丝网印刷的方法将凸点浆料（Solder Bump Maker，SBM）即树脂和焊料颗粒的混合物涂覆在玻璃基板上，然后采用助焊底部填充料（Fluxing Underfill）进行填充，经过热压后形成互连，最后得到凸点节距为 20μm 的互连结构。其中，助焊底部填充料起到了助焊剂和填充剂的双重作用，硬化剂与聚合物基体反应形成牢固连接，增强互连的强度与可靠性，这种方法能将互连工艺温度降低到 130℃左右，非常有利于柔性器件封装。

3）碳纳米管柔性凸点

华进半导体的戴风伟等人提出了采用低温转移方法制造用于集成电路封装中的碳纳米管柔性凸点。

碳纳米管具有一定的弹性和柔性，利用碳纳米管制造的凸点在一定程度上可以缓解互连中热应力引起的失效问题。同时碳纳米管具备优秀的电学性能，包括超高的电导率和超过 1.0×10^9A/cm^2 的电流密度等，利用碳纳米管制造的凸点不但具有良好的电传输性能，而且可以解决金属凸点的电迁移问题。

碳纳米管柔性凸点的制造工艺流程如下。

在集成电路晶圆衬底上制造金属薄膜并图形化→在金属薄膜上垂直生长碳纳米管→致密化处理→低温转移到无铅焊料薄膜上→获得碳纳米管柔性凸点。

集成电路的特征尺寸已经下降到数十纳米乃至数纳米以下，相应地，开发适合于纳米材料及纳米结构的可靠的新型互连方法将有利于元器件的进一步小型化，同时基于纳米材料及纳米结构的纳米效应会在一定程度上降低互连的键合温度，从而提高互连的可靠性，因此基于纳米材料及纳米结构的纳米互连技术近年来成为窄节距低温互连的研究热点。

目前，纳米互连技术的研究主要集中在新材料、新方法、新工艺的开发方面，包括如何实现能量在纳米尺寸界面上的控制；纳米尺寸的连接结构与宏观连接结构的物理化学性质的异同，如石墨烯的光、电特性；纳米尺寸测试手段，如模拟、纳米尺寸测试标准。这些研究大多数仍然在实验室阶段。

在国内，哈尔滨工业大学的王春青等人开展了纳米颗粒焊膏相关的研究工作；武汉大学的刘胜等人通过电镀在 Cu 膜上制造 Zn，合金化后采用化学腐蚀的方式去掉 Zn 获得 Cu 的纳米多孔结构，从而实现低温键合；上海交通大学的李明等人通过化学镀制造微米至亚微米尺寸的铜锥，实现与平面焊料（Sn 或 SAC 等无铅焊料）的低温键合；清华大学的蔡坚等人直接采用激光脉冲沉积（Pulse Laser Deposition，PLD）或物理气相沉积等薄膜沉积方法在焊盘上制造可图形化的三维结构的金属纳米颗粒，利用这种结构直接实现纳米尺寸的低温互连。

凸点互连的极限发展方向是无凸点互连（Bumpless Interconnection），东京大学须贺唯知（Tadatomo Suga）教授研究组提出表面活化键合技术（Surface Activated Bonding，SAB），利用氩等离子体（Ar plasma）轰击或快速原子轰击（Fast Atom Bombardment，FAB）等表面活化方法对键合表面原子进行活化，在室温下实现 Cu 焊盘间的无凸点键合；Ziptronix 公司提出直接键合技术（Direct Bond Interconnect，DBI），利用 SiO_2 间的氢键实现室温下的预键合，再利用 Cu 和 SiO_2 的热膨胀系数的不同，通过 250～300℃下的高温退火实现 Cu 与 Cu 之间的无凸点键合。DBI 已经被台积电应用于新一代的集成芯片系统（System on Integrated Chips，SoIC）中。采用 SAB 实现的无凸点互连如图 9-12 所示，采用 DBI 实现的无凸点互连如图 9-13 所示。

现阶段的无凸点互连技术对互连表面的平整度要求较高，需要采用化学机械抛光等技术进行表面处理，从成本等角度考虑，目前凸点技术仍然是倒装互连的关键技术。

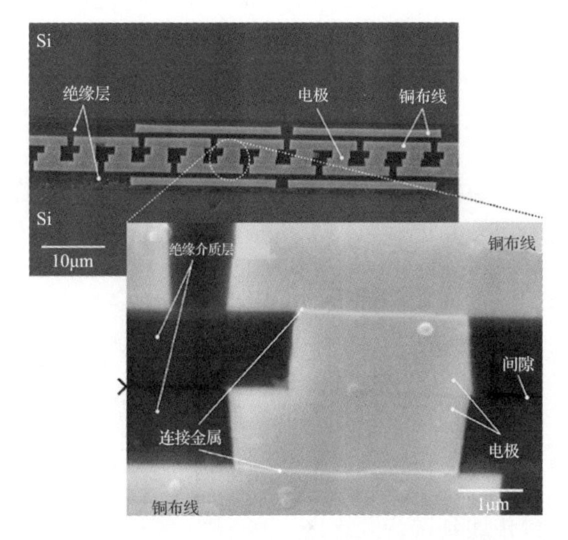

图 9-12　采用 SAB 实现的无凸点互连

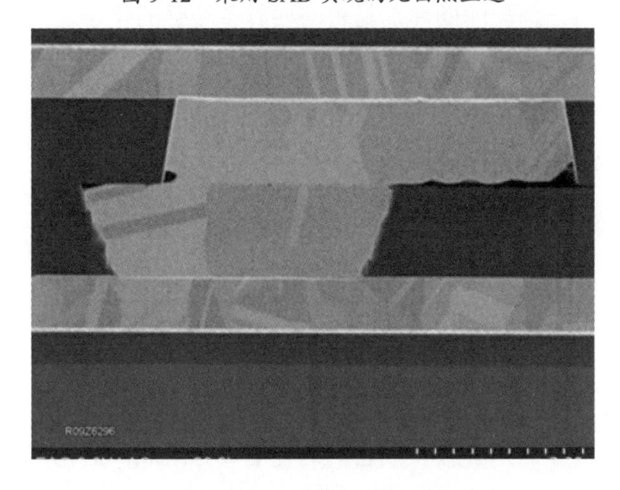

图 9-13　采用 DBI 实现的无凸点互连

9.2　助焊剂

当焊料凸点应用于集成电路的封装互连时，被焊金属表面的氧化层在互连过程中往往会阻碍熔融焊料的铺展、降低焊料的润湿作用，因此需要在互连过程中加入一些能够去除被焊金属表面氧化物、促进互连的物质，这种物质称为助焊剂。

助焊剂是焊料凸点互连中关键的辅助材料，其性能的优劣将直接影响凸点互连的质量。

9.2.1 助焊剂在先进封装中的应用

在集成电路先进封装的芯片层间堆叠互连中（包括倒装互连），凡是互连由焊料凸点完成的时候，均存在用到助焊剂的可能性。

助焊剂在封装的键合互连过程中的作用主要包括：

（1）去除键合互连的金属焊盘及焊料凸点表面的氧化膜。

（2）降低键合互连工艺中熔融焊料的表面张力，提高润湿能力。

（3）防止在键合互连过程中焊料和金属焊盘的表面再次被氧化。

（4）有利于热量传递到键合互连区。

基于上述作用，理想的助焊剂材料需要具备较强的化学还原性、与金属焊盘较强的黏附力及较弱的化学腐蚀性、流变特性、常温下的环境和化学稳定性等，同时其在键合互连工艺后应容易被分解或被清洗去除且具备对通用清洗溶液和设备的适应性或直接免清洗等。

9.2.2 助焊剂类别和材料特性

助焊剂主要由活化剂、表面活性剂和溶剂组成。

活化剂的作用主要是在键合互连工艺的高温下去除焊盘和焊料表面已有的氧化物并且防止键合互连过程中的再次氧化。活化剂主要由一种或多种有机酸、有机酸盐、有机胺（如三乙醇胺）或它们的复配成分组成。活化剂的复配是指同时选用几种具有不同分解温度的活化剂，分别对应键合互连的预热阶段和键合阶段，这种复配能够起到协同增效的作用，提高整体的助焊能力。

表面活性剂的作用主要是减小熔融的焊料与焊盘表面的表面张力，加强表面的润湿性，同时增强活化剂在键合互连表面的渗透能力。传统的表面活性剂是含卤素元素的化合物（主要是氯化物及氟化物），化学活性较强，但考虑到卤素元素的强腐蚀性及对环境和互连界面的残余影响，现在的表面活性剂主要是不含卤素元素的脂肪酸族或芳香族的非离子型有机物。

溶剂的作用主要是溶解助焊剂中的多种固体材料组分，将助焊剂混合成均匀的溶液，同时可以调整助焊剂的黏度等物理特性以面向不同的助焊剂的涂覆工艺（如丝网印刷等）。溶剂一般是醇类、酮类和酯类等有机物中的一种或几种的混合物，助焊剂中常用的溶剂主要包括乙醇、丙醇、丙酮、乙酸乙酯及乙酸丁酯等，但醇类有机物属于易挥发、易燃的有机化合物，在储存及使用过程中存在安全隐患，且长时间存放会造成助焊剂黏度的改变，影响助焊剂的正常使用，因此逐渐被酮类和酯类的有机物替代。

除以上组分外，助焊剂往往根据键合互连工艺及凸点材料的具体的要求而增加不同的添加剂，包括成膜剂、抗氧化剂、防腐蚀剂、消光剂、细菌抑制剂等。

随着倒装互连和表面贴装技术的发展，对助焊剂的要求越来越多，助焊剂系统的组分越来越复杂。由于单一的材料组分仅仅局限于单一的特定功能，因此有着协同增效作用的复配组分的助焊剂越来越受到市场的关注。

助焊剂按照焊后是否需要对残留物进行清洗来划分，可以分为清洗型助焊剂和免清洗型助焊剂两类。电子元器件持续向小型化及微型化方向发展，互连节距越来越小，这一变化给互连后的清洗工艺造成了困难，免清洗型助焊剂的出现成为必然。

免清洗型助焊剂是随着集成电路产业的发展及环境保护的需要而产生的，不但可以免除清洗工艺的设备和材料成本，缩短整体的工艺流程，提高生产效率，而且不会带来环境污染的问题。

目前使用的助焊剂的类别及其主要特点如表 9-2 所示。

免清洗型助焊剂是综合考虑了环境保护、免清洗工艺、降低生产成本等多种因素而开发出来的一类不含天然松香且无卤化物的多组分的复配型助焊剂。由于其固体成分含量低（固体成分含量不高于 3%，远远低于普通助焊剂的 20%～35%的水平）、无卤素、无铅，因此该类助焊剂使用后具有残留物少且无腐蚀性等特点，键合互连界面不需要清洗就能达到元器件要求的洁净度的标准，可直接转入后续工艺。

目前的免清洗型助焊剂大多采用醇类有机物作为溶剂，醇类有机物属于易挥发的有机化合物，易燃，在使用过程中存在安全隐患，逐渐被禁用。

表 9-2　目前使用的助焊剂的类别及其主要特点

<table>
<tr><th colspan="2">类型</th><th>主 要 成 分</th><th>行 业 标 准</th><th>优　　点</th><th>缺　　点</th></tr>
<tr><td rowspan="2">清洗型</td><td>溶剂型</td><td>活化剂：松香型树脂、非水溶性有机物，另外包括一些含卤素或不含卤素的活化剂
溶剂：非水溶性有机溶剂</td><td rowspan="2">锡焊用液态焊剂（松香型）行业标准：
外观透明；
非挥发物含量≤15%；
水萃取液电阻率≥5×104Ω · cm；
扩展率≥75%；
表面绝缘电阻≥108Ω</td><td>固体成分含量高，活性高，键合互连特性强，易成膜保护互连界面，润湿性能好</td><td>清洗需要用氟氯碳化合物，成本高且不环保</td></tr>
<tr><td>水溶型</td><td>活化剂：松香型树脂、水溶性有机物/无机物，另外包括一些胺类、氨类活化剂
溶剂：水溶性有机溶剂</td><td>含卤素或有机酸，助焊效果较好，浸润性能好，成本低</td><td>延时清洗效果差，助焊剂活性强，具有腐蚀性，键合工艺后水洗效果较差</td></tr>
<tr><td rowspan="3">免清洗型</td><td rowspan="2">溶剂型</td><td>活化剂：松香型树脂
溶剂：醇醚类等有机溶剂</td><td rowspan="3">免清洗液态助焊剂行业标准：
外观无色透明；
非挥发物含量<2%；
无卤素；
扩展率≥80%；
表面绝缘电阻≥108Ω</td><td rowspan="3">免除清洗工艺，焊后板面无漏电或后续腐蚀现象，钎焊质量好。</td><td rowspan="2">以松香为活化剂，化学腐蚀性较强，有残留；以易挥发的有机化合物为溶剂，不环保</td></tr>
<tr><td>活化剂：有机酸、胺类
溶剂：醇醚类等有机溶剂</td></tr>
<tr><td>水溶型</td><td>活化剂：有机酸、胺类、一些卤化物
溶剂：水添加一定量的助溶剂，包括醚酯或萜烯类等</td><td>水的表面张力大，使得助焊剂的润湿性能较差</td></tr>
</table>

不同于溶剂型免清洗型助焊剂，水溶型免清洗型助焊剂的溶剂是去离子水，可减少环境污染及对操作工健康的危害，但水溶型免清洗型助焊剂腐蚀性较强，同时对熔融焊料的润湿性能较差，易出现“炸锡”等现象且键合互连工艺后的残留物较多。

丹麦科技大学的 Conseil 等人研究了三种有机酸（乙二酸、戊二酸、丁二酸）作为活化剂时，在不同的工艺条件下，助焊剂的分解程度及残留物含量、残留物对互连界面可靠性的影响，提出影响免清洗型助焊剂性能的重要因素是在键合互连过程中助焊剂的分解程度及残留物的含量。

英特尔的 Qu 等人以己二酸和顺丁烯二酸为活化剂，以聚乙二醇为溶剂制造了溶剂型免清洗型助焊剂，采用电化学方法研究了无卤素助焊剂与金属锡的表面反应。研究结果表明，助焊剂中氢离子浓度是去除焊料金属和焊盘氧化物层的关键因素。

美国西北大学的 Vaynman 等人研究了用于 Sn-Zn 无铅焊料的助焊剂，该助焊剂以乙酸乙烯酯为溶剂，以乙醇胺为活化剂。研究结果表明，该助焊剂比松香型助焊剂对 Sn-Zn 无铅焊料的润湿性能更好，其主要原因是在键合互连过程中有机物会分解，使 Sn-Zn 无铅焊料能够更好地铺展在焊盘上，提高铺展率。

免清洗型助焊剂成分易配制，国内很多中小型企业均可以量产和销售，国产免清洗型助焊剂在主要的技术指标上已经不低于国外生产的免清洗型助焊剂，但在总体水平上尤其是在知识产权方面和国外比较还存在较大的差距，目前主要以低价的方式抢占国内的集成电路封装与组装市场。

9.2.3　助焊剂材料的发展

免清洗型助焊剂将是助焊剂未来的主流方向，但其焊后残留物含量的控制及残留物对焊点可靠性的影响是今后一段时期内需要研究和解决的问题。

参考文献

[1] LAU J. Recent advances and new trends in nanotechnology and 3D integration for semiconductor industry [J]. ECS Trans，2012，44：1-23.

[2] LAU J. Overview and Outlook of Three-Dimensional Integrated Circuit Packaging，Three-Dimensional Si Integration，and Three-Dimensional Integrated Circuit Integration[J]. Journal of Electronic Packaging，2014，136（4）：040801.1-040801.15.

[3] SADAKA M，RADU I，CIOCCIO L D. 3D integration：Advantages，enabling technologies & applications[C]. IEEE International Conference on Ic Design & Technology. IEEE，2010：106-109.

[4] 王俊强. 应用于 3D 集成的 Cu-Sn 固态扩散键合技术研究[D]. 大连：大连理工大学，2017.

[5] MAHALINGAM S，MUN J H，PRATS A，et al. Fluxing for flip chip assembly-effect of bump damage[C]// Electronic Materials and Packaging，2001. EMAP 2001. Advances in. IEEE，2001：135-138.

[6] CHARLES A. Harper. 电子封装与互连手册（第四版）[M]. 贾松良，蔡坚，沈卓身，等译. 北京：电子工业出版社，2009.

[7] 况延香，朱颂春. 几种常用的 FC 互连凸点制造工艺技术[C]//中国电子学会. 全国第六届 SMT/SMD 学术研讨会论文集，2001.

[8] GERBER M，BEDDINGFIELD C，O'CONNOR S，et al. Next generation fine pitch Cu Pillar technology — Enabling next generation silicon nodes[C]//IEEE Electronic Components & Technology Conference，IEEE，2011：612-618.

[9] NEHER C，LANDER R L，MOSKALEVA A，et al. Further Developments in Gold-stud Bump Bonding[J]. Journal of Instrumentation，2011，7（11）：1313-1318.

[10] 刘曰涛. 面向电子封装的钉头金凸点制备关键技术及其实验研究[D]. 哈尔滨：哈尔滨工业大学，2009.

[11] 罗驰，练东. 电镀技术在凸点制备工艺中的应用[J]. 微电子学，2006，（4）：467-472.

[12] NISHIMORI T，YANAGIHARA H，MURAYAMA K，et al. Characteristics and potential application of polyimide-core-bump to flip chip[C]//45th Electronic Components and Technology Conference，1995：515-519.

[13] XUE L，CAI J，LU L，et al. Polymer Flip Chip Bumping and Its Application for CdZnTe Detectors[C]//7th International Conference on Electronics Packaging Technology，2006：1-5.

[14] KIM S，KIM Y. Review paper：Flip chip bonding with anisotropic conductive film（ACF） and nonconductive adhesive（NCA）[J]. Current Applied Physics，2013，13，Supplement 2：S14-S25.

[15] LI C，SAUSER F E，AZIZKHAN R G，et al. Polymer flip-chip bonding of pressure sensors on a flexible Kapton film for neonatal catheters[J]. Journal of Micromechanics & Microengineering，2005，15（9）：1729-1735.

[16] TANAKA S C，HIDEO I，HARUKI I，et al. The resin core bump technology for COG（Chip on glass） application[J]. Transactions of The Japan Institute of Electronics Packaging，2008，1（1）：36-39.

[17] HUANG Y W，LU S T，CHEN T H. Evaluating fine-pitch chip-on-flex with non-conductive film by using multi-points compliant bump structure[J]. IEEE，2006：324-329.

[18] 戴风伟，曹立强，周静. 一种采用转移法制造碳纳米管柔性微凸点的方法[P]. CN103367185B，2013-10-23.

[19] KORTE F，KOCH J，CHICHKOV B N. Formation of microbumps and nanojets on gold targets

by femtosecond laser pulses[J]. Applied Physics A，2004，79（4-6）：879-881.

[20] CHOI K，LEE H，BAE H，et al. Interconnection Technology Based on InSn Solder for Flexible Display Applications[J]. ETRI Journal，2015，37（2）：387-394.

[21] 秦春阳. 无铅焊料用新型免清洗型助焊剂的研究与制造[D]. 长沙：中南大学，2014.

[22] LEE N C. Lead-free flux technology and influence on cleaning[C]//11th Electronics Packaging Technology Conference，2009：76-81.

[23] FRAZIER J，JACKSON R，REICH R，et al. The Chemical Design and Optimisation of a Non-rosin，Water-soluble Flux Solder Paste[J]. Soldering & Surface Mount Technology，1989：30-34.

[24] 高汉. 无铅焊料 Sn-Cu 系用无卤素无松香免清洗型助焊剂的制造及性能研究[D]. 南昌：南昌大学，2013.

[25] HU M，KRESGE L，LEE N C. A novel epoxy flux on solder paste for assembling thermally warped POP[C]// 36th International Electronics Manufacturing Technology Conference，2014：1-8.

[26] 吴青青，郝志峰，余坚，等. 水基免清洗型助焊剂研究进展[J]. 焊接技术，2011（01）：3-8.

[27] 金霞，冒爱琴，顾小龙. 免清洗型助焊剂的研究进展[J]. 电子工艺技术，2007，28（6）：334-337.

[28] 曹明明，程玲舒，黄文超，等. 免清洗钎剂的助焊能力及其限度[J]. 精密成形工程，2013，（5）：5-8.

[29] 陈其垠，舒万艮，周永华. 免洗助焊剂 MNCT 的研制[J]. 电子工艺技术，1999，（6）：245-246.

[30] CONSEIL H，VERDINGOVAS V，JELLESEN M S，et al. Decomposition of no-clean solder flux systems and their effects on the corrosion reliability of electronics[J]. Journal of Materials Science：Materials in Electronics，2016，27（1）：23-32.

[31] QU G，WEINMAN C J，GHOSH T，et al. Nonaqueous Halide-Free Flux Reactions with Tin-Based Solders[J]. Journal of Electronic Materials，2015，44（4）：1-7.

[32] VAYNMAN S，FINE M E. Flux development for lead-free solders containing zinc[J]. Journal of Electronic Materials，2000，29：1160-1163.

[33] LU Q，CHEN Z，HU A，et al. Low temperature bonding method using Cu micro cones[C]//Electronic Packaging Technology and High Density Packaging（ICEPT-HDP），13th International Conference on，2012：224-226.

[34] WU Z J，CAI J，WANG J Q，et al. Low-Temperature Cu-Cu Bonding Using Silver Nanoparticles Fabricated by Physical Vapor Deposition[J]. Journal of Electronic Materials，2017：988-993.

[35] LI K C，LIU X G，CHEN M X，et al. Research on nano-thermocompression bonding process using nanoporous copper as bonding layer[C]//Electronic Packaging Technology（ICEPT），15th International Conference on，2014：19-23.

[36] Heterogeneous Integration Roadmap. Interconnects for 2D and 3D Architectures [R]. HIR，2019.

[37] WU C M L，YU D Q，LAW C M T，et al. Properties of lead-free solder alloys with rare earth element additions[J]. Materials Science and Engineering：R：Reports，2004，44：1-44.

[38] ZENG G，XUE S，ZHANG L，et al. A review on the interfacial intermetallic compounds between Sn－Ag－Cu based solders and substrates[J]. Journal of Materials Science：Materials in Electronics，2010，21：421-440.

[39] HO C E，YANG S C，KAO C R. Interfacial reaction issues for lead-free electronic solders[J]. Journal of Materials Science：Materials in Electronics，2006，18：155-174.

[40] LAURILA T，VUORINEN V，Paulasto-Kröckel M. Impurity and alloying effects on interfacial reaction layers in Pb-free soldering[J]. Materials Science and Engineering：R：Reports，2010：1-38.

[41] SHIGETOU A，ITOH T，SAWADA K，et al. Bumpless Interconnect of 6- μm-Pitch Cu Electrodes at Room Temperature[J]. IEEE Transactions on Advanced Packaging，2008，Volume：31，Issue：3：473-378.

[42] ENQUIST P，FOUNTAIN G，PETTEWAY C，et al. Low Cost of Ownership scalable copper Direct Bond Interconnect 3D IC technology for three dimensional integrated circuit applications[J]. IEEE International Conference on 3D System Integration，2009.

[43] OPPERT T，TEUTSCH T，AZDASHT G，et al. Micro ball bumping packaging for wafer level & 3-d solder sphere transfer and solder jetting[C]//Electronic Manufacturing Technology Symposium（IEMT），35th IEEE/CPMT International. IEEE，2012.

[44] VANDEVELDE B，BEYNE E，VAN J，et al. Thermal fatigue analysis of the flip-chip assembly on the Polymer Stud Grid Array（PSGA/sup TM/） package[C]//49th Electronic Components and Technology Conference（Cat. No.99CH36299），1999：823-829.

[45] LIU W，XU R L，WANG C Q，et al. Study on preparation and rapid laser sintering process of nano silver pastes[C]//18th International Conference on Electronic Packaging Technology（ICEPT），2017：1525-1528.

第 10 章 化学机械抛光液

化学机械抛光技术（Chemical Mechanical Polishing，CMP）是集成电路制造中获得晶圆全局平坦化的一种手段，它是目前机械加工中最好的可实现全局平坦化的超精密的工艺技术，这种技术是为了能够获得低损伤的、既平坦又无划痕和杂质等缺陷的表面而专门设计的，加工后的表面具有纳米级面型精度及亚纳米级表面粗糙度，同时表面和亚表面无损伤，这已接近表面加工的极限。

化学机械抛光工艺示意图如图 10-1 所示，它的基本原理是：让待抛光的晶圆在施加一定的压力及抛光垫上有化学机械抛光液存在的条件下相对于抛光垫做旋转运动，借助化学机械抛光液中存在的固体磨粒的机械磨削及抛光液的化学腐蚀等综合因素的作用来完成工件表面微突起的去除。在整个工艺过程中，待抛光晶圆表面需要去除的材料首先与抛光液中的化学成分发生化学反应，将不溶物质转化为易溶的化学反应物，然后通过超细固体粒子研磨剂的机械磨削作用将化学反应物去除，最终可获得超光滑表面。

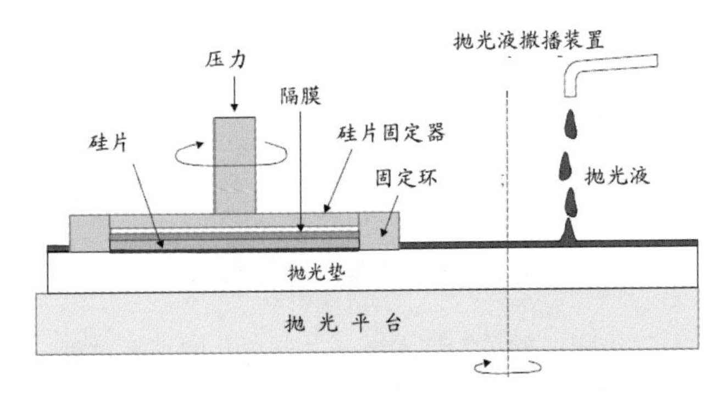

图 10-1　化学机械抛光工艺示意图

化学机械抛光技术的优势如下。

（1）可同时实现局部和大面积的全局平坦化。三种不同的平坦化的区别如图 10-2 所示。

（2）该技术结合了机械磨削抛光和化学腐蚀抛光两种作用，避免了单纯进行机械磨削抛光造成的表面损伤（划伤）和单纯进行化学腐蚀抛光带来的低效率等缺陷，在实现较高的去除速率的同时可以实现高的表面平整性和高度的一致性。

（3）能够被化学机械抛光技术加工的材料适用范围广泛，包括集成电路结构中的半导体材料、介质材料及金属布线材料。

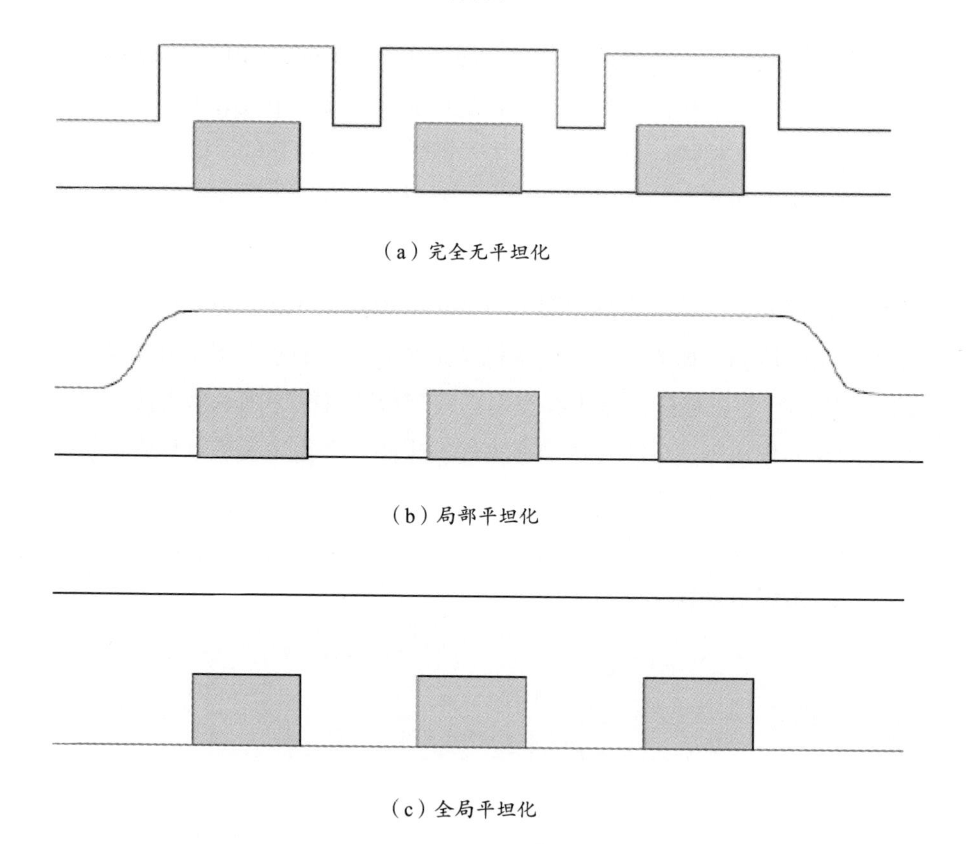

（a）完全无平坦化

（b）局部平坦化

（c）全局平坦化

图 10-2　三种不同的平坦化的区别

硅通孔技术是三维集成的关键技术之一，硅通孔的填充过程一般是首先在孔壁和晶圆表面依次沉积绝缘层、扩散阻挡层和电镀种子层，然后通过电镀工艺进行填充，通孔填充后多余的铜尤其是覆盖面铜（Cu Over-burden）等需要通过化学机械抛光技术去除。而对于盲孔（Blind Via）来说，盲孔背面多余的硅需要采用化学机械抛光技术去除，以便将通孔暴露出来，考虑到后续工艺和集成互连的要求，化学机械抛光技术要求实现很高的表面一致性（Uniformity）和很少的表面缺陷。

如图 10-3 所示，硅通孔铜化学机械抛光的主要缺陷包括蝶形坑（Dishing）、介质层损伤（Dielectric Loss）、铜凹陷（Cu Recess）、铜腐蚀坑（Cu Erosion 或 Cu Pitting）及边缘过腐蚀（Edge Over Erosion）等。图 10-4 所示为硅通孔铜化学机械抛光后的蝶形坑缺陷和铜腐蚀坑缺陷的扫描电镜照片。

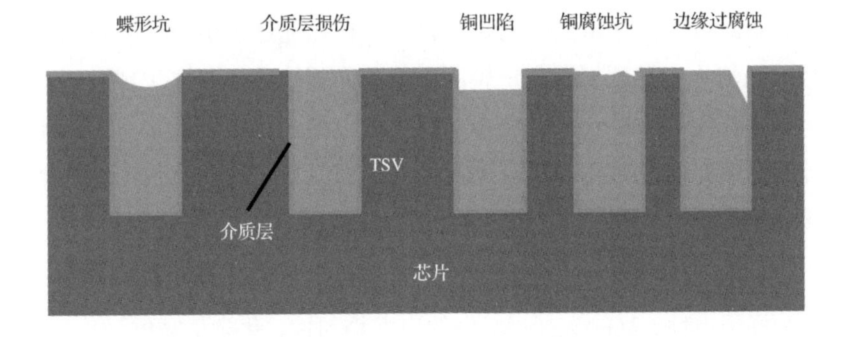

图 10-3　硅通孔铜化学机械抛光的主要缺陷

（a）蝶形坑缺陷

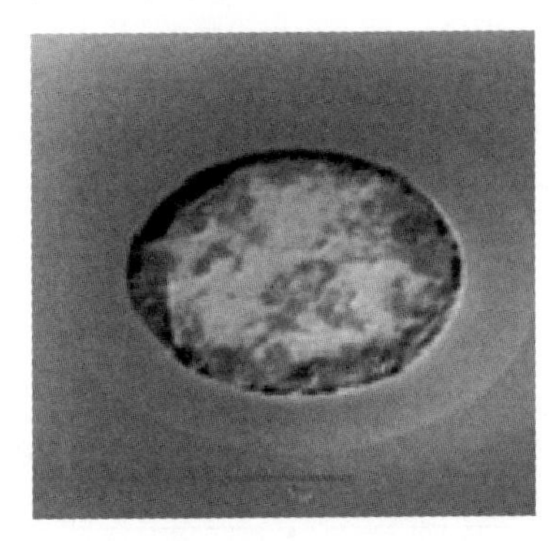

（b）铜腐蚀坑缺陷

图 10-4　蝶形坑缺陷和铜腐蚀坑缺陷的扫描电镜照片

在集成电路先进封装中，化学机械抛光工艺是硅通孔全套工艺制程中的关键工艺之一，其用到的主要材料是化学机械抛光液，通过化学和机械两方面的作用，将晶圆表面的多余的材料和不规则结构除去而达到平坦化的目的。

10.1 化学机械抛光液在先进封装中的应用

硅通孔化学机械抛光液（Chemical Mechanical Polishing Slurry，CMP Slurry）是基于硅通孔技术的三维集成等先进集成电路封装中的关键材料。

影响化学机械抛光质量的主要因素包括化学机械抛光液的成分、黏度、比重、pH、磨料直径、磨料分散度；抛光垫的形状和质量；化学机械抛光的工艺参数和环境等。

化学机械抛光工艺的抛光垫主要由含有微量填充材料（氧化铈、氧化锆等）的聚氨酯材料组成，抛光垫的作用是在化学机械抛光过程中基于离心力的作用将化学机械抛光液均匀抛洒到抛光垫表面，确保晶圆能够全面接触到抛光液，同时将化学机械抛光过程中的反应产物带出抛光垫。抛光垫的质量、力学性能和表面组织性能将直接影响晶圆化学机械抛光后的表面质量，是关系到化学机械抛光效果的直接因素之一。

化学机械抛光工艺对化学机械抛光液的要求如表 10-1 所示。高的腐蚀抛光速率、好的全局平坦性、高的选择性、好的表面均匀性、化学机械抛光后清洗容易、残留物少及外界环境好坏和安全问题、化学机械抛光液自身寿命和化学稳定性等，都是化学机械抛光的主要性能指标。

表 10-1　化学机械抛光工艺对化学机械抛光液的要求

化学机械抛光液参数	设计要求
全局平坦性	表面形成钝化层
	最小化刻蚀速率
抛光效果	快速形成薄的表面
	控制抛光表面属性
	在抛光过程中尽可能降低内应力
表面缺陷	表面缺陷的尺寸与机械特性（硬度等）
	抛光液中固体含量尽可能低
抛光液的处理	表现稳定（化学稳定性、寿命等）
	表面与表面膜下层微粒反应的控制

硅通孔化学机械抛光液的主要用户涵盖芯片制造的前道工艺的各大芯片生产商，包括英特尔（Intel）、台积电（TSMC）、三星（Samsung）、意法半导体（ST Microelectronics）、格罗方德半导体（Global Foundries）、中芯国际（SMIC）、联华电子（United Microelectronics Corporation，UMC）、海力士（Hynix）、美光（Micron）等及后道工艺的 OSAT 厂商，包括日月光（ASE）、矽品（SPIL）、安靠（Amkor）、长电科技（JCET）等，同时硅通孔化学机械抛光液被生产微机电系统和光电芯片的厂商使用。

目前全球硅通孔化学机械抛光液的主要供应商有卡博特（Cabot）、安集（Anji）、陶氏化学（Dow Chemical）、慧瞻材料（Versum Materials）、日立化成（Hitachi Chemical）、Fujifilm 等。这些抛光液供应商都有自己的硅通孔化学机械抛光液产品线，这反映出硅通孔及三维集成的应用的重要性。其中，卡博特和安集与国际上的主要客户、主流设备供应商一起协作进行产品开发，产品的覆盖率相对领先。

硅通孔化学机械抛光液的竞争关键点包含技术指标和价格两部分，技术指标主要包括研磨速率、选择比、表面缺陷的控制等，如针对硅通孔铜抛光液来说，超高的铜抛光速率是首要的技术要求；而在价格方面，需要控制硅通孔铜抛光液的价格接近于传统集成电路中铜抛光液的价格。

10.2　化学机械抛光液类别和材料特性

化学机械抛光液主要由纳米磨料和化学试剂溶液组成。化学机械抛光液通过化学试剂溶液的化学反应提供化学腐蚀作用，通过纳米磨料提供机械磨削作用。化学机械抛光液在化学机械抛光过程中同时起到冷却润滑、在抛光垫表面均匀分布磨料的排屑作用，化学机械抛光液一般用纯水来配制。化学机械抛光的过程与机理如图 10-5 所示。

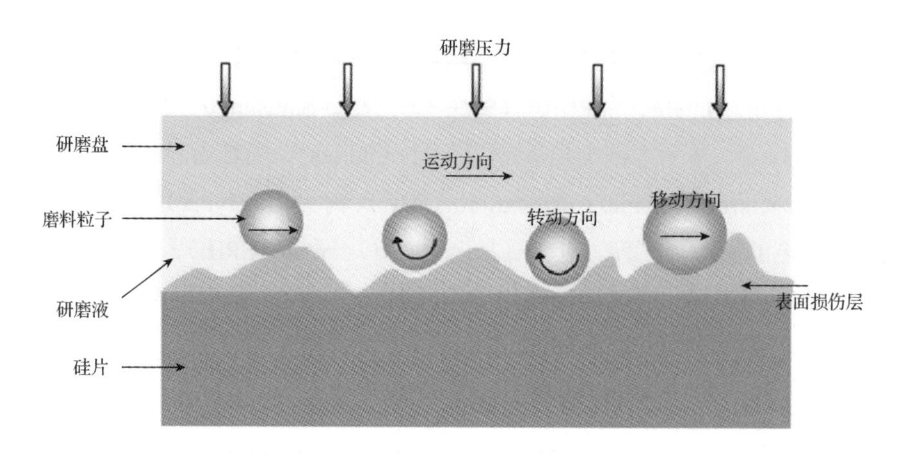

图 10-5　化学机械抛光的过程与机理

纳米磨料是化学机械抛光液的主要组成部分之一，不仅承担着化学机械抛光过程中的机械作用，还在很多化学机械抛光体系中承担着化学作用。在集成电路晶圆的抛光中使用的纳米磨料主要有三类：二氧化硅、氧化铈和氧化铝。纳米磨料本身的特性包括颗粒形状、硬度、粒径大小及分布、纯度等，这些都会对化学机械抛光的研磨特性和抛光质量产生影响。在实际应用中，氧化铝硬度高，容易对晶圆表面造成机械划伤，产生划痕等，一般较少使用；二氧化硅溶胶黏度低，和化学机械抛光液中的其他成分共同作用可以提高去除速率，因此是硅通孔化学机械抛光液常使用的磨料材料。

化学试剂主要有氧化剂、金属络合剂、表面抑制剂、分散剂及其他助剂等。

氧化剂的作用主要是对铜进行氧化，以形成一层致密的钝化膜，不同氧化剂对铜氧化的效果不同，常用的氧化剂有过氧化氢（又称双氧水）、高锰酸钾等。这些不溶的致密钝化膜与金属络合剂发生化学反应，生成可溶的络合物，被流动的抛光液带走（去除）。金属络合剂大致分为氨基酸、羟基羧酸类、羟基铵酸类和有机磷酸等，其在酸性条件下对铜离子的络合效果较好，但是酸性抛光液对铜的腐蚀性较强，所以需要引入表面抑制剂来抑制对铜的腐蚀，常用的表面抑制剂为苯并三唑（1H-Benzotriazole，BTA）。另外，抛光液中需要添加分散剂来减少溶液中纳米磨料的团聚，从而提高抛光液的分散稳定性。

依据化学机械抛光液溶液的 pH 来区分，铜化学机械抛光液主要分为酸性抛光液、中性抛光液和碱性抛光液等不同体系。目前国际上开发的通用的铜化学机械抛光液以酸性抛光液为主，酸性抛光液具有腐蚀速率高、氧化稳定等特点，但具有以下的缺点。

（1）化学成分复杂。

（2）选择比不高。

（3）BTA 给后续的清洗过程带来困难。

（4）酸性溶液腐蚀易带来铜离子，给清洗带来困难。

（5）Cu-BTA 单分子膜只能在强的机械作用下去除，在这种条件下 Low-K 介质层容易被破坏，损伤芯片结构。

（6）对设备腐蚀性强，挥发严重。

针对具体抛光工艺制程和被抛光材料的不同，不同种类的磨粒和化学试剂通过化学反应和机械抛光的机理，达到芯片表面的平坦化或特殊形貌要求。

依据硅通孔化学机械抛光对晶圆正面和背面进行研磨抛光的不同要求，硅通孔化学机械抛光液主要分为两大类。

1）正面铜/扩散阻挡层化学机械抛光液

硅通孔芯片正面的化学机械抛光工艺在实施之前要求使用铜、种子层、扩散阻挡层对一定深宽比（Aspect Ratio）的硅通孔进行填充，填充完成后晶圆正面被铜完全覆盖，下面依次为种子层、扩散阻挡层和绝缘层，填充完成的硅通孔典型结构如图 10-6 所示。硅通孔的正面抛光实际上包括三个过程：覆盖面铜的去除、表面残余铜的去除并停留在扩散阻挡层、扩散阻挡层和介质层的去除并停留在介质层。

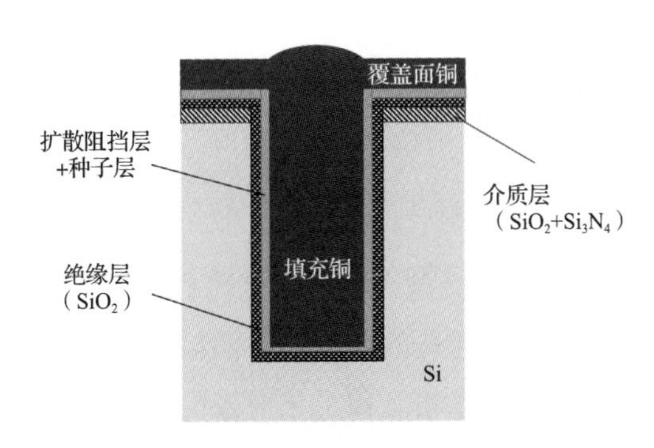

图 10-6 填充完成的硅通孔典型结构

覆盖面铜（Cu Over-burden）的厚度一般为数微米到数十微米，因此要求铜化学机械抛光液具有高的抛光速率。硅通孔的深度在数十到上百微米，而通孔的孔径为数微米到数十微米，硅通孔扩散阻挡层和绝缘层的厚度在几百纳米，这样就对扩散阻挡层或绝缘层都有高抛光速率的要求。此外，由于制程的不同，绝缘层的下面分有氮化硅和没有氮化硅两种情况，这就对应要求抛光扩散阻挡层的抛光液有高选择比和非选择比两种。对于有氮化硅去除的制程，可能还需要高氮化硅/氧化硅选择比的抛光液。

2）晶圆背面化学机械抛光液

在硅通孔工艺中，晶圆背面抛光是非常重要的工艺步骤。通常在晶圆正面的工艺制程结束后，晶圆的正面会采用临时键合工艺与硅或玻璃等晶圆载体黏接，再对晶圆的背面进行减薄和抛光。

晶圆背面的减薄和抛光工艺通常首先使用机械粗磨工艺把晶圆减薄到离硅通孔顶端约数微米的高度，然后使用化学机械抛光液进行抛光。目前产业界主要采用两种工艺流程，其对抛光液的要求存在差异。晶圆背面化学机械抛光液依据流程不同，分为硅/铜晶圆背面化学机械抛光液和铜/绝缘层晶圆背面化学机械抛光液。

硅/铜晶圆背面化学机械抛光液的一种工艺流程是使用对硅和铜有相近的抛光速率的抛光液直接进行研磨。这对抛光液的要求很高，不但要求硅和铜两种不同的材料有同样的抛光速率，而且对氧化硅、扩散阻挡层金属（钽或钛）有一定研磨速率的要求。更为重要的是如何解决铜在硅表面的污染和扩散问题，这一点成为对这类抛光液的关键要求之一。硅/铜晶圆背面化学机械抛光工艺示意图如图 10-7 所示。

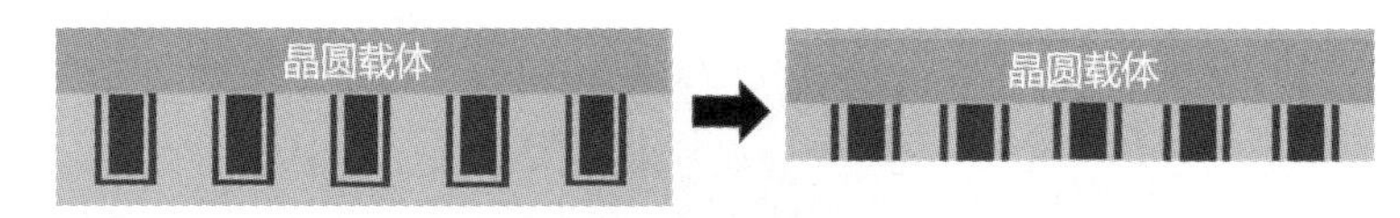

图 10-7　硅/铜晶圆背面化学机械抛光工艺示意图

铜/绝缘层晶圆背面化学机械抛光液的工艺流程是粗抛后使用刻蚀工艺，首先将硅的厚度进一步减薄，将硅通孔的铜柱在背面显露出来，一般露出的铜柱的高度为十几微米；然后使用化学气相沉积工艺对表面进行绝缘材料镀膜，绝缘材料一般为氮化硅或氮化硅加氧化硅；接着进行化学机械抛光，对抛光液的要求是具有高的氧化硅和氮化硅抛光速率，同时可以很快地对表面的铜柱进行平坦化。铜/

绝缘层晶圆背面化学机械抛光工艺示意图如图 10-8 所示。

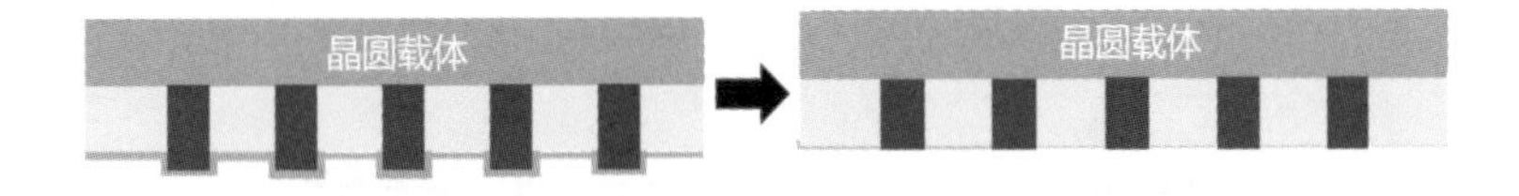

图 10-8　铜/绝缘层晶圆背面化学机械抛光工艺示意图

10.3　化学机械抛光液的应用趋势

硅通孔化学机械抛光液的需求实际上在 2008 年甚至更早便已经被提出，在此之前，一些传统的铜制程集成电路化学机械抛光液被使用在硅通孔的化学机械抛光工艺中，如铜的双大马士革（Dual Damascence）抛光液。

由于硅通孔化学机械抛光工艺的特殊要求，产业界对能更好地满足硅通孔化学机械抛光要求的抛光液的需求越来越大。在产业需求的推动下，经过国际抛光液供应商和设备公司的协同开发，在 2008—2011 年，第一代硅通孔化学机械抛光液应运而生，其中包括硅通孔铜化学机械抛光液、硅通孔非选择比扩散阻挡层化学机械抛光液、硅通孔选择比扩散阻挡层化学机械抛光液（分高 TEOS/SiN 选择比和高 SiN/Si 选择比）、硅通孔晶圆背面 BVR（经由背侧显露）化学机械抛光液、硅通孔晶圆背面 Si/Cu 抛光液等。目前，第一代硅通孔化学机械抛光液已经实现了商业化，被硅通孔化学机械抛光的众多用户（Foundry、IDM、OSAT 和国内外的科研机构等）普遍接受和使用，可以满足各种硅通孔相关化学机械抛光的工艺制程的需要，现在仍然在使用中。

新型（第二代）硅通孔化学机械抛光液的研发从 2013 年左右开始，相对于第一代硅通孔化学机械抛光液，产业界对新型硅通孔化学机械抛光液产品的价格成本竞争力的要求是第一位的。这一点与在量产中降低整个硅通孔技术成本的要求一致，因此在同等甚至更高的技术参数要求下，需要在材料配方和应用方面开展创新优化，以大幅度降低成本。同时，一些新型更有价格优势的材料会在硅通孔晶圆背面的薄膜沉积技术中采用，相应地要求新型材料的化学机械抛光液的研发。

集成电路的技术节点已经向下推进到数纳米级别，硅通孔技术的技术节点也在不断缩小，这样整体提高了对新型硅通孔化学机械抛光液的技术指标要求，具体体现在通过提高选择比和减小蝶形坑和腐蚀坑等缺陷来实现不同化学机械抛光工艺后的平坦化控制，对表面缺陷的大小和数目提出了更高的要求。

10.4 新技术与材料发展

随着硅通孔技术本身的发展，针对化学机械抛光液的新工艺和新材料的需求不断涌现。

一方面，出于对硅通孔工艺成本的不断挑战，产业界需要不断探索更低成本的新材料和新工艺来提供低成本的解决方案，化学机械抛光液的成分需要随之进行调整。例如，在晶圆背面抛光工艺中使用的正硅酸乙酯（Tetraethyl Orthosilicate，TEOS）/SiN 介质不断被尝试由环氧树脂（Epoxy）、干膜（Dry Film）或聚酰亚胺（PI）一类的高分子有机物来替代，随之需要对这类介质材料进行化学机械抛光，因此需要开发新型的化学机械抛光液。

另一方面，在类似硅通孔结构的应用中，提出了同时抛光环氧塑封料和铜的需求，在一个制程中同时实现对硬度高但化学活泼性低的环氧塑封料和硬度低但化学活泼性高的铜的化学机械抛光，对化学机械抛光液材料及相关工艺提出了新的挑战。

参考文献

[1] 李长河. 化学机械抛光技术[J]. 现代零部件，2006，（3）：97-98.

[2] 雷红. 化学机械抛光技术及其在电子制造中的应用[C]//2009 年全国电子电镀及表面处理学术交流会论文集，2009：175-178.

[3] 俞栋梁. 铜化学机械抛光工艺的抛光液研究[D]. 上海：上海交通大学，2007.

[4] 刘俊杰. TSV 多种材料 CMP 速率选择性的研究[D]. 天津：河北工业大学，2017.

[5] VENKATESH R P，KWON T Y，PRASAD Y N，et al. Characterization of TMAH based cleaning solution for post Cu-CMP application[J]. Microelectronic Engineering，2013，102（1）：74-80.

[6] WANG C，GAO J，TIAN J，ET AL. Chemical mechanical planarization of barrier layers by using a weakly alkaline Slurry[J]. Microelectronic Engineering，2013，108（c）：71-75.

[7] 常敏，衷巨龙，楼飞燕，等. 化学机械抛光技术概述[C]//全国生产工程青年科技工作者学术会议，2004：499-504.

[8] 张燕. TSV 铜 CMP 碱性抛光液及其工艺的研究[D]. 天津：河北工业大学，2016.

[9] Lin P C，Xu J H，Li P，et al. TSV CMP Process Development and Pitting Defect Reduction[C]//ICPT 2012-International Conference on Planarization/CMP Technology，2012：193-198.

[10] Rao V S，Wee H S，Lee W S，et al. TSV interposer fabrication for 3D IC packaging[C]//11th Electronics Packaging Technology Conference，2009：431-437.

[11] Balan V，Seignard A，Scevola D，et al. CMP Process Optimization for Bonding Applications[C]//ICPT 2012-International Conference on Planarization/CMP Technology，2012：177-183.

第11章 临时键合胶

随着集成电路制造工艺特征尺寸不断缩小，加之以三维集成为代表的先进封装技术的引入，电子元器件中的晶圆的厚度越来越薄，单个晶圆的厚度需要减小到 100μm 甚至更薄。这些超薄晶圆在封装过程中会由于机械和热应力等因素产生翘曲或断裂。为了防止这些损伤，通常在封装前使用某种特定的中间层材料，将超薄晶圆临时键合到一个晶圆载板上，这种工艺称为临时键合工艺（Temporary Bonding）。在临时键合工艺中，将晶圆和晶圆载板临时黏接在一起的中间层材料一般是有机黏接剂材料，称为临时键合胶。

11.1　临时键合胶在先进封装中的应用

11.1.1　超薄晶圆的发展

在高端电子产品，特别是智能手机、平板电脑、智能手表、游戏系统、可穿戴电子设备等消费类电子产品的驱动下，集成电路不断向更小、更薄、更轻及多功能和低成本的方向发展。过去，电子产品的功能在模块层次上就可以实现，如今则要求在封装层次上实现。因此，封装技术在集成电路等电子产品中的地位越来越重要。为了满足产品小型化的要求，在二维平面上制造集成电路的空间已经变得十分有限。因此，先进封装技术的发展主要集中到三维结构上，这样不仅可以减小封装体积，还可以提高电学性能，减小寄生效应和时间延迟。

基于上述优势，出现了许多垂直封装技术（3D 封装），如堆叠封装（Package in Package，PiP）、叠层封装（Package on Package，PoP）、多芯片封装（MCP）、系统级封装、圆片级封装、TSV 技术等。但是，无论采用哪种堆叠形式或集成方式，都不可避免地要求晶圆的厚度更薄。因此，减薄使晶圆超薄化已成为先进封装技术中的关键工艺之一。一般情况下，将厚度在 100μm 以下的晶圆称为超薄晶圆。在一些先进的封装应用中，需要将晶圆减薄至 30μm，甚至到 10μm 以下（见图 11-1）。随着封装技术的发展和电子元器件需求的不断提高，三维结构堆叠的层数越来越多，晶圆的厚度将越来越薄。因此，在先进封装技术中超薄晶圆的应用和发展将变得愈发重要。

图 11-1　晶圆厚度的变化

超薄晶圆的主要优点包括：

（1）降低封装的整体厚度，特别是在先进的三维芯片堆叠封装和叠层封装中，进一步减小晶圆厚度是降低封装厚度的必然选择。

（2）增强散热，先进封装中的晶圆数量及其功耗不断增加，减薄晶圆可以有效降低热阻，改善散热效果。

（3）增强电学性能，采用超薄晶圆使得元器件间互连长度缩短，从而提高信号的传输速率、减少寄生功耗、提升信噪比。

（4）提高集成度，在三维集成硅通孔技术中采用超薄晶圆，在满足一定深宽比的要求下，制造节距更小、密度更高的硅通孔。

（5）降低成本，对超薄晶圆进行刻蚀、钻孔、钝化、电镀等后续工艺，其加工速度和产量都能够大大提高，同时可以有效降低材料使用成本。

基于这些优点，超薄晶圆得到了越来越广泛的应用。例如：圆片级封装这类高集成度的集成电路产品，需要使用超薄晶圆以进一步缩短互连长度，提高信号传输速率；系统级芯片类应用，需要使用超薄晶圆以尽量减小封装尺寸；功率器件及光伏产品要求更薄的基底材料，从而提高功率传输性能及透光性；柔性电子产品则要求更薄的芯片来确保良好的弯折性能。如图 11-2 所示，超薄晶圆的主要应用领域包括 MEMS 器件、CMOS 图像传感器（CMOS Image Sensor，CIS）、中介转接层、射频器件、发光二极管、功率器件、光伏器件等。

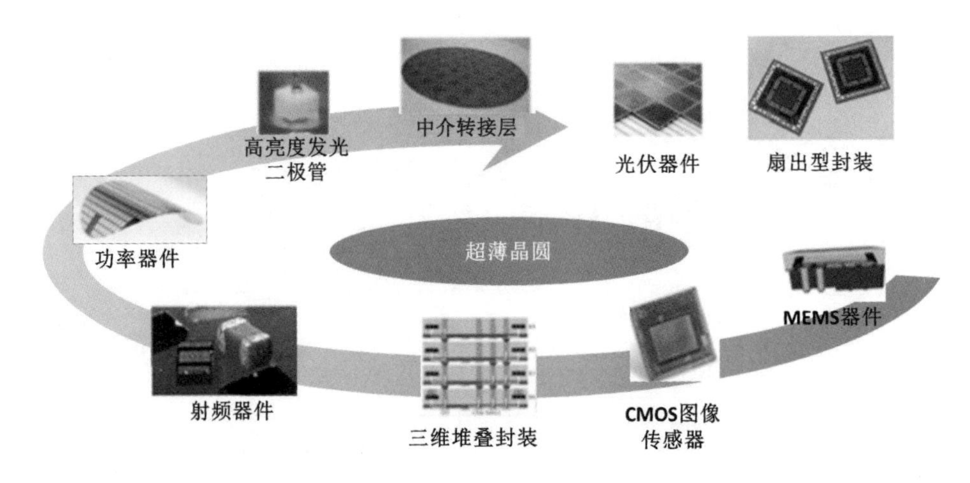

图 11-2　超薄晶圆的主要应用领域

超薄晶圆近年来的发展如图 11-3 所示。业界预测超薄晶圆市场至 2027 年达到 93 亿美元，复合年均增长率（CAGR）为 2.3%。其中，产能最高的 12 英寸晶圆的 CAGR 将达到 2.8%，这主要是由美国、加拿大、日本、中国及欧洲国家驱动的。2020 年，美国的超薄晶圆市场将达到 21 亿美元，而中国市场将以 CAGR 4.4% 的增速至 2027 年达到 18 亿美元。从全球市场分布的角度来看，由于工业化和城市化的快速发展，不断推动集成电路产业的升级，加之劳动力成本低、消费类电子产品需求量大、经济状况良好等因素，因此亚太地区将成为超薄晶圆的主要市场。

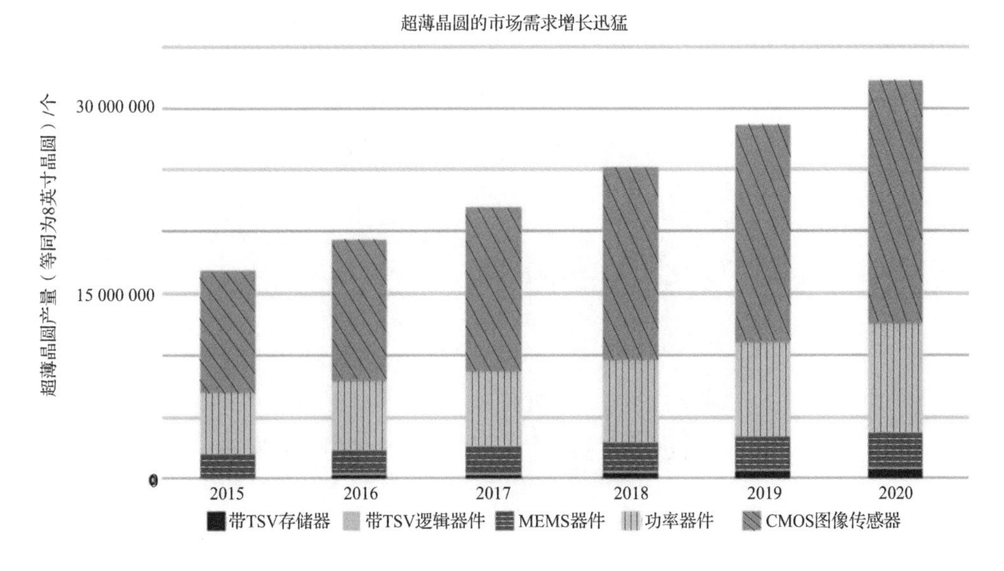

图 11-3　超薄晶圆近年来的发展

11.1.2　临时键合工艺

1．超薄晶圆的支撑与保护

硅片的初始厚度一般为几百微米，减薄就是要将其背面的大部分体硅去除，体硅的去除虽然不会影响晶圆的电学性能，但会显著降低晶圆的机械性能。当硅片被减薄到 100μm 以下时，晶圆在工艺中产生的残余应力、机械强度降低，加之受到自身质量的影响，会表现出显著的柔性和脆性，很容易翘曲、弯折，甚至破裂（见图 11-4）。

因此，对于超薄晶圆，必须使用外部支撑的方法对其进行保护。可以提供机械支撑的方法有很多，主要包括将晶圆与载板晶圆连接、置于承载超薄晶圆的特殊卡盘中、黏附到晶圆划片膜上及采用键合或底部填充的方法使其形成封装结构等。这些支撑系统的使用，以及晶圆在不同系统之间的传输，在超薄晶圆的生产加工过程中都至关重要。晶圆在减薄过程中的精准固定、减薄后的可靠传输及完成器件制造后的分离划片等，都是超薄晶圆加工技术中面临的严苛挑战。

图 11-4　超薄晶圆

2. 临时载板

采用临时晶圆载板（Temporary Wafer Carrier 或 Carrier Wafer，简称临时载板）对超薄晶圆进行保护和支撑是常见的方法，其在技术兼容性方面具有很多优势。首先，超薄晶圆与临时载板键合后形成的叠层结构的尺寸与未经减薄的标准晶圆基本一致。因此，无须对现有的加工设备进行任何改造，或者添加特殊卡盘和片盒等配件即可直接使用，可实现标准晶圆加工与临时键合晶圆加工工艺间的无缝衔接与转换。其次，临时载板的放置与去除仅需要添加临时键合机与解键合机两台设备，对生产线布局影响不大。临时键合晶圆的热力学性能与标准晶圆差别不大，可以采用与已在标准晶圆制造中得到质量认证的加工参数相同或相近的工艺配方进行加工制造。最后，由于临时键合使超薄晶圆得到了充分的保护，使其可以承受机械压力、化学腐蚀、高温加热等各种加工条件，且后续的背面工艺不会受到超薄晶圆厚度的影响，从而大大提高了工艺的可行性和灵活性。

临时载板主要与晶圆正面结合，以便晶圆背面继续加工，因此对临时载板的表面有较高要求。临时载板材料首先要与功能晶圆兼容性好，以便进行对准及键合，同时要满足支撑强度高、厚度均一性好、不易被污染、可多次循环使用、成本低等要求。很多类型的刚性材料都可以用作临时载板材料，如硅、玻璃、陶瓷、蓝宝石、金属等，其中硅和玻璃比较常用，两者各有优缺点。

硅晶圆加工的设备和工艺都已成熟完备，采用硅载板的临时键合与标准硅晶圆的加工技术兼容性高，无须改造设备或调整工艺就可以实现生产制造。由于硅载板与功能晶圆的材料性能相匹配，因此在高温加工步骤中键合的晶圆叠层仍可以保持平整，从而保证了工艺可靠性。同时硅的热导率高，利于热量传导，可以提高加工速度和生产效率。然而，硅载板的材料参数固定，且透光性差，在一些特殊工艺中并不适用。

玻璃的机械和传热性能不如硅，由于玻璃载板与硅晶圆参数不匹配，因此会产生翘曲、应力等可靠性问题。使用玻璃载板的工艺比硅载板复杂，要求添加或改造工艺设备，并调整工艺流程和工艺参数。玻璃材料的优势在于透光性好，且根据不同的加工工艺和选材，可以调整其材料特性。因此，在许多有特殊要求的应用中需要采用玻璃作为临时载板材料，如在采用激光解键合时，玻璃载板良好的透光性使其成为必然的选择。

3．临时键合设备及工艺介绍

临时键合是实现先进封装中超薄晶圆制造和背面加工的关键工艺之一。这一工艺包括临时键合与解键合两部分，可以由 EV Group、SUSS MicroTec 等公司开发的专用设备完成（见图 11-5）。同时设备供应商提供了典型的临时键合/解键合工艺流程。

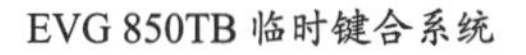

EVG 850TB 临时键合系统　　　　EVG 850DB 解键合系统

图 11-5　临时键合及解键合设备

SUSS XBS300 临时键合平台　　SUSS XBC300 解键合和清洗平台

图 11-5　临时键合及解键合设备（续）

如图 11-6 和图 11-7 所示，功能晶圆正面完成前道工艺加工后，在临时载板或功能晶圆上通过压合、粘贴或旋涂等方法制造一层中间层材料作为键合黏接剂；翻转功能晶圆，使其正面与临时载板对准，然后将二者转移至键合腔进行键合；完成临时键合后，对功能晶圆进行减薄，减薄一般包括机械研磨、化学抛光等步骤；完成减薄后，进行深硅刻蚀、扩散阻挡层及种子层沉积、电镀、机械化学抛光、光刻、刻蚀、金属化等背面加工，形成再布线层、TSV 等结构；加工完成后，可以采用不同方式的解键合工艺将功能晶圆与临时载板分离；对二者分别进行清洗后，将功能晶圆转移到划片膜或其他支撑系统中，以便进行下一步工艺，临时载板则可以马上进行再次利用。在以上工艺流程中，仅添加了临时键合机与解键合机两台设备，其他步骤均可采用与标准晶圆制造相同的设备与工艺完成。

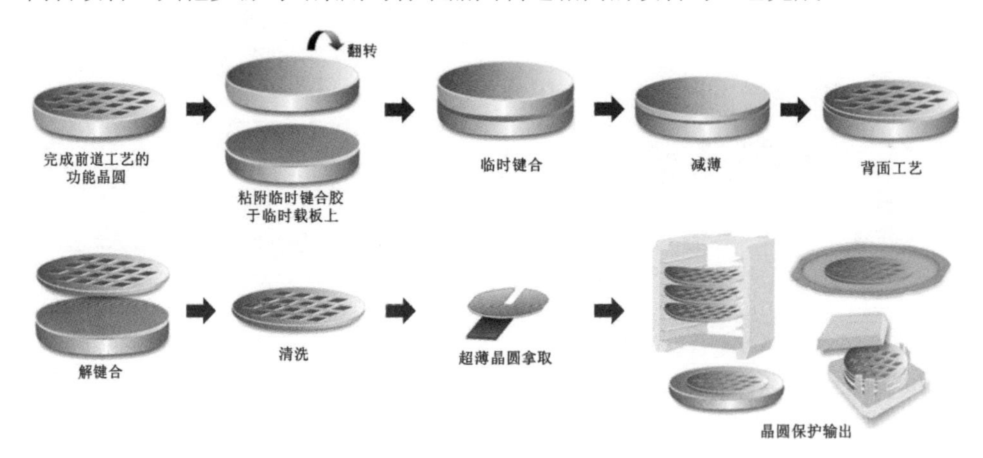

图 11-6　EVG 标准临时键合/解键合工艺流程示意图

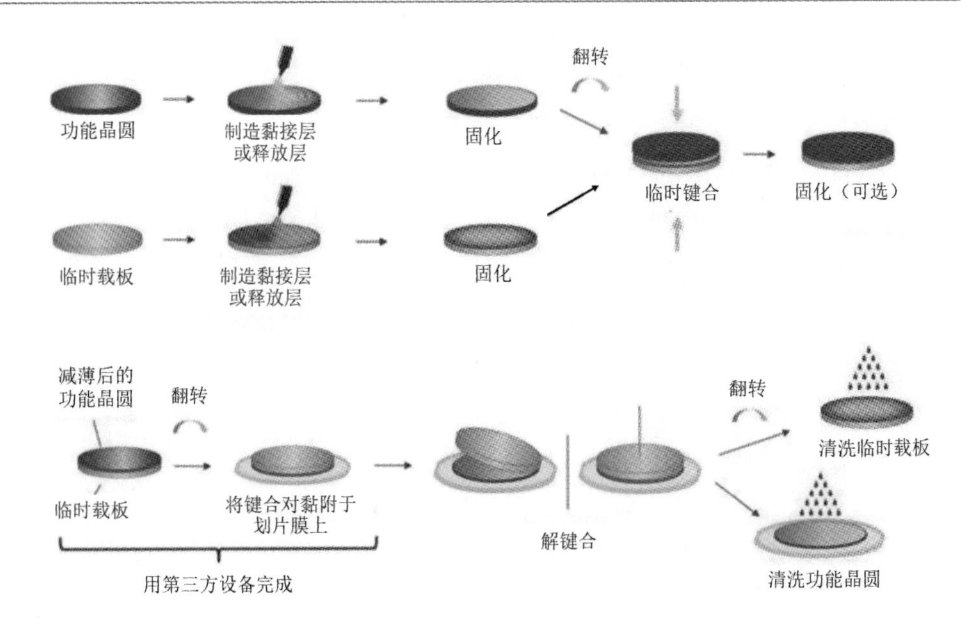

图 11-7　SUSS 标准临时键合/解键合工艺流程示意图

11.1.3　临时键合的要求

临时键合胶（Temporary Bonding Adhesive）是把功能晶圆和临时载板黏接在一起的中间层材料。这种材料具有成本低、键合温度低、键合强度高、对键合表面质量要求不高、载板多样性好、工艺制程简单且兼容性好等优点，是晶圆减薄工艺的关键材料。

从晶圆背面工艺的复杂程度的角度考虑，可以将需要临时键合的产品分为两类：一类是圆片级封装产品，这类产品需要在减薄晶圆上制造再布线层，由于工艺相对简单、制造成本低、产量高等优点，因此在中低端电子产品中的应用非常广泛；另一类是基于 TSV 技术的 3D、2.5D 集成产品，这类产品在制造再布线层前需要在减薄晶圆上进行钻孔、填孔、机械化学抛光等一系列 TSV 相关工艺，步骤多、技术复杂、加工难度大、制造成本较高，但其集成度高并具有出色的电学性能，适合应用在高端电子产品中。

与此对应，临时键合材料主要应用在以扇出型圆片级封装（FOWLP）、三维堆叠圆片级封装（3D WLP）为代表的圆片级封装中和以三维集成电路封装（3D IC）、2.5D 无源中介转接层（Interposers）封装为代表的基于 TSV 技术的三维封装中。

对于不同加工要求的产品，其对应的临时键合在键合方法、键合工艺和材料选择上有所区分，以对超薄晶圆提供更有效的保护支撑。

以 Via-last TSV 结构的两种制造工艺为例，一种是 Bump-last 工艺，另一种是 Bump-first 工艺，图 11-8 和图 11-9 分别展示了两种工艺的流程。Bump-last 工艺首先进行临时键合和晶圆减薄；然后采用干法刻蚀形成 TSV；接着沉积氧化层和种子层；接下来电镀填孔并制造再布线层；最后在电镀凸点等完成后去除临时载板。在 Bump-first 工艺中，TSV 和再布线层制造与 Bump-last 工艺基本相同，凸点制造在临时键合前已经完成，所以在再布线层工艺结束后即可去除临时载板和键合胶材料，露出在减薄及背面工艺中被保护的凸点结构。

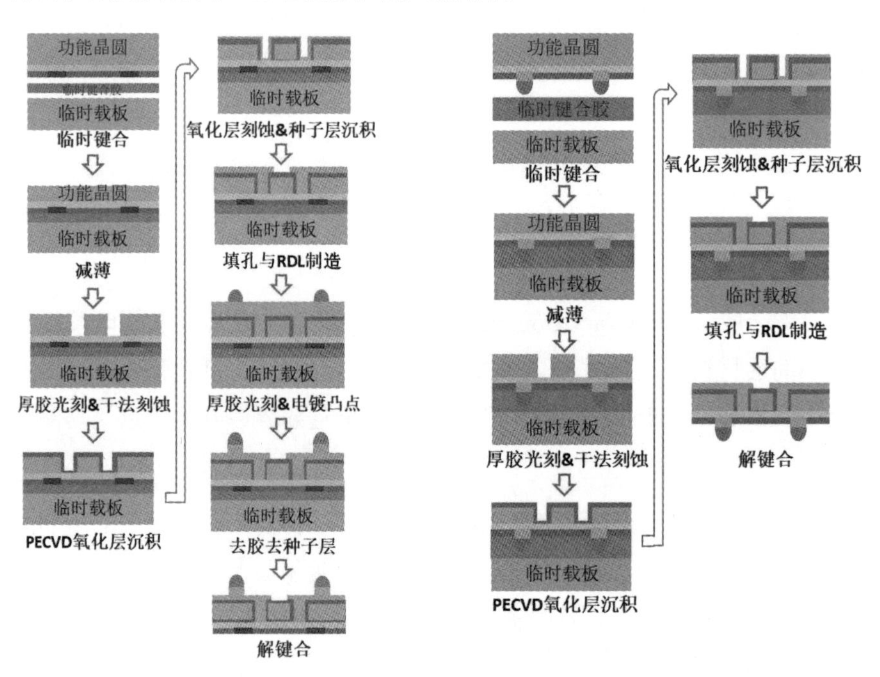

图 11-8　Bump-last 工艺流程示意图　　　　图 11-9　Bump-first 工艺流程示意图

两种工艺的制造顺序不同，对临时键合材料的要求也不同。在 Bump-last 工艺中，可以采用厚度较薄的黏接层；而在 bump-first 工艺中，需要更厚的黏接层以保护已制造好的凸点结构。但是，黏接剂的导热性能不好，在等离子体增强化学气相沉积法（Plasma Enhanced Chemical Vapor Deposition，PECVD）等高温工艺中不能有效散热，会使键合界面温度升高，从而导致黏接层失效。因此，需要选用热稳定性较高的临时键合胶。另外，黏接层厚度越大，厚度均一性越难保证，因此需要在键合前后检测总体厚度变化，并调整优化键合工艺参数。凸点结构的机械性能在高温下不够稳定，建议尽量采用可以在室温下进行的工艺。

通常，需要晶圆减薄并进行背面加工工艺的先进封装都会使用临时键合胶。因此，随着超薄晶圆在先进封装中广泛应用，对临时键合材料的需求几乎已经遍及了整个晶圆减薄市场，并具有广阔的发展前景。

对于临时键合材料，一方面要求其能够将晶圆叠层紧密地键合在一起，使功能晶圆得到可靠的支撑和保护，并可承受后续工艺中机械压力、化学腐蚀、高温加热等一系列严苛的加工条件（见图 11-10）；另一方面在加工完成后，要求可以通过快速简便的方法将功能晶圆和临时载板安全分离。

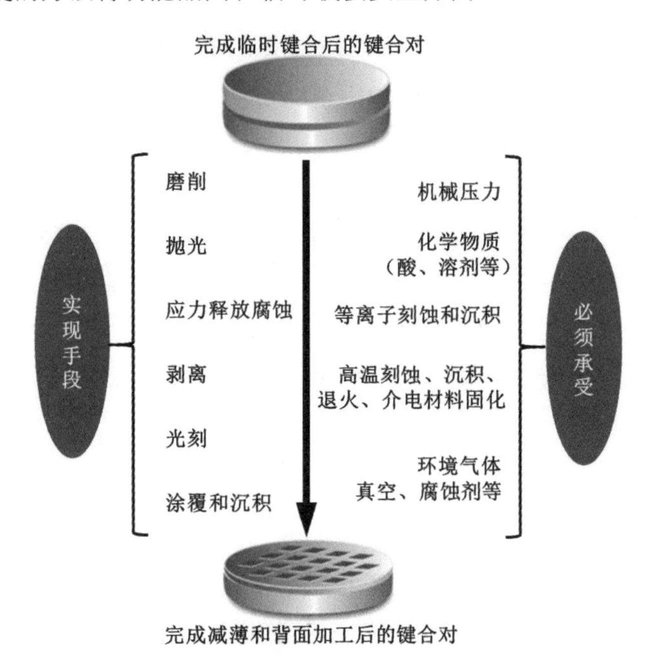

图 11-10　典型背面工艺中的加工条件

临时键合胶是确保整个临时键合工艺顺利实现的关键，而材料的选择与其对应的工艺流程是密不可分的，因此必须综合考虑材料性能、工艺可行性、生产效率等多方面因素。临时键合材料需要满足的几点基本要求如下。

1）热稳定性高

晶圆的临时键合体系需要经受晶圆背面加工过程中的许多高温工艺，如介质层沉积、聚合物固化、回流焊、金属烧结、晶圆永久键合等。其中有些工艺温度会高达400℃以上，这些高温工艺会导致多种材料或互连失效。因此，热稳定性是临时键合材料需要具备的重要特性之一。

临时键合胶的热稳定性是指在高温工艺中，材料对分解和排气的耐受能力。常见的高温失效现象表现为材料分解后产生气体，在晶圆键合界面间的局部区域形成孔洞，最终导致分层。使用真空腔进行临时键合，可以将黏接剂中挥发性溶液产生的气体有效排出。然而，真空腔会加剧挥发性分解物质的形成。

热稳定性的评估方法有很多，其中热重分析（Thermogravimetric Analysis，TGA）是一种比较简便的常用方法。TGA可以测量临时键合胶随温度和时间变化的质量损失。该实验在开放的容器内进行，高温加热使材料分解，释放出气体，因此质量减小。在实际晶圆键合情况下，热分解产生的气体被限制在晶圆之间的狭小空间中，无法释放出去，随着气体的压力增大，最终界面分层。TGA的测量结果虽然与实际工艺并不完全一致，但仍可以作为评估材料热稳定性的合理参考指标。TGA测量的热失重曲线如图11-11所示，材料在高温条件下的失重百分比越低，其热稳定性越高。热稳定性较高的材料可以有效地增大临时键合胶使用的工艺温度范围，保证键合晶圆在背面工艺过程中完好无损。

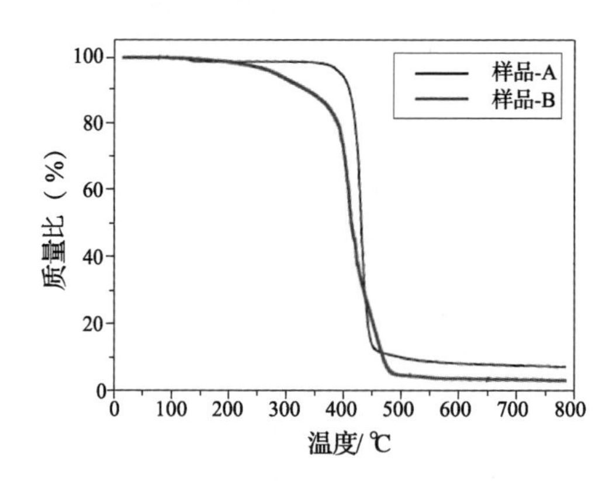

图11-11　TGA测量的热失重曲线

2）化学稳定性高

临时键合胶必须对各种强酸、强碱等腐蚀性化学试剂有较高的耐受力，如抛光液、刻蚀硅和金属的药液、电镀液等。在进行晶圆背面加工工艺过程中，会使用到多种化学试剂，包括氧化剂、强酸、强碱及多种有机溶剂。因此，在不同温度下经历多种严苛工艺的临时键合胶需要具有良好的化学稳定性。抗化学腐蚀能力差的临时键合胶会导致键合界面分层和破片的发生。在评估临时键合胶的化学稳定性时，首先将晶圆键合对置入不同的化学试剂中，设定加热温度和浸泡时间，然后进行解键合测试，观察键合对是否出现剥离或腐蚀等现象。集成电路制程中常用的化学溶剂为丙酮、N-甲基吡咯烷酮、盐酸、过氧化氢（又称双氧水）、氢氧化钾、四甲基氢氧化铵、硝酸、甲醇、异丙醇、乳酸乙酯、丙二醇甲醚等。通过表 11-1 所示的化学试剂测试而不发生剥离现象的临时键合胶具有较好的化学稳定性。

表 11-1　临时键合胶的典型化学稳定性测试

化 学 试 剂	温度/℃	时间/min
Acetone	25	25
NMP	85	60
6mol/L HCl	60	30
15% H_2O_2	60	40
30% KOH	85	60
70% HNO_3	25	60
EtOH	25	5
MeOH	25	5
IPA	25	5
Ethyl lactate	25	5
PGME	25	5

3）黏接强度高

临时键合胶对不同材料的晶圆（硅、玻璃等）及金属层、介质层等材料表面需要具有很高的黏接强度。作为临时键合体系中的黏接层，临时键合胶必须具有足够的黏接强度以保证功能晶圆不会在工艺过程中产生滑移。当评估临时键合胶的黏接强度时，可以采用剪切测试的方法，测量室温下晶圆键合对间黏接层的剪切力（见图 11-12）。通常，当剪切强度大于 20MPa 时，则认为临时键合胶的黏接强度足以满足功能晶圆的整个加工工艺要求。此外，临时键合胶的黏接强度可以通过添加交联剂或偶联剂等方法进行调节。

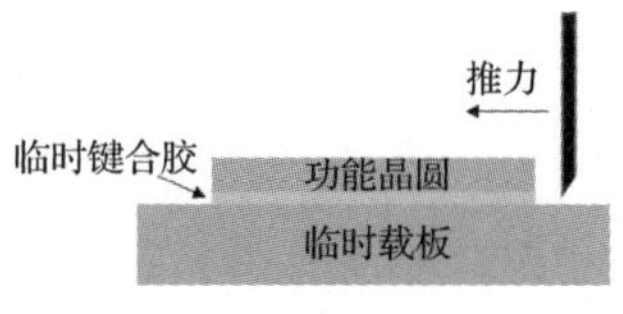

图 11-12　剪切测试示意图

4）机械稳定性好

临时键合胶需要具有较好的保护支撑性，在晶圆的减薄、抛光等工艺中提供良好的支撑，有效保护晶圆上的轮廓、线路及晶圆的边缘，且对表面金属没有腐蚀性。在晶圆背面加工工艺中有很多热循环过程，因此希望降低临时键合胶的热膨胀系数，减小其与晶圆材料的热失配，使内部机械热应力最小化，以便在整个工艺过程中，键合的晶圆和临时载板能够时刻保持较低的翘曲度，保证后续工艺的顺利进行。

热膨胀系数可以通过热机械分析（Thermomechanical Analysis，TMA）进行测量。所有物质都会因温度改变而产生涨缩变化，高分子聚合物材料的一个重要参数是玻璃化温度（T_g）。

如图 11-13 所示，当聚合物材料升温到某种温度区间时，会由原先常温下较坚硬的“玻璃态”，转化为高温下较柔软且具有塑性的“橡胶态”。TMA 曲线记录了样品的厚度随温度的变化，利用外推法可知两条曲线延伸虚线的交点所指示的温度，即材料的 T_g。T_g 前后的曲线斜率有明显差异，说明了两者截然不同的热膨胀系数，即 α_1 和 α_2。在每段温度范围内，近似地认为厚度与温度呈线性关系，因此计算曲线的斜率，即可得到所测材料在该温度范围内的热膨胀系数。

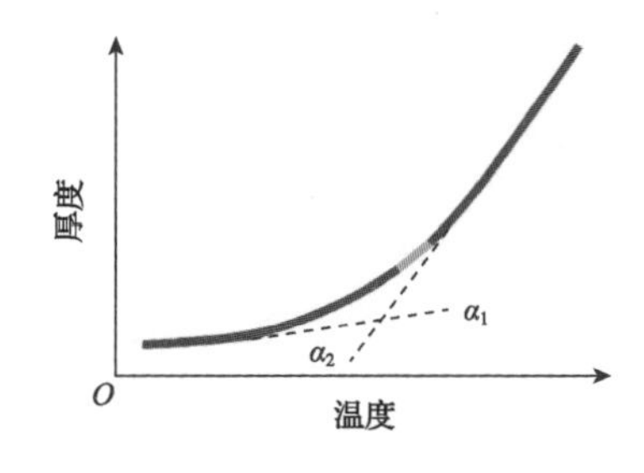

图 11-13　聚合物材料 TMA 曲线示意图

5）均一性好

增加临时键合胶的厚度有利于补偿晶圆表面形貌、改善超薄晶圆的翘曲。键合工艺测试表明，为了保证晶圆的平整，黏接层的厚度至少要大于 15μm。同时，涂覆在晶圆表面的临时键合胶厚度必须非常均一，即具有较高的平整度与连续性。厚度不均一的黏接层，会导致晶圆在背面加工工艺中发生翘曲和破损。

对于涂胶和临时键合后的黏接层表面平整度，正常规格要求在胶层厚度的±2%区间内变化，总厚度变化（Total Thickness Variation，TTV）要小于 2μm。涂胶工艺中的厚度控制是实现良好键合的重要保障。反射法测量旋涂后的临时键合胶厚度均一性如图 11-14 所示。

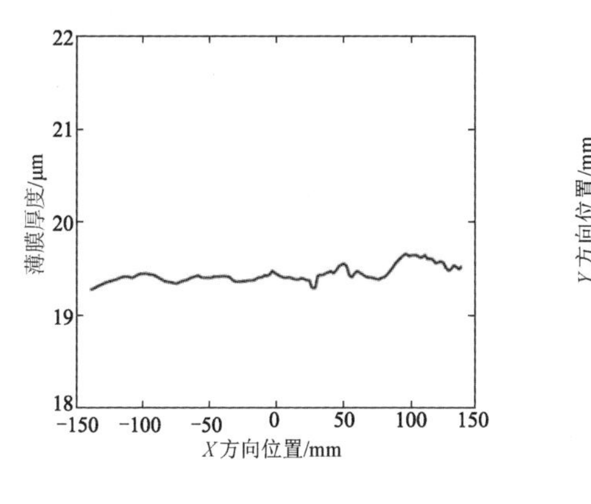

（a）沿直径方向膜厚

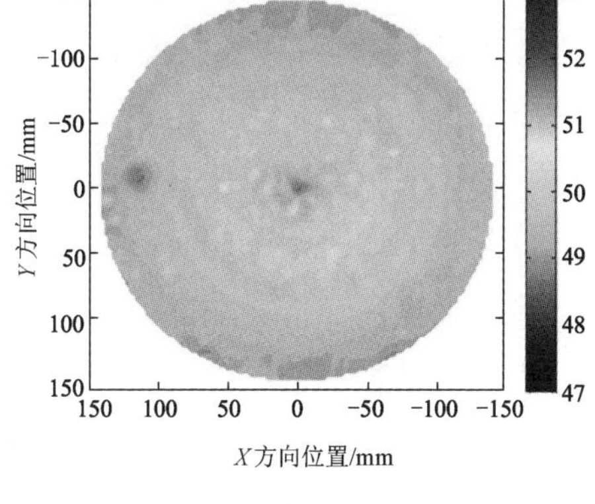

（b）晶圆厚度分布图

图 11-14　反射法测量旋涂后的临时键合胶厚度均一性

6）操作性好

临时键合胶的键合及解键合的工艺流程需要与现有前后道工艺设备兼容，工艺相对简单，具有较高的成品率。当整个集成工艺完成后，可以采用多种解键合方法（如加热、激光、化学、外力等）使黏接层失效，之后将晶圆键合对分离，其上残余的临时键合胶可以用溶剂清洗或其他手段彻底去除，达到晶圆表面无残留，且对晶圆没有任何污染的效果。

除以上几点要求外，临时键合胶对产品的适用性、工艺加工窗口、工艺加工时间、良率、成本等都是影响材料选择的重要指标。

11.2 临时键合胶类别和材料特性

11.2.1 临时键合胶分类

1. 按临时键合胶的物理形态分类

按照材料的物理形态分类，临时键合胶可以分为蜡状物（Wax）、复合胶带（Tape）和旋转涂敷（Spin-coating）黏合剂。

蜡状物黏合剂是比较早得到应用的临时键合材料，一般需要用专用的涂胶系统将其涂敷到临时载板上。蜡状物黏合剂的使用温度较低，即使是耐高温类的材料一般也只能承受170℃的工作温度。

影响蜡状物黏合剂被大规模使用的一个主要原因是其复杂的解键合和清洗过程。为了去除蜡状物黏合剂，需要将晶圆键合对在价格昂贵的化学溶剂中浸泡很长时间，溶剂用量大且需要经常更换，导致生产效率低、成本高而且晶圆在清洗过程中可能会因为缺乏有效的保护支撑而产生破裂等可靠性问题。

复合胶带黏合剂一般采用双面结构（见图11-15），在采用层压法键合时将保护膜去掉，使热释放层与具有保护涂层的功能晶圆表面结合，黏接层与临时载板表面结合，这样在室温下就可以完成可靠的键合。在加热解键合后，复合胶带黏合剂几乎没有残留，清洗简便。

复合胶带黏合剂的缺点是厚度均一性差，以及使用温度偏低（<180℃）。经过多年技术改进，复合胶带黏合剂可以实现TTV<2μm，热稳定性也有所提升，加之工艺简单的优势，其在超薄晶圆加工中得到了普遍应用。

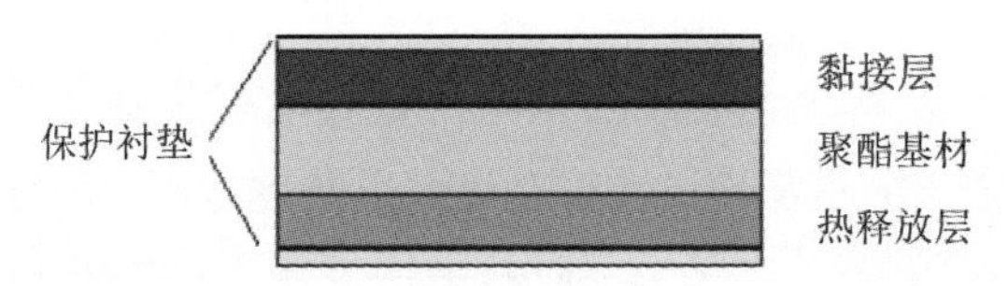

图11-15 复合胶带黏合剂双面结构示意图

旋转涂敷黏合剂是目前最常用的临时键合胶。液态材料通常采用旋转涂敷的方法施加到固体材料表面上形成涂层，旋转涂敷工艺的加工速度快、温度调节范围大、可适用材料广泛。将液态黏合剂通过旋转涂敷工艺施加到晶圆表面，可以达到最佳厚度控制，膜厚变化小于 1%，总厚度可以达到几十微米，非常适用于对整个表面均一性要求较高的大尺寸晶圆，以及制造带有凸点结构晶圆的无孔洞厚胶保护膜。

旋转涂敷黏合剂的热稳定性明显高于其他两种键合胶，可以承受 250℃的高温，一些耐高温类的材料可以承受的温度达到 400℃以上，扩大了加工工艺窗口，且材料溶解性好，解键合后可以在化学溶剂中被快速清洗掉，没有残胶问题。

2．按临时键合胶的基础黏料分类

临时键合胶是在基础黏料中加入助剂混合配比形成的。可用作基础黏料的高分子聚合物材料包括热塑性树脂（Thermoplastic）、热固性树脂（Thermoset）、光刻胶（Photoresist）等。助剂包括增黏剂、抗氧剂和流平剂等，通过改变助剂的含量和配方，可以优化和调节某些特定的材料参数。临时键合胶的材料性能主要是由基础黏料的性质决定的，因此基础黏料的选择至关重要。

热塑性树脂的特性是受热软化、冷却硬化。在常温下，这类树脂材料呈现固体形态，是具有高分子量的线型或带少量支链的聚合物，分子间没有交联。在加热加压条件下，热塑性树脂会软化流动，但分子结构基本没有变化，不发生化学反应。当受热的温度和时间超过一定范围时，热塑性树脂会发生降解或分解。热塑性树脂的优点是容易加工成型、变形能力大、抗冲击性能好、可以返工、易于清洗等；其缺点是耐热性不佳、刚度较低。常见的热塑性树脂包括聚氯乙烯（PVC）、聚酰胺（PA）、橡胶等。

热固性树脂的特性是其在加热加压作用下，会发生化学反应而固化成型。这一反应是不可逆的，之后受热不会再次软化，且不能溶解。这类树脂材料在固化前分子量不高，呈现为固体或黏稠液体形态，在成型过程中黏度降低，可以软化流动，并具有可塑性。当发生化学反应后，热固性树脂的分子间交联固化，形成稳定的高分子量体型结构。当受热温度过高时，热固性树脂会发生分解或炭化。热固性树脂的优点是耐热性好、刚度大、硬度高、尺寸稳定性高；其缺点是性脆、机械性能较差。常见的热固性树脂包括环氧树脂、酚醛树脂、有机硅树脂等。

光刻胶又称为光致抗蚀剂，是一种对光敏感的混合液体，主要成分是感光树脂、增感剂和溶剂。当光线照射感光树脂后，曝光区域内会发生化学反应，溶解性、亲合性等材料的物理特性发生显著变化。使用适当的显影液进行处理，可溶解的部分被去除，则得到需要保留的图形。按照感光树脂的化学结构分类，光刻胶可以分为光聚合型、光分解型、光交联型三类光刻胶；按照化学反应机理和显影原理分类，光刻胶可以分为负性和正性两类光刻胶。光刻胶材料利用其感光特性，可以把制造在掩模版上的图形转移到晶圆表面的氧化层中，还可以在后续的刻蚀、离子注入等工艺中，保护下面的材料。由于光刻胶具有耐热性高、工艺简单、涂层平整度好等优点，因此适合用作临时键合胶。常见的光刻胶包括聚酰亚胺（Polyimide）、苯并环丁烯（Benzocyclobutene，BCB）等。

以下介绍几类应用在临时键合胶中的主要基础黏料。

（1）橡胶（Rubber）类的塑料，属于热塑性树脂，以热剪切或溶剂溶解方式分离。

（2）丙烯酸类型（Acrylic），以激光辅助方式分离。

（3）聚酰亚胺类（Polyimide），需要化学溶剂溶解或激光辅助。

（4）有机硅胶（Silicone），可以纵向拉伸分离。

（5）氨基甲酸乙酯（Urethane）类塑料，使用化学溶剂溶解分离。

（6）苯并环丁烯（Benzocyclobutene，BCB），使用化学溶剂溶解分离。

3. 按键合与解键合方式分类

临时键合胶的键合与解键合都是通过输入外界能量（如光、热及外力）使临时键合胶的黏接性能生效或失效来实现的。能量输入的方式需要根据临时键合材料的性能及临时键合工艺的要求等因素进行选择。

临时键合的主要方式为加热固化和 UV 固化两种，光刻胶类的感光树脂材料可以进行 UV 固化键合，其他黏合剂材料大都采用加热方法实现键合。

临时键合区别于永久键合的关键是其解键合工艺。解键合工艺分为热释放解键合（Thermal Release Debond）、化学释放解键合（Chemical Release Debond）、激光解键合（Laser Debond）、机械释放解键合（Mechanical Release Debond）等。

解键合工艺的具体介绍如下。

1）热释放解键合（Thermal Release Debond）

热释放解键合采用加热的方法使临时键合胶的黏度降低，从而实现功能晶圆与临时载板的分离。针对不同的基础黏料，热释放解键合又可以分为热滑移解键合和热分解解键合。

（1）热滑移解键合（Thermal Sliding Debond）。

热滑移解键合是利用热塑性黏合剂受热软化、冷却硬化特性而开发出来的一种独特的解键合工艺。在温度较低时，热塑性黏合剂的黏度高、硬度大，可以给临时键合结构提供足够的保护支撑。当热塑性黏合剂被加热至玻璃化温度，即解键合温度以上时，其黏度和硬度大大降低，此时就可以通过滑移的方式将功能晶圆从临时载板上分离下来，如图 11-16 所示。

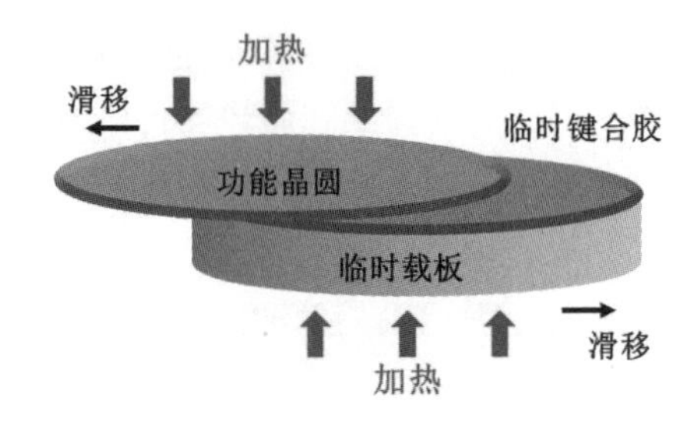

图 11-16　热滑移解键合过程示意图

热滑移解键合的原理比较简单，但在实际应用中需要非常细致的工艺设计。

为了实现滑移分离，要对临时键合结构施加剪切力，如果超薄晶圆没有适当的支撑则可能发生断裂，制造好的凸点可能被损伤。因此，在整个解键合过程中，需要将功能晶圆的背面安装在晶圆卡盘中，在解键合完成后则将功能晶圆转移到装有划片膜的框架上进行支撑保护。另外，在解键合工艺中要对温度严格控制，临时键合结构的两侧需要同时加热，保证热塑性黏合剂始终处于均匀的低黏度、半液体状态，以便滑移分离的顺利进行。

热滑移解键合的优点是，适用于多种材料的载板、在解键合过程中功能晶圆可以得到有效的保护、残余的黏合剂易清洗。其主要缺点是，解键合温度为热塑性黏合剂能承受的最高温度，这使热预算受到严重限制，很多高温的晶圆背面工艺都无法实施。

目前，热滑移解键合临时键合胶产品主要包括美国 Brewer Science 公司的 WaferBond HT-10.10 及国内化讯半导体材料有限公司生产的 Samcien® WLP TB18

和 Samcien® WLP TB1202 等。其中，化讯半导体材料有限公司的热滑移解键合临时键合胶已经为国内的部分先进封装测试企业批量供货，该材料目前主要用于超薄指纹识别芯片的封装工艺过程。

（2）热分解解键合（Thermal Decomposition Debond）。

热分解解键合的原理是，高分子聚合物在高温下分子链发生断裂，聚合物分子量急剧下降，宏观表现为材料的强度、延展性等性能显著降低，黏度同样大幅降低，从而实现键合结构的分离。

热分解解键合适用于热固性黏合剂材料。固化后的临时键合胶，在氮气环境下被加热到 350℃以上的高温，会发生热分解使临时键合胶失去对晶圆的黏性。热分解解键合示意图如图 11-17 所示，当临时键合胶被完全分解后不会有任何残留，可以小心地采用楔形移动设备将功能晶圆从临时载板上移开。

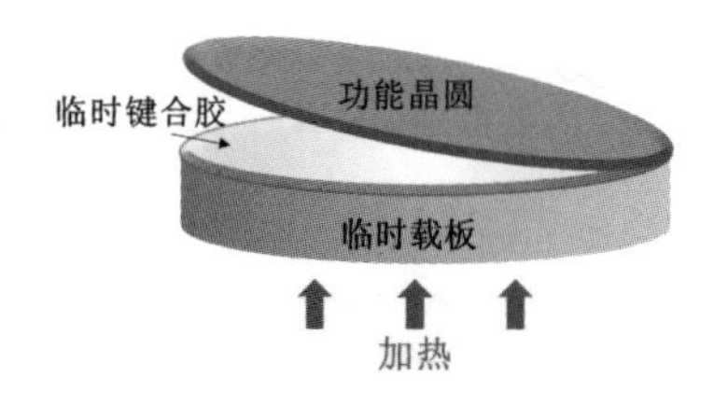

图 11-17　热分解解键合示意图

热分解解键合的优点是，适用于多种材料的载板、无须施加外力、黏合剂无残留。其主要缺点是，解键合温度较高，可能对功能晶圆中的电路产生不良影响。

目前，化讯半导体材料有限公司已经研发出相关的双面胶带样品 Samcien® TED 4180，该产品有望应用于扇出型封装的临时键合工艺。

2）化学释放解键合（Chemical Release Debond）

化学释放解键合是一种几乎不产生应力的工艺，非常适用于小批量生产研发。化学释放解键合的过程是将晶圆键合对浸没到对应的化学溶剂中，使临时键合胶在超声波或兆声波辅助条件下溶解或分解，如图 11-18 所示，从而实现功能晶圆和临时载板的分离。

由于功能晶圆与临时载板之间的空隙通常只有 10～30μm，因此使用化学溶剂来溶解临时键合胶的过程非常漫长。为了加快溶剂的扩散和溶解过程，使临时键合胶与化学溶剂有效反应，通常需要使用带孔的临时载板。

化学释放解键合的优点：适用于多种材料的载板、溶解温度低、不产生应力，不需要复杂的解键合设备且操作简单。其缺点：在临时载板上开孔不仅会增加制造成本和复杂性，还会降低载板的机械强度，对晶圆减薄的均一性造成影响；载板开孔不易清洗，且临时键合胶会从载板开孔处与卡盘接触造成污染；化学释放使键合结构分离后，功能晶圆单独悬浮在溶剂中，可能会由于得不到有效支撑保护而造成损伤；解键合时间长且溶剂用量大。因此，化学释放解键合多用于对产量和可靠性要求不高的产品中。

目前已经批量生产并供应的化学释放临时键合胶产品，主要包括美国 Brewer Science 公司的 WaferBond® CR-200 及国内化讯半导体材料有限公司生产的 Samcien® WLP CB1228 等。

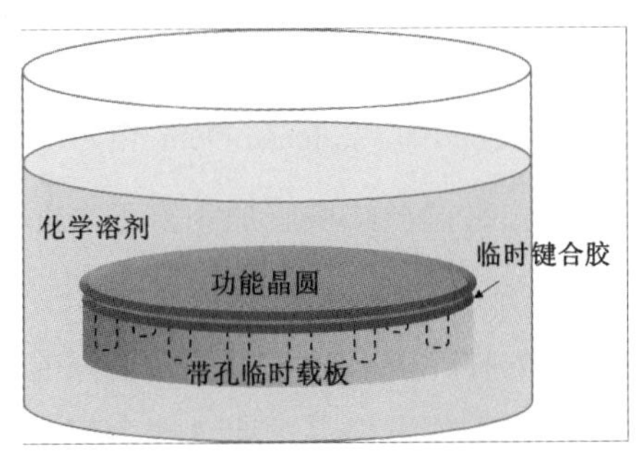

图 11-18　化学释放解键合过程示意图

3）激光解键合（Laser Debond）

激光解键合是一种无应力的解键合方法，其原理是利用光源的照射使聚合物黏合剂发生光分解，降低黏度从而与界面分离。此类临时键合胶包括黏接层和释放层两层材料，黏接层涂覆在功能晶圆表面，释放层涂覆在透明的玻璃载板上。

在解键合时，将临时键合结构放入解键合腔中，无须加热加压，选择特定波长的激光光源，设置脉冲能量并透过玻璃载板，将激光光源集中投射到黏接层和释放层的界面上，键合界面的黏度迅速降低。当功能晶圆保持在卡盘上的时候，临时键合胶即可从晶圆上剥落，临时载板随后可从叠层上移除（见图 11-19），从而实现功能晶圆和临时载板的分离。

激光解键合的优点包括室温操作、无应力、解键合速度快、适合于大批量生产。然而，应用这种方法必须使用透光性好的玻璃作为临时载板，不能使用成本低廉、工艺兼容性优异的硅载板。

目前，激光解键合临时键合胶产品主要包括美国 Brewer Science 公司的 BrewerBond® 701 及国内化讯半导体材料有限公司生产的 Samcien® WLP LB203 及 Samcien®WLP LB208 等，化讯半导体材料有限公司的相关产品已经通过一些圆片级封装客户的生产线验证，即将获得规模化应用。

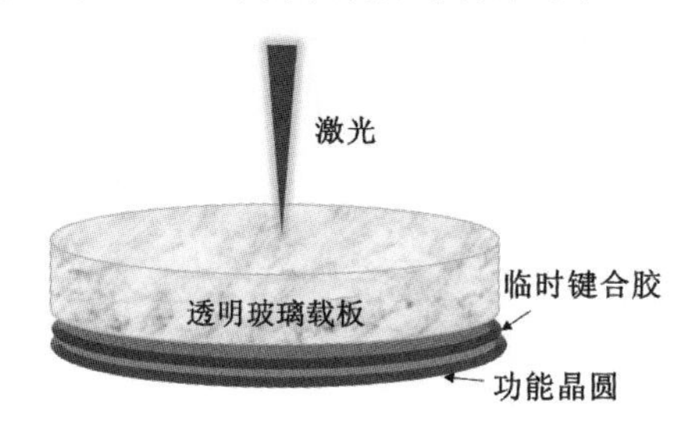

图 11-19　激光解键合过程示意图

4）机械释放解键合（Mechanical Release Debond）

机械释放解键合是指对临时键合结构施加垂直于表面方向的拉力，使得临时载板从功能晶圆表面剥离（Peel off 或 Lift off），如图 11-20 所示。

适用于机械释放解键合的临时键合胶可以承受很强的剪切力，在减薄过程中可以为晶圆提供有效保护。在垂直方向上，通过一个或多个释放层的设计控制材料黏度，在室温下施加很小的拉力就可以使键合结构分离。

当进行机械释放解键合时，需要使用配有特殊剥离卡盘的解键合设备。功能晶圆被固定在装有划片膜的框架上，框架吸附在真空卡盘上；临时载板被固定在真空卡盘上。沿着载板边缘的解键合线均匀施加很小的初始拉力，解键合波会迅速传遍整个键合界面，功能晶圆与临时载板分离。

机械释放解键合的优点是可适用于多种材料的载板、可以在室温及较低的应力下实现、解键合时间短、适用于大规模量产。其缺点是需要配备特殊的卡盘系统。此外，虽然在解键合过程中仅对临时载板施加拉力，这使剥离时功能晶圆的受力尽量减小，但机械应力仍可能对晶圆表面的电路造成损伤。

目前，国际上主要以 Brewer Science 公司的 BrewerBond® 220 和 BrewerBond® 305 为键合材料，以 BrewerBond®510 为释放层材料进行机械释放解键合；国内主要以化讯半导体材料有限公司生产的 Samcien® WLP MB4118 为键合材料，以

Samcien® WLP MB3100 为释放层材料进行机械释放解键合，这些产品已经通过先进封装测试客户的生产线验证，获得了良好的市场反应。

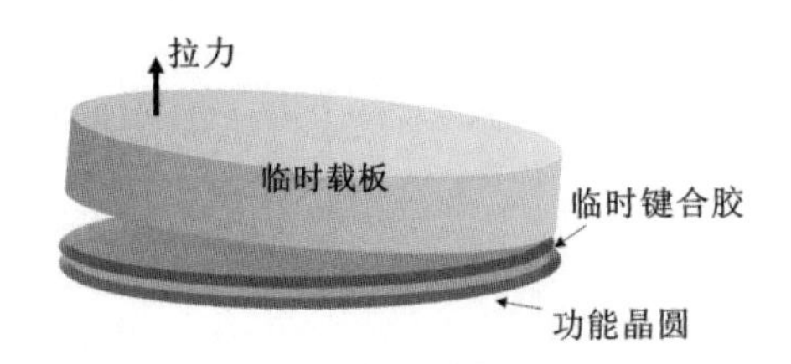

图 11-20　机械释放解键合过程示意图

11.2.2　典型产品介绍

目前市场上临时键合胶产品多被国外供应商垄断，主要包括 Brewer Sciences 的 WaferBond 和 ZoneBond 系列产品、3M 的 LTHC 系列产品、DuPont 的 HD-3000 系列产品、Thin Materials 的 T-MAT 系列产品、Dow Corning 的 WL 系列产品、东京应化工业株式会社（TOK）的 Zero Newton 系列产品和 Dow Chemical 的 Cyclotene 系列产品，这些临时键合胶的相应产品特性如表 11-2 所示。

不同的材料供应商采用不同的工艺方法，因此他们对临时键合胶的性能、设备要求及载板的选择各不相同。目前已经商业化的产品只能满足临时键合胶材料的部分性能要求，在某些应用特性方面还不能完全满足封装工艺的要求，仍有很多方面的挑战亟待解决，还需要进一步的深入研究。

表 11-2　主要临时键合胶的产品特性

供应商	Brewer Sciences		3M	Thin Materials	Dow Corning	TOK	Dow Chemical	DuPont
材料型号	WaferBond	ZoneBond	LTHC	T-MAT	WL	Zero Newton	Cyclotene	HD-3000
化学系统	橡胶/树脂	橡胶/树脂	丙烯酸类	硅胶	硅胶	氨基甲酸乙脂	BCB	聚酰亚胺
键合温度/℃	约 180	160～180	室温	180	180	—	250	300
高温稳定温度/℃	<220	200	250	250	250	250	300	350

续表

供应商	Brewer Sciences		3M	Thin Materials	Dow Corning	TOK	Dow Chemical	DuPont
解键合方法	高温热剪切	边缘拉力分离	激光	边缘拉力分离	边缘拉力分离	化学溶解	化学溶解	激光/溶剂
解键合温度/℃	220	220	室温	室温	室温	室温	室温	室温
化学抗腐蚀能力	好	好	好	好	好	好	好	好
250℃高温下的稳定性	不稳定	不稳定	稳定	稳定	稳定	稳定	稳定	稳定

以下针对几款目前市场上主流的临时键合胶产品及其工艺特点进行详细的介绍。

1）WaferBond HT-10.10

WaferBond HT-10.10 是一种热塑性黏合剂，基础黏料为聚烯烃混合物，在室温下其黏度非常好，解键合与清洗比较方便。

WaferBond HT-10.10 产品工艺流程图如图 11-21 所示。黏合剂以溶剂的形式被旋涂到临时载板上并进行烘烤；将功能晶圆翻转后与临时载板对准，在真空腔中加热键合，键合温度约为 180℃，键合压力小于 8kN；在解键合前先用卡盘保护功能晶圆，再加热，黏合剂随温度上升会变软，在温度和横向力的共同作用下实现功能晶圆与临时载板的分离；减薄后的功能晶圆需要进行溶剂清洗去除残胶；最后将功能晶圆用适当的方式保护支撑。

这种将晶圆键合对通过滑移剥离的方法即热滑移解键合。WaferBond HT-10.10 与很多其他的热塑性黏合剂都适于采用热滑移解键合的方法。

WaferBond HT-10.10 的键合过程非常简单，但解键合过程比其他方法复杂，要考虑热滑移过程及后续清洗过程中对晶圆的保护。此外，WaferBond HT-10.10 的软化点仅为 180℃，对于 200℃以上的键合温度的耐受能力较差，其高温黏接性能仍需改善。

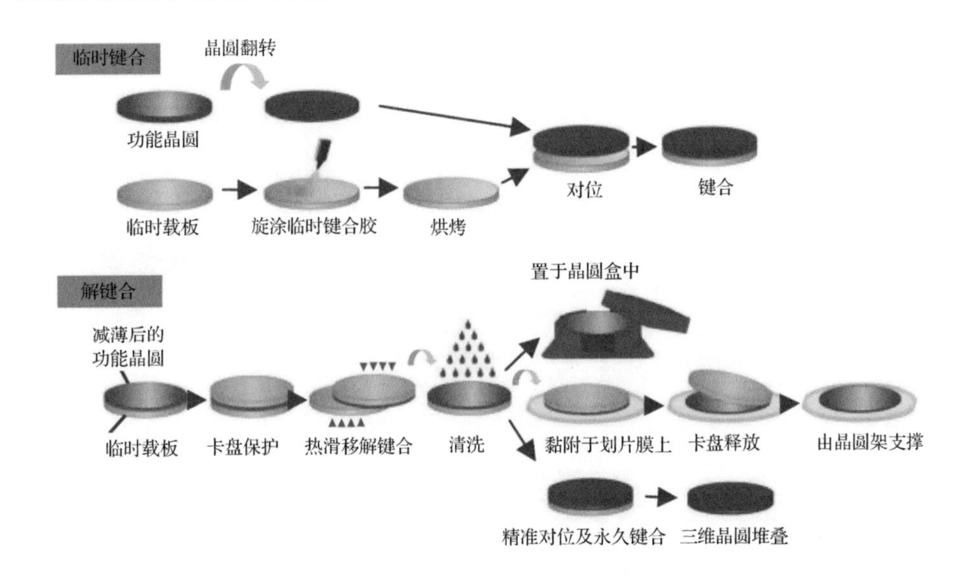

图 11-21　WaferBond HT-10.10 产品工艺流程图

2）3M 晶圆支撑系统

3M 公司开发的晶圆支撑系统是基于 UV 固化键合和激光剥离两个过程的。其临时键合胶的材料体系主要由两种组分构成，一种是可以在室温下 UV 固化的黏合剂，另一种是能够吸收激光能量并进行光热转换的黏接材料，称为光热转换材料（Light to Heat Conversion Material，LTHC）。

3M 晶圆支撑系统工艺流程图如图 11-22 所示，在功能晶圆上旋涂 UV 固化黏合剂用于临时键合及晶圆保护，同时在玻璃载板上旋涂 LTHC 作为剥离层；将玻璃载板翻转后与功能晶圆对准，使 UV 激光透过玻璃载板照射到功能晶圆的黏合剂上实现 UV 固化键合；在解键合前将功能晶圆一侧放置在划片膜上进行保护，激光穿过玻璃载板作用在 LHTC 上，实现玻璃载板的去除；最后将功能晶圆上的保护层用脱膜胶带揭掉。在整个解键合过程中，功能晶圆都由划片膜保护支撑，在解键合工艺完成后不需要清洗。

3M 公司的这种晶圆支撑系统的优点是在室温下即可实现键合与解键合、解键合应力低、超薄晶圆始终被有效保护、可以选择具有更高热稳定性的临时键合胶、解键合后不需要清洗等。然而，激光解键合必须使用透明的玻璃载板，且解键合完成后需要将功能晶圆从 UV 固化的保护膜上分离开来，增加了一步工艺，在一定程度上降低了解键合效率。

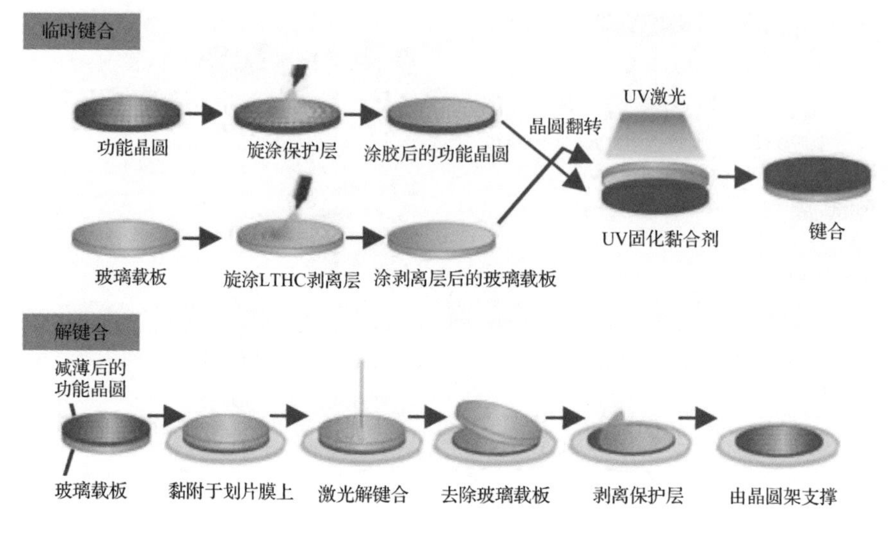

图 11-22　3M 晶圆支撑系统工艺流程图

3）T-MAT

T-MAT 的临时键合工艺应用了机械释放解键合的方法，利用释放层使黏接材料的热学和力学性能分离。在室温下施加垂直方向的拉力使晶圆键合对解键合，以便对临时键合胶的热稳定性进行调节。

T-MAT 产品工艺流程图如图 11-23 所示，在功能晶圆上旋涂前驱体材料，并通过 PECVD 形成一层 100～150nm 厚的释放层；同时在临时载板上旋涂一层弹性体，这是一种高温材料，在 180℃左右固化使功能晶圆与临时载板键合；在解键合前将功能晶圆一侧放置在划片膜上进行保护，并用真空卡盘吸附划片膜，临时载板也用真空卡盘吸附；沿临时载板边缘在垂直方向上施加很小的初始拉力，解键合波会在键合界面迅速扩散并将功能晶圆与临时载板分离；最后对功能晶圆进行溶剂清洗去除残胶。

T-MAT 产品的特点是其释放层可以使黏接材料在平面内具有很强的黏接强度，以承受晶圆减薄等背面工艺中的剪切力；而在垂直方向上的黏接强度非常弱并可调，可以实现室温下的机械释放解键合。然而，机械释放解键合必须通过特殊的卡盘进行操作，加大了工艺复杂性，解键合线的设计也会影响解键合波的传递及解键合效率。

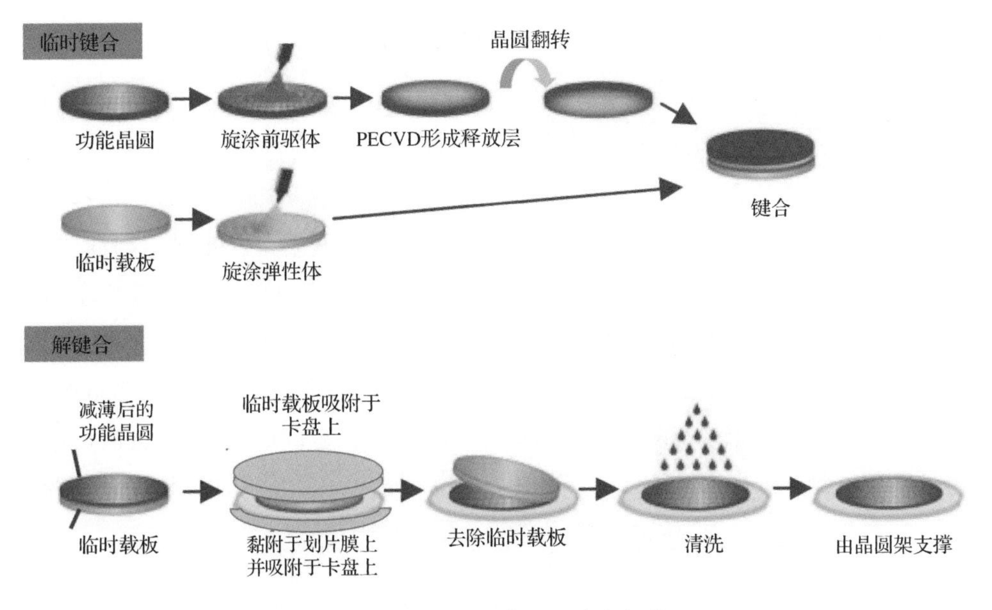

图 11-23 T-MAT 产品工艺流程图

11.3 新技术与材料发展

临时键合技术的开发必须由材料供应商（如 Thin Materials、Brewer Science、3M、TOK、Fujiflim 等）与设备供应商（如 EVG、SUSS 等）一起，联合各大研究机构进行深度合作，从材料选择、配方调整、设备改进、工艺优化等多个方面共同研发，针对不同产品的需求提供适合的解决方案。

1）ZoneBond 技术

ZoneBond 技术的创造者是全球领先的薄晶圆加工材料与工艺专业企业——Brewer Science 公司。该公司与 EVG 和 SUSS 等设备供应商通过技术合作，将 ZoneBond 技术成功商业化。

ZoneBond 技术的关键是对临时载板进行分区（见图 11-24）。ZoneBond 技术示意图如图 11-25 所示。首先通过选择性表面处理，把临时载体表面划分为中心区和外围边缘区两个区域。中心区（Zone1）进行化学处理，其相对于临时键合胶的黏接强度大幅降低；没有被处理的外围边缘区（Zone2）则保持较强的黏接强度。当功能晶圆与分区后的临时载板通过黏接材料键合时，键合对主要靠载板的

Zone2 实现黏接，因此又称为边缘键合（Edge bond）。在完成减薄和背面工艺后，使用化学溶剂将 Zone2 的临时键合胶去除。此时支撑功能晶圆的是 Zone 1 的临时键合胶，而其黏接强度很弱，在室温下仅需要较低的外力就可将临时载板与键合胶剥离开来。

ZoneBond 技术支持高温研磨和背面加工，并支持低应力解键合，为临时晶圆键合、薄晶圆加工和解键合应用提供了新的思路，解决了晶圆厚度过薄产生的加工难题。ZoneBond 技术允许使用硅、玻璃和其他材料制造临时载板，在黏合剂的选择上更加灵活，其工艺及设备使用与现有的临时键合平台兼容。此外，ZoneBond 技术的解键合过程无须在晶圆上施加垂直力，可在室温下实现键合对分离，显著降低了超薄晶圆破损的风险。

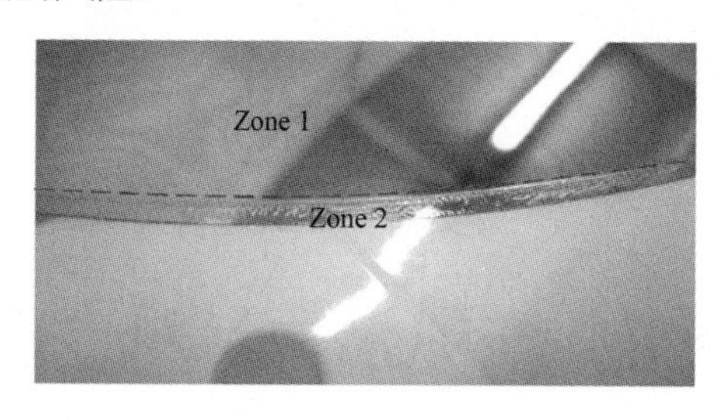

图 11-24　分区载板

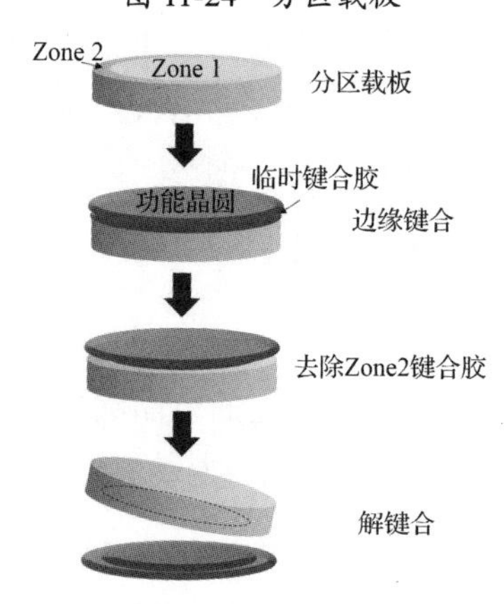

图 11-25　ZoneBond 技术示意图

2）电化学解键合技术

作为一种常温低应力解键合技术，电化学解键合技术使用的是具有电化学活性的聚合物黏合剂材料，名为 Electrelease（ER）。ER 材料同时具有基体功能（Matrix

Functionality）和电解功能（Electrolytic Functionality），基体功能使黏合剂将晶圆键合在一起，电解功能可提供足够的离子导电性使键合对在界面处发生电化学反应（Faradaic Reaction）。

电化学解键合技术的主要原理是，在对键合体系施加一定的电压时，阳极表面发生氧化反应形成氧化物，黏合剂与界面间的结合强度降低。

电化学解键合技术示意图如图 11-26 所示，首先在功能晶圆上溅射一层金属材料作为施加电压时的阳极部分，在临时载板上旋涂经过稀释的 ER 黏合剂，然后进行晶圆对准及键合，完成减薄工艺。在解键合前，将临时载板固定在金属板上，一方面作为施加电压的阴极部分，另一方面便于拿持临时载板；功能晶圆则用 UV 划片膜进行保护。以与功能晶圆和临时载板接触的金属层为电极加载外部电压，在功能晶圆一侧施加电压，则阳极界面上发生解键合，黏合剂的结合力大幅降低，功能晶圆很容易被剥离下来。

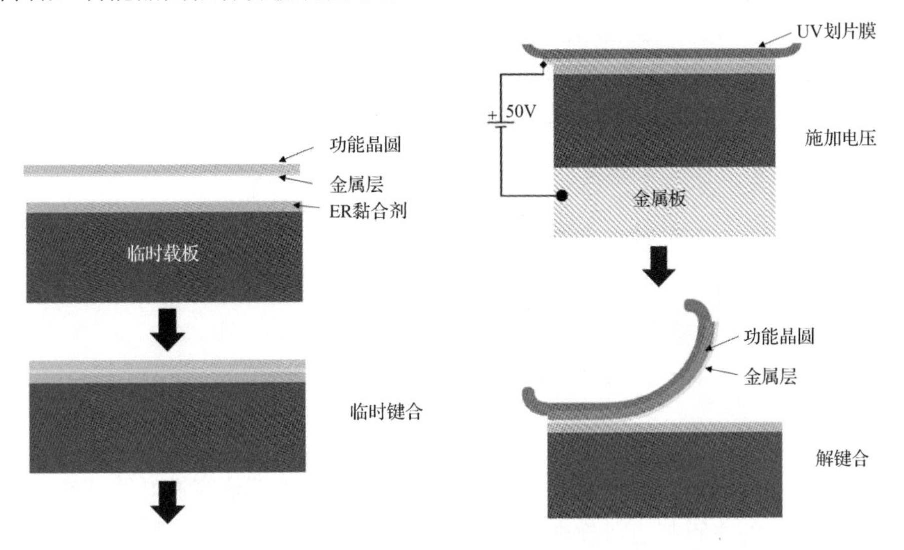

图 11-26　电化学解键合技术示意图

电化学解键合技术采用室温下低应力解键合，避免使用化学溶剂，是一种有效的临时键合方法。然而，施加外部电压需要在功能晶圆和临时载板侧设计金属层作为电极，增加了技术复杂性。此外，黏合剂材料的多样性和性能优化需要进一步的研究。

3）移动静电载板技术

移动静电载板（Mobile electrostatic carrier，e-carrier）技术是一种新的利用带静电的载板来承载超薄晶圆的技术（见图 11-27）。在载板正面制造一对相同的大电极盘，在两个电极盘上沉积多层介电材料进行电荷存储，并使载板表面与外界绝缘。当功能晶圆被放置在载板上时，开始用外接电源对载板上的电极充电。充电后生成的静电场使功能晶圆背面的载荷子（电子与空穴）分离，在功能晶圆与载板之间产生吸引力形成一组键合对结构。充电完成后电源被断开，静电力可以持续作用很长时间。键合对与平板电容器相似，其间的静电力 F 可以用如下公式计算：

$$F = \frac{\varepsilon A U^2}{8d^2}$$

式中，ε是绝缘层的介电常数；A 是电极面积（一般为功能晶圆表面积的一半）；d 是电极和功能晶圆的距离；U 是外接电压。

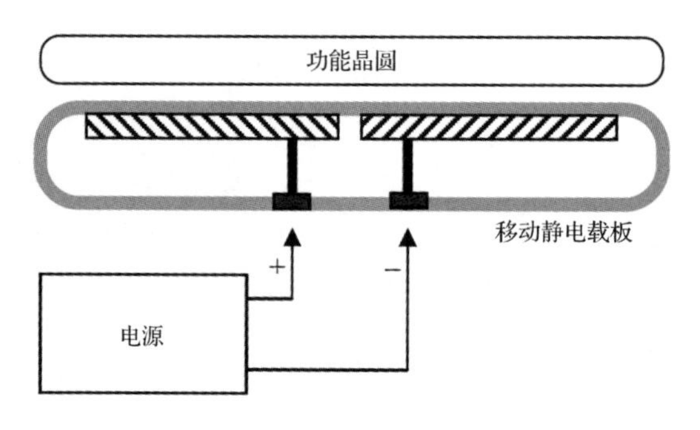

图 11-27　移动静电载板原理结构

这种带静电的刚性载板可以采用硅、玻璃、陶瓷等多种材料制造。选用硅作为载板材料，可以带来热导率高、热膨胀系数匹配、工艺兼容性好等许多优势。其中，高质量的薄膜制造对静电载板的性能尤为重要，其原因包括以下两点。

（1）为了保持静电力长时间有效，必须要求电极与功能晶圆间，以及电极与载板间具有很好的绝缘性。

（2）绝缘层的厚度越薄，静电力越大，硅晶圆的多种标准薄膜制造工艺正好满足这一需求。

静电载板需要具备的重要特性是在与外接电源断开后，可以在高温工艺条件下长时间保持静电力。实验表明，采用静电载板保护的键合对在室温下，其高静电势可以多日保持稳定，因此为超薄晶圆的安全运输、存储及操作提供了潜在的解决方法。其他研究显示，静电载板可以承受回流焊、刻蚀、溅射、PECVD 等多种高温、等离子工艺条件。当温度超过 300℃时，较高的漏电流会使电极快速放电。然而，即使在电极放电后，静电力仍然存在。

这一现象可以用约翰逊-拉别克效应（Johnsen-Rahbek Effect）来解释，即注入绝缘层的电荷，因为与表面距离近，存在持续充电效果强大的静电场，因此高温漏电流并不一定会降低静电力。

静电载板在液体环境中存在一些问题。例如，在刻蚀液或电镀液中，液体会流入静电载板与功能晶圆的空隙，有介电性的液体会向电场强度高的方向流动，这一化学渗漏可能对晶圆功能面造成腐蚀、污染等损伤。如果焊盘保护不当，那么低电阻率的液体会导致电极放电。虽然可以使用聚合物制造密封环结构防止液体渗入，但这增加了工艺复杂度，也降低了系统热稳定性。

静电载板的制造可以达到很高的平整度，在直径 200mm 和直径 300mm 的晶圆面积上厚度变化范围在 1～2μm 之间，可以满足三维叠层应用的精度要求。静电载板系统的临时键合与解键合效率都高于临时键合胶系统，但要求晶圆背面必须导电，更多地适用于带有背面金属层的晶圆。

静电场对正常厚度功能晶圆的电学性能影响不大，但当晶圆被减薄到 100μm 以下，且采用超薄栅极氧化层时，需要进一步评估其电场强度的影响。

静电载板系统可以与临时键合胶系统形成组合工艺系统。如图 11-28 所示，静电载板可以作为解键合完成后的晶圆载体，继续完成后续的晶圆正面工艺，如再布线层、凸点制造等。静电载板具有传输转接功能，类似于卡盘，可以辅助临时键合与解键合工艺操作。

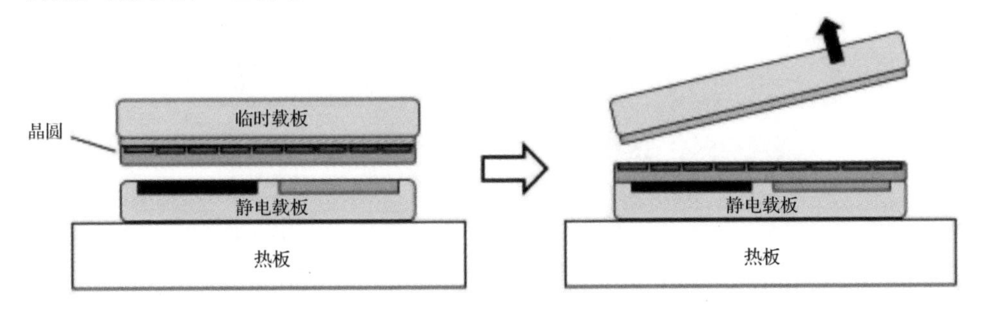

图 11-28　静电载板系统与临时键合胶系统的联合应用

4）气流喷射解键合技术

气流喷射解键合技术（Air Jetting Wafer Debonding）是 Micro Materials Inc（MMI）开发的一种在室温下通过气流喷射进行机械释放解键合的技术，该技术需要配合该公司自主研发的临时键合胶使用，当需要解键合的时候首先利用气流在临时载板边缘喷射出一个气孔，然后向气孔中持续进行气流喷射扩大分层，最后将临时载板和功能晶圆分开。

图 11-29 所示为气流喷射解键合原理图，图 11-30 所示为气流喷射解键合工艺流程图。

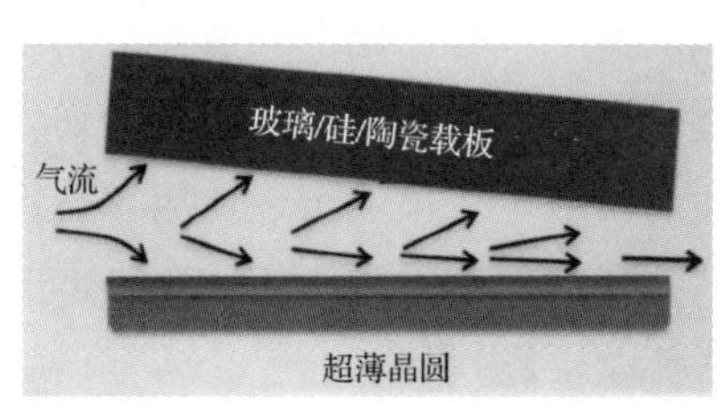

图 11-29　气流喷射机械解键合原理图

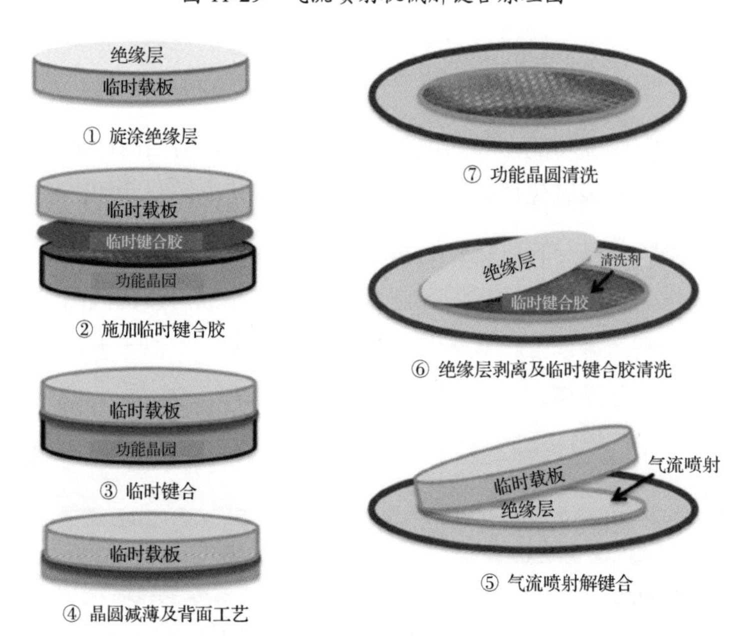

图 11-30　气流喷射解键合工艺流程图

5）无载板系统

键合需要足够的黏接强度，而解键合需要降低黏接强度，这两种要求相互矛盾，加之晶圆背面的高温工艺要求，临时键合材料的选择及应用存在一定的局限性。因此，无载板系统（Carrierless System）的出现成为了操作超薄晶圆的一种有效方法。

无载板工艺是指在晶圆减薄时，保留边缘 2～3mm 宽度的圆环部分作为支撑，从而提供足够的机械稳定性，降低弯曲变形的风险，晶圆内部被减薄的部分可以在没有其他外部支撑结构的情况下，完成后续的背面加工工艺。这种新型减薄工艺是由 Disco 公司最早研发的，称为 TAIKO 工艺。支撑圆环部分可以在整个晶圆制造工艺完成后，采用研磨或激光切割等方法去除。

如图 11-31 和图 11-32 所示，支撑圆环结构的设计需要与晶圆背面工艺兼容。如果采用连续圆环，则旋涂和清洗等工艺中的液态材料无法有效排出晶圆区域。因此，必须在圆环上设计导液槽结构，且开槽的倾斜角至关重要。从制造工艺角度出发，沿径向开设一定数量的窄槽即可为工艺中的液态材料提供排放通道。然而从机械角度分析，径向开槽会使晶圆结构的几何惯性矩最小化，当受到径向弯曲力时，晶圆更容易弯曲甚至断裂。如果将开槽设计为倾斜方向（与径向保持一定夹角），则晶圆的机械完整性与减薄前相比几乎不受影响，这种结构在满足导液需求的同时，可以提供足够的几何惯性矩以承受工艺中可能来自各个方向的弯曲力，与后续工艺实现很好的兼容性。

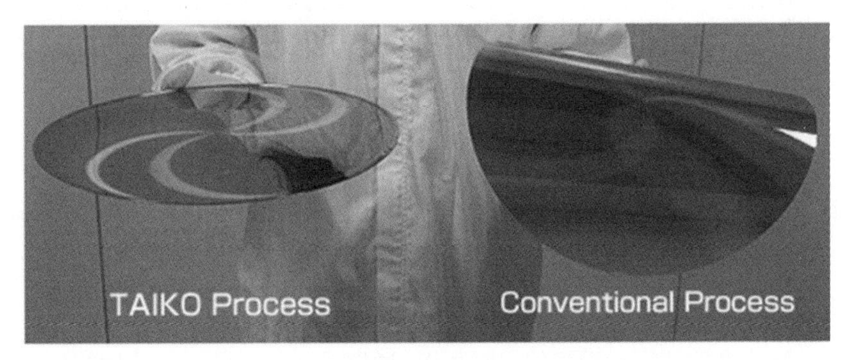

图 11-31　Taiko 工艺与常规晶圆减薄工艺的对比

（a）整体效果

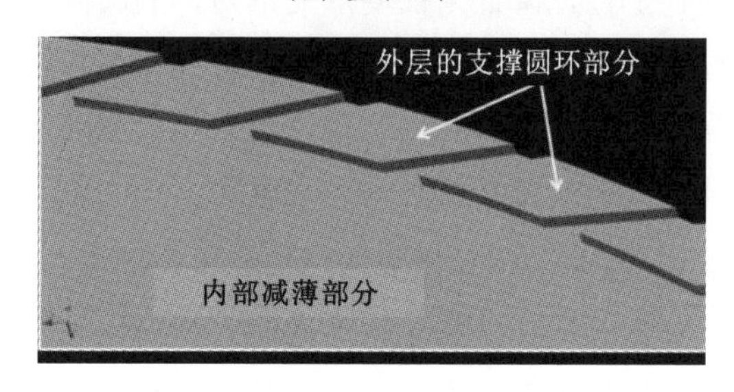

（b）局部放大

图 11-32　无载板系统设计图

由圆环支撑的超薄晶圆和未减薄晶圆具有相同的外圈厚度，可以采用标准工艺及设备进行加工和操作，因此无载板系统非常适用于超薄晶圆量产。无载板系统的引入实现了晶圆自支撑，避免了使用额外的刚性载板及聚合物黏合剂，简化了工艺，降低了成本，同时提高了晶圆结构的热稳定性与化学稳定性，并增强散热性能。然而，无载板系统只能在晶圆边缘位置提供支撑，对内部减薄部分由形貌和热失配等产生的局部形变无法控制，可能影响后续的晶圆切割和封装等工艺。

以上的相关技术可以用图 11-33 进行总结概括，主要技术分为两类。

第一类技术采用临时载板对功能晶圆进行支撑与保护，这一类技术又分为两种，一种是对临时键合材料的性能，或者对解键合工艺方法进行改进；另一种是对临时载板的结构和工作机理进行创新。

第二类技术无须借助额外的临时载板，通过对功能晶圆自身结构的设计改造，达到自支撑的目的。这些技术都存在各自的优势与缺陷，需要进一步改进与优化，可以看到所有的研究都是根据实际产品的性能要求，并通过材料、工艺、设备的协同配合来完成的。

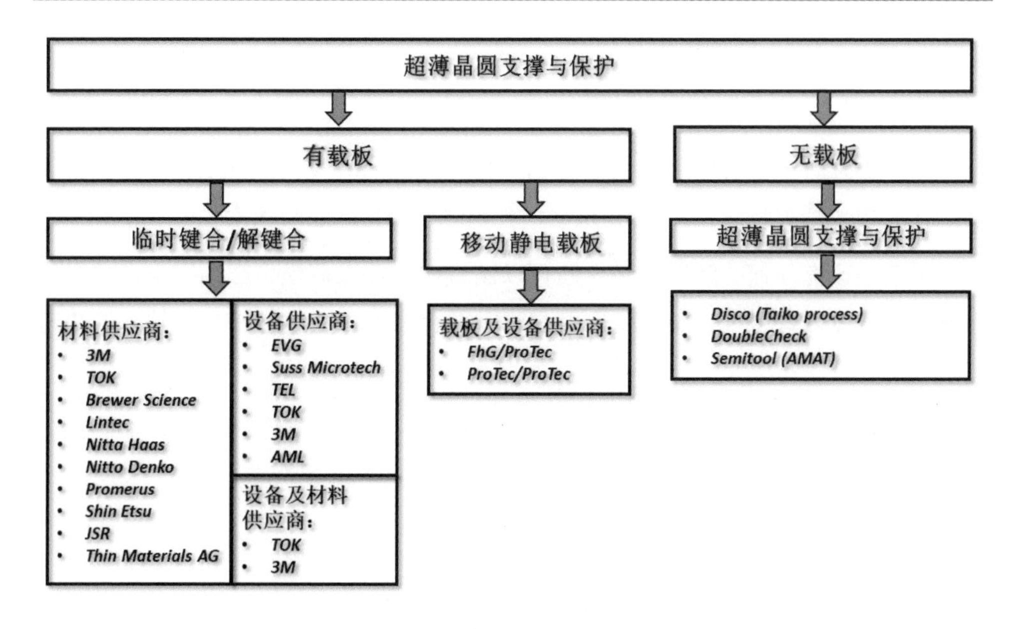

图 11-33　超薄晶圆支撑与保护技术

6）临时键合材料的新要求

随着晶圆薄型化需求的增加及背面工艺复杂度的不断加大，对临时键合材料与技术提出了更高的要求。

（1）在晶圆分离时不需要施加外部的应力。目前市场上的临时键合材料都需要使用热应力和剪切、剥离、拉伸等机械应力来分离，或者需要激光烧蚀等辅助设备，这些都可能对超薄晶圆的完整性产生影响。

（2）在与载板分离前，功能晶圆能贴附在切割膜上而得到支撑，并能够在切割膜上直接清洗临时键合胶的残留。

（3）在室温下进行解键合分离，从而避免高温解键合对晶圆潜在的损伤。

（4）与目前单一晶圆解键合工艺相比，能够批量进行晶圆解键合以满足大规模生产的要求。

高清晰度（大于 800 万像素）的图像传感器（Image Sensor）芯片利用了晶圆背面 TSV 工艺来进行晶圆的临时键合、减薄和解键合的制程，所有的图像传感器制造商目前都是临时键合胶的用户，包括豪威科技（Omnivision）、索尼、东芝、精材科技（Xintec）和国内的晶方科技（WLCSP）、华天昆山等公司。

由于市场对 DDR4 和 Wide I/O 的需求较大，因此目前市场上临时键合胶的一类主要用户为存储芯片的制造商，包括 Samsung、Hynix、Micron 等。

另一类临时键合胶的用户为整合 3D IC 和 2.5D 硅基板的 IDM 和晶圆制造代工厂，其中包括英特尔、AMD、IBM、台积电、TI、高通和 NXP。

目前还没有任何一种临时键合胶可以满足 3D IC 大规模生产的需求，各个公司都在进一步改善目前的临时键合胶与临时键合技术，以满足 3D IC 技术的快速发展与大规模生产需求。

临时键合胶的主要竞争点如下。

（1）适合大规模生产的晶圆分离技术。

（2）提升目前键合与解键合的良率。

（3）降低目前键合与解键合设备的成本。

（4）在解键合时保持对超薄晶圆的支撑。

（5）在切割膜上对超薄晶圆的直接清洗。

（6）可重复使用的载板。

目前，国内已经有浙江中纳晶微电子科技有限公司及化讯半导体材料有限公司等在进行晶圆临时键合胶/胶带、晶圆临时键合隔离膜、晶圆临时键合后分离用清洗剂等相关材料的研究开发与推广，部分材料已经应用于封装测试公司的相关产品与封装工艺过程。

参考文献

[1] 杨文杰. 浅谈晶圆超薄化[J]. 电子工业专用设备，2014（4）：8-11.

[2] Yole Developpement Report. Thin wafers and temporary bonding equipment and materials market（2012）[R]：150-238.

[3] BURGHARTZ J，KOSTELNIK J. Ultra-thin Chip Technology and Applications [M]. Springer New York，2011.

[4] MARKS M R，HASSAN Z，CHEONG K Y. Ultrathin Wafer Pre-Assembly and Assembly Process Technologies：A Review[J]. C R C Critical Reviews in Solid State Sciences，2015，40（5）：1-40.

[5] HERMANOWSKI J. Thin wafer handling — Study of temporary wafer bonding materials and processes[C]// IEEE International Conference on 3d System Integration，IEEE，2009.

[6] XIAO Z，FAN J，REN Y，et al. Development of 3D Thin WLCSP Using Vertical Via Last TSV Technology with Various Temporary Bonding Materials and Low Temperature PECVD Process[C]//Electronic Components & Technology Conference，IEEE，2016：302-309.

[7] 帅行天，张国平，邓立波，等. 用于薄晶圆加工的临时键合胶[J]. 集成技术，2014（6）：102-110.

[8] PHOMMAHAXAY A，JOURDAIN A，VERBINNEN G，et al. Ultrathin wafer handling in 3D Stacked IC manufacturing combining a novel ZoneBOND™ temporary bonding process with room temperature peel debonding[C]//3d Systems Integration Conference，IEEE，2012：1-4.

[9] COMBE S，CULLEN J. Reversible Wafer Bonding：Challenges in Ramping up 150mm GaAs Wafer Production to Meet Growing Demand[J]. Cs Mantech Technical Digest，2006.

[10] DENG L，FANG H，SHUAI X，et al. Preparation of reversible thermosets and their application in temporary adhesive for thin wafer handling[C]//IEEE 65th Electronic Components and Technology Conference（ECTC），2015：1197-1201.

[11] KUBO A，TAMURA K，IMAI H，et al. Development of new concept thermoplastic temporary adhesive for 3D-IC integration[C]//Electronic Components & Technology Conference，IEEE，2014：899-905.

[12] PULIGADDA R，PILLALAMARRI S，HONG W，et al. High-Performance Temporary Adhesives for Wafer Bonding Applications[J]. MRS Proceedings，2006，970：0970-Y04-09.

[13] MORI T，YAMAGUCHI T，MARUYAMA Y，et al. Material development for 3D wafer bond and de-bonding process [C]//Electronic Components & Technology Conference，IEEE，2015：899-905.

[14] OLSON S，HUMMLER K，SAPP B. Challenges in thin wafer handling and processing[J]. ASMC 2013 SEMI Advanced Semiconductor Manufacturing Conference-2013：62-65.

[15] ISHIDA H，SOOD S，ROSENTHAL C，et al. Temporary bonding/de-bonding and permanent wafer bonding solutions for 3D integration[C]//CPMT Symposium Japan，IEEE，2012 .

[16] DANG B，WEBB B，TSANG C，et al. Factors in the selection of temporary wafer handlers for 3D/2.5D integration[C]//Electronic Components & Technology Conference，IEEE，2014：576-581.

[17] TSAI W L，CHANG H H，CHIEN C H，et al. How to select adhesive materials for temporary bonding and de-bonding of 200mm and 300mm thin-wafer handling for 3D IC integration?[C]//Electronic Components & Technology Conference，IEEE，2011：989-998.

[18] BUTLER M T，HUFFMAN A，LUECK M R，et al. Temporary Wafer Bonding Materials and Processes[C]// Device Packaging HiTEC HiTEN & CICMT，2012（DPC）：001452-001476.

[19] 罗巍，屈芙蓉，李超波，等. 晶圆黏着键合技术研究进展及其应用[C]//2010 全国半导体器件技术研讨会论文集，2010：167-171.

[20] JOURDAIN A，PHOMMAHAXAY A，VERBINNEN G，et al. Integration and manufacturing aspects of moving from WaferBOND HT-10.10 to ZoneBOND material in temporary wafer bonding and debonding for 3D applications[C]//Electronic Components & Technology Conference，IEEE，2013：113-117.

[21] GATTY H K，NIKLAUS F，STEMME，et al. Temporary wafer bonding and debonding by an electrochemically active polymer adhesive for 3D integration[C]//IEEE International Conference on Micro Electro Mechanical Systems，IEEE，2013：381-384.

[22] STIEGLAUER H，NÖSSER J，MILLER A，et al. Mobile Electrostatic Carrier（MEC）evaluation for a GaAs wafer backside manufacturing process[C]//International Conference on Compound Semiconductor Manufacturing Technology，2010.

[23] TANG H，LUO C，YIN M，et al. High Throughput Air Jetting Wafer Debonding fro 3D IC and MEMS Manufacturing[C]//Conference：66th Electronic Components and Technology Conference（ECTC），IEEE，2016：1678-1684.

[24] BIECK F，Spiller S，Molina F，et al. Carrierless Design for Handling and Proccssing of Ultrathin Wafers[C]// Electronic Components & Technology Conference，IEEE，2010：984-988.

第12章 晶圆清洗材料

晶圆清洗材料主要是指光刻胶的剥离液。

光刻胶在先进封装中的主要作用是在晶圆上实现图形化。光刻胶经过曝光、显影、刻蚀等一系列工艺，将微细图形从掩模版上转移到晶圆上，以形成绝缘层、再布线层、金属层等结构。当图形化完成后，晶圆上会残留作为掩模版使用的光刻胶，以及光刻胶与刻蚀气体反应所形成的光刻胶变质层，此外还有被刻蚀材料裸露出来的侧壁上残留的保护沉积膜。晶圆上的这些光刻胶、变质层及沉积膜都需要通过剥离（Strip）工艺被完全清除干净，才能进入下一道工序，同时要保证晶圆上的其他材料不被损伤。

随着关键尺寸越变越小，集成电路元器件对光刻胶清洗材料的去胶能力、缺陷控制、关键尺寸、金属离子污染等指标更加敏感。因此，光刻胶清除技术需要不断创新，以满足更高的要求。

12.1 晶圆清洗材料在先进封装中的应用

在集成电路先进封装中，在 WLCSP 及 FOWLP 等产品中，TSV 工艺、再布线层工艺中均需要采用光刻胶进行图形化，这些光刻胶的去除都需要使用晶圆清洗材料。

去除光刻胶的方式有两种：干法剥离和湿法剥离。干法剥离主要用于晶圆前道工艺，湿法剥离主要用于中道及后道工艺。

干法剥离即灰化方法，是指用处于等离子体形态的氧气等对残留在晶圆表面的光刻胶进行反应刻蚀，常用于去除光刻胶及其变质层。在等离子体等高能束流的轰击下，光刻胶表面反应生成大量的热量使其固化，同时会由于爆裂产生一种光刻胶的残余物。在灰化过程中，晶圆被加热到200℃以上，光刻胶中的溶剂被耗尽，固化层覆盖在光刻胶上表面。仅采用干法剥离的方法不能将晶圆上的光刻胶及其变质层的灰化物完全去除。因此，在灰化处理后，需要配合湿法剥离的方法对残留物进一步去除。

湿法剥离是指用特定的化学药品（光刻胶剥离液）使光刻胶溶解，由此实现对晶圆上光刻胶残留物的剥离。光刻胶残留物包括布线及晶圆表面上残留的不完全灰化物、布线及通孔侧壁残留的聚合物、通孔侧壁及底面残留的有机聚合物和金属氧化物等。

湿法剥离可分为两种方式：浸渍剥离和喷淋剥离。浸渍剥离是指将晶圆放置于清洗篮中，然后浸入剥离液中，在高温下实现光刻胶的去除。很多企业采用这种方法进行光刻胶剥离，但经过高温反复浸泡的过程，光刻胶残留物不断增加，这些残留物在流动的状态下与空气接触会发生起泡现象。气泡增多增大不仅影响去胶效果，而且影响去胶操作，气泡本身还会对生产安全造成不良影响并可能产生严重的后果。因此，浸渍类的剥离液中必须添加消泡剂以控制气泡的产生。喷淋剥离是指首先采用低压喷嘴将剥离液均匀喷洒至晶圆表面，将光刻胶浸润、软化，并使光刻胶膨胀；然后通过高压喷嘴喷出的剥离液击打已被软化的光刻胶，将光刻胶击碎、分解，形成微胞；最后用正常中低压喷洒清洗，用较洁净的药液置换脏污的药液，从而洗净晶圆表面残留的光刻胶，并降低剥离液内光刻胶含量，防止光刻胶回黏在晶圆上。

随着集成电路产业的快速发展，先进封装的布线密度和I/O端口数不断增加，芯片尺寸不断缩小，因此布线电路向微细化和多层化发展，且布线金属由铝及其合金逐渐被电阻更小的铜代替。光刻胶剥离是每层布线后都要进行的最后一步工艺，残留的光刻胶会影响电路的导电性，造成产品失效。因此清洗的质量，特别是在高温或高能条件下，发生交联反应及化学变化后的光刻胶残留物的剥离效果，将直接影响后续制程的操作，成为影响芯片良率及产能的重要因素。光刻胶剥离技术面临更加严苛的条件，对光刻胶剥离液的要求不断提高，不仅要求其进一步提高对光刻胶残留物的剥离效果，并要求对不同的金属层有良好的防腐效果，还要求对人体和环境危害小、便于操作等。

12.2　晶圆清洗材料类别和材料特性

根据集成电路图形化工艺的发展阶段，光刻胶剥离液可以分为四代主流产品：溶剂类光刻胶剥离液、胺类光刻胶剥离液、含氟类半水性光刻胶剥离液和过氧化氢类水性光刻胶剥离液。

1）溶剂类光刻胶剥离液

20 世纪 70 到 80 年代，集成电路特征尺寸为微米量级，后道工艺普遍采用湿法工艺对铝金属进行刻蚀形成图形。通常使用酚醛树脂类的 G 线光刻胶进行图形化，湿法刻蚀后光刻胶可以保持完好。光刻胶剥离液在这一阶段的要求是高效去除有机大分子。溶剂类光刻胶剥离液是不含水的，其中的有机胺组分具有对光刻胶骨架聚合物的裂解能力，有机溶剂 NMP（N-甲基吡咯烷酮）、DMSO（二甲亚砜）等组分基于相似相溶原理可以溶解去除光刻胶中的有机残留物。典型产品包括 ACT 的 CMI 系列、Avantor 的 PRS3000、杜邦 EKC 的 EKC830 等。溶剂类光刻胶剥离液的操作温度一般高于 80℃，部分操作温度会达到闪点以上。目前，该类光刻胶剥离液仍占有一定的市场份额。

2）胺类光刻胶剥离液

湿法刻蚀具有各向同性的刻蚀特性，但随着集成电路的特征尺寸不断减小，湿法刻蚀工艺已经不能满足高集成度布线的需求，因此干法刻蚀工艺的应用越来越普遍。干法刻蚀工艺利用其各向异性的刻蚀特性形成金属线和通孔结构，采用氩气离子束轰击光刻胶及其他非介电质材料，发生高度交联后在晶圆表面形成光刻胶残留物。由于离子束流轰击的反溅作用，因此在侧壁会附着富含金属的材料。加之干法灰化工艺的使用，光刻胶残留物中会含有各种有机和无机的氧化物及金属化合物。因此，光刻胶剥离液需要同时具备对各类有机物、无机物及金属交联等形成的残留物的去除能力。

20 世纪 90 年代中期，在系统研发的基础上，杜邦 EKC 的 WaiMun Lee 博士团队成功研发出羟胺类光刻胶剥离液，典型产品包括 EKC265、EKC270 及 EKC270T。同一时期，Versum Materials（ACT）的 Chip Ward 博士团队成功研发出同类的光刻胶剥离液，典型产品包括 ACT930、ACT935 及 ACT940，该类剥离液适用于湿法工艺，操作温度范围是 65～75℃，并具有对铝线、通孔及焊盘刻蚀等残留物的高效去除能力。羟胺分子的直径很小，其 NH_2-OH 结构具有氧化还原作用，极易穿透刻蚀残留物的表面并与其中的金属氧化物发生反应，反应后生成的可溶性物质可以被全部去除。羟胺类光刻胶剥离液含水，其含水量一般为 20%～30%，在这种情况下有机胺分解出羟基，会造成金属腐蚀。因此为了保护铝硅铜、铝铜等金属，必须添加酚类缓蚀剂。

需要注意的是，全球仅巴斯夫一家企业供应羟胺材料，供货风险较大。因此，从 20 世纪 90 年代末开始，胺类光刻胶剥离液的研发受到关注，典型产品包括日本长濑的 N321 及 Versum Materials 的 ACT970 等。但由于胺类光刻胶剥离液对光刻胶残留物去除能力不足，且对含水量非常敏感，因此始终无法成为主流产品。目前，在铝制程工艺中，羟胺类光刻胶剥离液的全球市场占有率仍居于主导地位。

随着我国对功率器件、模拟器件及物联网等应用需求的发展，铝制程工艺占有重要地位，其产能不断增大。为满足我国对铝制程光刻胶剥离液不断增加的需求，安集微电子研发出羟胺类光刻胶剥离液，型号为 ICS6000，这一产品在全国成功推广并取得了很好的效果。

3）含氟类半水性光刻胶剥离液

集成电路的发展使特征尺寸进一步减小，传统的铝制程工艺已经不能满足高密度的需求。铜材料优异的电学性能可以降低金属连线电阻，减小寄生电容从而提高器件运行速度，因此逐渐取代铝成为新的连线材料。然而，由于铜和铝的材料差别，金属铜不能采用干法刻蚀工艺形成线路，因此必须使用其他工艺实现铜的图形化。1997 年 9 月，IBM 公司成功研发出铜互连大马士革工艺，采用的是先开槽再填孔的方法，以介电层刻蚀取代金属刻蚀，确定连线尺寸及间距后再镀铜填孔。特征尺寸越小对清洗工艺的要求越高，于是出现了单片清洗机，其可以有效清除晶圆表面的金属离子污染物，并控制工艺缺陷。

在集成电路工艺中，一直以来都是采用氢氟酸或其缓冲溶液（BOE）进行硅基材料清洗的。到 20 世纪 90 年代中期，后道刻蚀残留物去除工艺中开始采用含氟类光刻胶剥离液，典型产品包括 Entegris ATMI 的 NOE ST200 系列、Versum Materials 的 ACT NE-12 等。这类剥离液与胺类光刻胶剥离液的差别是，其具有一定的氧化硅刻蚀能力，可以将晶圆表面被离子束流破坏的介电层去除，由此提高器件性能及可靠性。

早期开发的含氟类光刻胶剥离液对介电层的刻蚀速率过大，并且会随使用时间增长而持续变大，从而影响特征尺寸的稳定性。从 20 世纪末到 21 世纪初，杜邦 EKC 推出了 EKC600 系列，Versum（ACT）推出了 NE111 等含氟类光刻胶剥离液，其主要特点是缓冲溶液使用了醋酸/醋酸铵或柠檬酸/柠檬酸铵，并达到了比较稳定的刻蚀速率。Entegris ATMI 在 ST200 基础上，成功推出 ST250，其 pH>7，呈弱碱性，可以有效去除光刻胶残留物，在 72 小时内使用的刻蚀速率稳定，且对介电层有较好的刻蚀稳定性。在 2010 年初，晶圆代工厂的 40/45nm 技术开始采用铜互连大马士革工艺，ST250 产品则在相应的光刻胶剥离液市场中占主导地位。国内企业相应开发出了含氟类光刻胶剥离液，包括安集微电子的 ICS8000、上海新阳的 SYS9050 等，并且在国内 12 英寸晶圆厂成功实现了批量量产。

含氟类光刻胶剥离液的主要成分包括氟化物、溶剂、缓蚀剂、去离子水，其在去除光刻胶残留物时利用的是浸润、溶胀、反应溶解等机理。其中的氟化物可以迅速与金属氧化物等光刻胶残留物发生反应。此类剥离液的操作温度一般在室温到 45℃之间，可使用单片清洗机。不同于槽式批处理机，单片清洗机可以实现在线补水，保证在使用过程中含水量不变，克服了含水量变化影响刻蚀稳定性和剥离效果的缺点。由于氟化物对人体和环境都有危险，因此这类剥离液产品在生产、存储和使用的过程中需要制定和遵守特殊的安全规则。

4）过氧化氢类水性光刻胶剥离液

为了保证介电层中铜线和通孔的图形完整性，氮化钛（TiN）掩模版被引入 28nm 及以下节点的集成电路制程中，这给光刻胶去除技术带来了新的挑战。特征尺寸的减小及通孔深宽比的不断增大，对电化学性能的要求越来越高。相应地，要求光刻胶剥离液不仅可以有效去除刻蚀残留物，还可以修饰甚至完全去除表面的氮化钛掩模版，并且对铜、钴、钽、氮化钽等金属和氧化硅及黑钻石二代（BDII）低介电性材料等要具有较高的刻蚀选择性。

化学机械抛光液中通常使用过氧化氢以提高钨、铜及扩散阻挡层等金属材料的抛光速率。杜邦 EKC 的 Hua Cui 博士团队利用过氧化氢对金属材料的氧化特性，并结合氮化钛刻蚀加速剂和金属铜缓蚀剂，成功研发出新一代水性光刻胶剥离液 EKC580。类似于化学机械抛光液产品，EKC580 是高浓缩版液体，稀释版液体 EKC575 是其与去离子水进行 1:10 配比得到的，在使用时需要与过氧化氢进行

4:1 配比，剥离液稀释完成后采用在线直排模式使用。EKC575 剥离液的 TiN/Cu 刻蚀选择比大于 10，可以在高效去除氮化钛硬掩模的同时，有效保护金属铜不受损伤。这款清洗能力强、缺陷低的剥离液产品，在市场中占主导地位，在 Samsung、UMC 等许多晶圆制造企业中得到了广泛应用。为了克服直排模式运行成本高的缺点，巴斯夫与台积电合作成功研发出 CLC 系列光刻胶剥离液，采用了成本较低的再循环（Recycle）模式。但晶圆表面会残留苯并三氮唑（BTA）缓蚀剂，需要通过高温下的长时间烘烤才能去除，这样可能对器件产生不良影响，因此采用再循环模式的整个工艺体系还有待进一步整合优化。

通过借鉴 EKC580 的成功经验，并结合我国集成电路发展的具体需求，安集微电子积极研发出了新一代水性光刻胶剥离液 ICS9000。该产品使用直排模式，具有清洗效率高、残留率低等优点，且 TiN/Cu 的刻蚀选择比可调。

12.3　新技术与材料发展

因为相应的技术门槛较低，所以光刻胶剥离液的竞争力主要体现在产品的高性能（剥离效果、剥离工艺、剥离效率）、易操作、环保及低成本等方面。

光刻胶剥离液的市场形态呈现一家或几家企业的产品垄断整个市场的行业格局。针对铝制程的光刻胶剥离液市场由杜邦 EKC 和 Versum Materials 的羟胺类产品主导了二十余年；针对铜互连大马士革工艺的光刻胶剥离液市场由 Entegris-ATMI 的 ST250 含氟类产品主导了十几年；针对氮化钛掩模版工艺的光刻胶剥离液市场则由杜邦 EKC 的过氧化氢类产品占主导地位。

从 21 世纪开始，随着我国集成电路事业的快速发展，光刻胶剥离液的国产化进程取得了不错的成绩。中国的晶圆代工厂（如中芯国际、台积电、宏力半导体、华虹 NEC 等）主要使用紫外光刻胶剥离液，仅部分采用国外进口光刻胶剥离液，国内光刻胶剥离液大部分市场已经被国产剥离液产品占领。

国外进口光刻胶剥离液主要包括美国 EKC 公司的 EKC265/922 等系列、美国 ATMI 公司的 ST22/ST44 等和 BAKER 公司的 ALEG380 剥离液。此外，东京应化工业株式会社、韩国东进世美肯公司、日本关东化学株式会社、日本东友 FINE-CHEM 株式会社、美国马林克罗特贝克公司、韩国三星电子公司、瑞士克拉瑞特国际有限公司、日本大金工业株式会社、韩国德成公司等均有光刻胶剥离液的相关专利及产品。

国内的光刻胶剥离液生产企业主要包括江阴市化学试剂厂、苏州瑞红化学品有限公司（中日合资）、江阴市江化微电子材料有限公司、上海新阳半导体材料股份有限公司。其中江阴市化学试剂厂、苏州瑞红化学品有限公司实力较为雄厚，这两家公司都配套提供光刻胶与光刻胶剥离液。江阴市化学试剂厂生产的负性光刻胶剥离液牌号为 SN-01，正性光刻胶剥离液牌号为 JB-502A，现华润华晶、杭州士兰、吉林华微、江阴新顺等公司都正在使用。苏州瑞红化学品有限公司生产的负性光刻胶剥离液牌号为 RBL-2304 / RBL-2502，正性光刻胶剥离液牌号为 RBL-3368。

然而，目前高端光刻胶剥离液产品的国产化仅为 10%左右。因此内资企业要不断努力，加大合作研发的力度，尽快满足我国集成电路先进封装材料国产化需求。

参考文献

[1] 彭洪修，刘兵，陈东强. 集成电路后段光刻胶去除技术进展[J]. 集成电路应用，2018，35（7）：29-32.

[2] 赖海长. 后段干法去除光刻胶工艺研究[D]. 上海：上海交通大学，2011.

[3] JAMES S. 掩模版清洗和光刻胶去除面临的挑战[J]. 集成电路应用，2007，3（6）：28.

[4] LUO V，CHANG J，SHI K，et al. Prevention of AlCu Line Galvanic Corrosion after Fluoride Containing Stripper Cleaning：A Case Study[J]. ECS Transactions，34（1），2011：399-403.

[5] OBENG Y S，RAGHAVAN R S. Back End，Chemical Cleaning inIntegrated Circuit Fabrication：A Tutorial[M]. MRS Symposium Proceedings，1997.

[6] KIM S B，JEON H. Characteristics of the Post-Etch Polymer Residues Formed at the Via Hole and Polymer Removal Using a Semi-Aqueous Stripper [J]. Journal of the Korean Physical Society，2006，49（05）：1991-1997.

[7] PETERS D，MOLNAR L，ROVITO R. Development of Fluoride-Containing Solvent-Based Strippers[M]，Future Fab International，Issue 14，2003.

[8] HE S，LIU B，PENG L，et al. A Novel Post Etch/Ashing Residue Remover for Copper Damascene Process[C]//China Semiconductor Technology International Conference，2018 .

[9] LIU B，PENG L，PENG J，et al.Material Etch Rate Control in the Fluoride Containing Stripper for Post Etch and Ashing Residue Removal[C]//China Semiconductor Technology International Conference，2009.

[10] CUI H，CLAES M，SUHARD S. TiN metal hardmask etch residue removal on advanced porous low-kand Cu device with corner rounding scheme[J]. Solid State Phenomena，2012，187（2012）：241-244.

[11] KESTERS E，LE Q T，YU D，et al. Post Etch Residue Removal and Material Compatibility in BEOL Using Formulated Chemistries[J]. Solid State Phenomena，2014，219：201-204.

[12] LE Q T，KESTERS E，HOFLIJK I，et al. Characterization of Etch Residues Generated on Damascene Structures[J]. Solid State Phenomena，2016，255：227-231.

第 13 章

芯片载体材料

芯片载体材料（Chip carrier）一般又称为封装载板或封装基板，是集成电路封装的关键材料，是集成电路的重要组成部分，是裸芯片与外界电路之间的桥梁，图 13-1 所示为 SiP 集成封装组件图。

图 13-1　SiP 集成封装组件图

芯片载体材料在集成电路封装中的主要作用包括：

（1）为芯片/芯片与芯片/组装用印制电路板之间提供电流和信号的连接。

（2）为芯片提供机械的支撑和保护。

（3）芯片向外界散热的主要途径。

（4）芯片与外界电路之间空间上的过渡。

集成电路封装按照常用的芯片载体的材料可以分为金属封装、陶瓷封装和塑料封装三大类。其中，金属和陶瓷封装属于气密性封装，塑料封装由于有机材料本身的材料特性（如吸潮等）属于非气密性封装或准气密性封装。塑料封装具有成本低、生产效率高、适合大规模工业化生产的特点，目前集成电路95%以上都采用塑料封装，塑料封装主要应用于民用电子元器件的封装领域。只有航天、航空及军事等高可靠性需求的领域采用金属和陶瓷封装。

13.1 芯片载体材料在先进封装中的应用

13.1.1 芯片载体材料的产生与发展

传统的IC封装采用金属引线框架（Lead-frame）作为支撑和保护芯片的载体，IC 封装通过分布在两侧或四周的引脚与芯片焊盘形成电连接，如四方扁平封装（Quad Flat Package，QFP）。随着芯片功能不断增加，芯片需要的I/O端口数越来越多，传统的引线框架无法满足高密度引脚需求。当引脚数超过300个时，QFP等传统封装形式已经不能满足高密度封装的需求，因此出现了以球栅阵列封装、芯片级封装等为代表的面阵列封装形式，随之产生了封装基板这一新型的芯片载体。

与引线框架类封装相比，基板封装具有引脚数更多、封装尺寸更小及优良的电学性能等突出优点。引线键合（Wire Bonding，WB）和倒装芯片（Flip Chip，FC）技术是实现封装基板与芯片间电互连的常用技术，如图13-2所示。

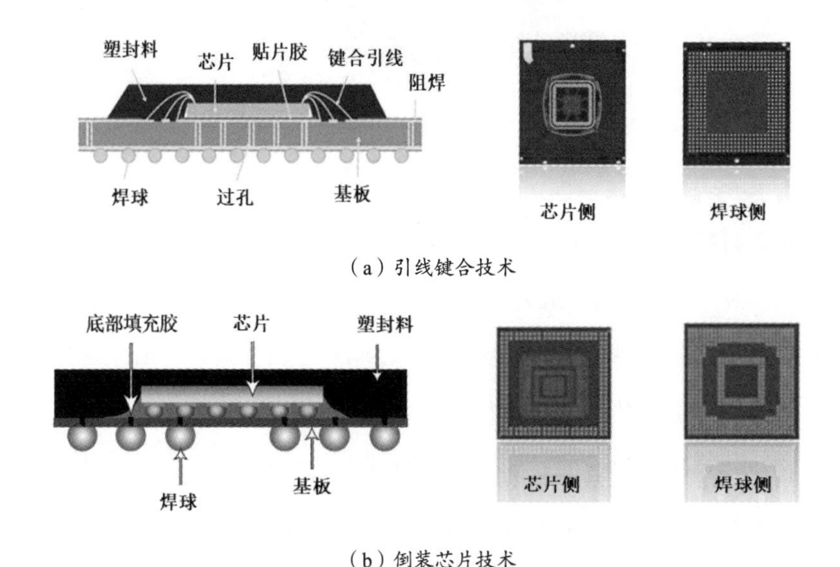

（a）引线键合技术

（b）倒装芯片技术

图13-2　封装基板与芯片的常用互连技术及相应封装基板

引线键合技术使用金、银、铜等金属或合金键合丝，通过施加热、压力、超声波能量使金属丝与基板和芯片焊盘紧密焊接实现互连。引线键合技术是目前主流的芯片封装互连技术，其发展成熟、成本较低、可靠性高，尤其适合多芯片堆叠，被广泛应用于闪存芯片封装，75%～80%的芯片封装采用引线键合技术，引线键合技术占有约 90%的市场份额。在引线键合技术中，焊盘以周边阵列的形式分布在芯片表面，可支持的单个芯片最大 I/O 端口数可达 1000 个，最小焊盘节距可达到 40μm 以下，相应地，键合引线的直径持续缩小至 0.6mil（约 15μm）乃至更细。

倒装芯片技术首先在芯片表面制造金属凸点，然后把芯片有凸点的表面翻转并通过回流、热压等方式使其与基板上对应的焊盘键合。与引线键合技术相比，倒装芯片技术具有很多优点，主要包括优异的电学性能和热学性能、可支持更高的 I/O 端口数、封装尺寸更小等。倒装芯片技术通过凸点实现电互连，相较键合引线大幅缩短了互连长度，降低了电阻，减小了 RC 延迟，改善了封装的电学性能。金属凸点热导率高，呈面阵列形式均匀排布在芯片表面，是很好的散热通道，再配合散热片、封装及基板结构的设计，可以降低热阻，提高封装的导热性。引线键合技术的局限性主要在于互连线只能在芯片四周排布，要提高引脚数必须不断缩小焊盘尺寸和节距。而采用面阵列分布的倒装芯片技术可以在较大的焊盘尺寸和节距下实现更高的封装密度，且线路分布更灵活，基板焊盘的位置与芯片焊盘基本一致，布局更加紧凑，减小了封装的外形尺寸。因此，倒装芯片技术更适用于高 I/O 端口数、功能多、功耗高、频率高的 IC 封装产品中。与其他封装材料的发展规律相似，封装基板也是随先进封装技术的演进而不断发展的。

近年来，倒装芯片技术得到了广泛的应用，倒装芯片类封装基板逐渐取代引线键合类封装基板，成为核心基板产品。

目前，全球封装基板供应商主要来自日本、韩国和中国台湾地区。其中以揖斐电株式会社（Ibiden）、新光电气工业株式会社（Shinko）、京瓷集团（Kyocera）等为代表的日本公司技术实力非常强，占据着有机基板中利润率最大的中央处理器封装所需基板的主要市场；韩国的三星电机（SEMCO）、信泰（Simmtech）和中国台湾的南亚科技（Nanya Technology）、欣兴电子（Unimicron）等公司由于具有产业链的优势，占据着市场中的重要份额。另外，软板 COF 基板的供应商主要有日本旗胜（Nippon Mektron）、韩国 LGINNOTEK、中国台湾易华电子及韩国 STEMCO 等。

中国大陆地区封装基板产业由于起步较晚，加之在关键原材料、设备及工艺等方面的差距，因此目前在技术水平、工艺能力及市场占有率上相较日本、韩国和中国台湾地区的知名封装基板产业仍然处于落后地位。中国大陆地区主要的封装基板制造企业都不是本土企业。出于市场及劳动力成本的考虑，台资封装基板制造商（如 Unimicron、Nanya PCB、Kinsus、ASEM 及臻鼎科技等）陆续在中国大陆建立了相应的制造基地，但是其高端封装基板还没有在中国大陆大规模生产。

在内资企业中，率先介入封装基板行业的企业主要有深南电路股份有限公司（简称深南电路）、珠海越亚半导体封装基板技术股份有限公司（简称珠海越亚）、深圳兴森快捷电路科技股份有限公司（简称兴森快捷）、深圳丹邦科技股份有限公司（简称深圳丹邦）、安捷利实业有限公司（简称安捷利）、深圳中兴新宇软电路有限公司（简称中兴新宇）等，香港金柏科技有限公司、江苏长电科技股份有限公司（简称长电科技）投资成立了专注于 MIS 基板的江阴芯智联电子科技有限公司（简称芯智联）。

13.1.2 芯片载体材料的分类与应用

根据材料及应用的不同，封装基板可以分为陶瓷基板、金属基板、有机基板及硅/玻璃基板（中介转接层）等。

1. 陶瓷基板

陶瓷是封装基板最初选用的材料，这种材料可以支持较高的 I/O 密度，材料性能非常稳定，其热膨胀系数与硅接近，适用于气密性封装。

陶瓷基板是在陶瓷基材表面制造金属导电图形而制成的，通常采用烧结工艺将陶瓷与金属紧密结合。

陶瓷基板的优点主要包括高耐热性、高热导率、热膨胀系数适当和易实现精细布线等。按烧结温度的区别，陶瓷基板可分为高温共烧陶瓷（High Temperature Co-Fired Ceramics，HTCC）基板和低温共烧陶瓷（Low Temperature Co-Fired Ceramics，LTCC）基板。二者的主要差异在于玻璃含量不同，前者玻璃的含量在

8%～15%之间，后者玻璃的含量大于或等于 50%。一方面，玻璃可以降低介电常数，有利于制造高速电路；另一方面，玻璃会降低共烧陶瓷基板的机械强度和热导率。共烧法是制造多层电路陶瓷基板常用的金属化方法，采用共烧法的优点包括可以形成精细布线并实现多层布线；绝缘层和导体层形成一体化结构，可以实现气密性封装；可以通过成分、成型压力和烧结温度等参数的选择，控制烧结收缩率等。

高温共烧陶瓷基板材料包括氧化铝（Al_2O_3）、氮化铝（AlN）、碳化硅（SiC）等，烧结温度一般在 1500～1900℃之间。氧化铝的价格低、综合性能好、气密性好、可靠性高，但其热导率仅为 20W/（m・K），介电常数约为 10，无法适应集成电路的发展要求，需要进行性能改良。此类低介电常数的陶瓷基板，易实现多层化，主要用于高速器件封装，如高频器件的输入输出板、光通信器件、混合集成电路等。氮化铝的热导率是氧化铝的 20 倍，热膨胀系数与硅相匹配，且具有机械强度高、质量小等优点，是高密度、大功率电子封装中理想的陶瓷载板，广泛应用于高频器件、高亮度发光二极管、半导体激光器件、大功率晶体管器件等产品中。碳化硅的机械强度仅次于金刚石，具有优良的耐磨性和耐腐蚀性，其热导率高于铜，且热膨胀系数与硅更接近，但其介电常数较高，仅适用于低电压电路及高散热器件的封装。

低温共烧陶瓷基板的烧结温度一般在 850～950℃之间，由于温度较低，金、银、铜等低电阻率的材料都可以被选作导体金属，因此形成的电路图形更加精细，可以实现高密度布线。低温共烧陶瓷基板具有介电常数低、热膨胀系数与硅接近、机械强度高等优点，是制造复杂集成电路多芯片产品的重要部件。其主要应用领域包括超级计算机部件、新一代汽车用电子控制单元部件、高频控制部件、高电子迁移率三极管及光通信用界面模块等。

2. 金属基板

金属基板是以铝、铜、铁、钼等金属板为基材，在基材上制造绝缘层和导电层（铜箔）而制成的。

金属基板的优异性能包括散热性、机械加工性、电磁屏蔽性、尺寸稳定性、磁性及多功能性。金属基板在集成电路、汽车、办公自动化、大功率电子器件、电源设备等领域有很多应用，在发光二极管封装产品中的应用更为广泛。此外，由于金属封装材料可以作为大面积浮动地线使用，可以减少信号间电感、电容及串扰，加之其电磁屏蔽功能，因此常用于军事和一些定制的专用气密性封装中。

3. 有机基板

有机基板是在传统印制电路板的制造原理和工艺的基础上发展而来的。与传统印制电路板相比，有机基板的板子薄、线路密、对位精度要求高、电气结构更复杂，其制造难度远高于传统印制电路板。早期有机基板产品以双面基板为主，而随着高功能集成电路 I/O 端口数的增加及高散热性的要求，有机基板逐渐向多层化、薄型化和高密度化发展。有机基板主要面向计算机、通信产品、消费类电子及汽车电子产品等方面的应用。

根据不同的物理特性和应用领域，有机基板可分为以有机树脂为基材的刚性有机基板和以柔性薄膜为介质层的柔性有机基板，如图 13-3 所示。

（a）刚性有机基板

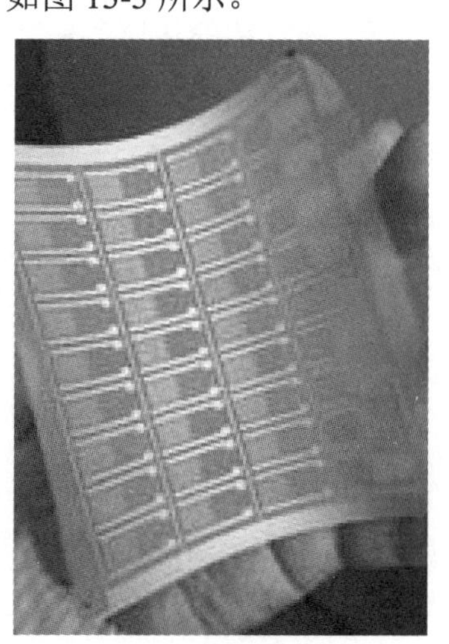

（b）柔性有机基板

图 13-3　有机基板

刚性有机基板是以有机树脂，特别是热固性树脂（如 BT）为基材，以无机填料和玻璃纤维为增强材料，首先采用热压成型工艺制成层压板，然后与铜箔复合制成的。刚性有机基板面向的封装包括引线键合（WB）类和倒装芯片（FC）类的球栅阵列封装、芯片级封装等。其中，WB-BGA 产品被广泛应用于各种通用芯片的封装；计算机和服务器中的处理器（中央处理器、图形处理器等）及一些南北桥芯片采用 FC-BGA 封装；智能手机中的处理器及其他部件（如基带、蓝牙等）则多采用倒装芯片尺寸级封装（Flip Chip-Chip Scale Package，FC-CSP）。

柔性有机基板主要采用热膨胀系数低且平整度较高的 PI 薄膜作为介质层，由介质层与铜箔通过适当的工艺复合制成，多采用卷对卷带式加工实现大批量生产。柔性有机基板封装形式包括球栅阵列封装、芯片级封装、COF（Chip On Flex）等，其应用包括发光二极管/液晶显示器、触控屏、计算机硬盘和光驱的连接及功能组件、智能手机、平板电脑、可穿戴电子设备中对柔性要求较高的电子产品。

4．硅/玻璃基板（中介转接层）

三维集成技术可以将多个不同功能的芯片及无源器件组成的高性能系统集成在一个封装模块中，形成功能完整、高性能集成的微系统，目前逐步在通信（如智能手机等）、传感器探测（如可穿戴电子设备等）等领域得到广泛应用。但三维集成技术仍面临集成工艺和技术方面的障碍与挑战，如工艺兼容性问题，实现异质集成需要兼顾不同材料、不同结构、不同集成工序的差异；可靠性问题，某一个芯片、元件、模块出现问题都可能导致微系统整体的失效。为解决以上问题，出现了基于封装通孔（Through Package Via，TPV）的中介转接层（Interposer）技术。利用中介转接层来实现多个芯片之间的互连和再布线，将芯片 IO 数减少后再连接到传统基板或印制电路板上。中介转接层可以广泛应用于图形处理器（GPU）、现场可编程门阵列（FPGA）及专用集成电路（Application Specific Integrated Circuit，ASIC）等器件的异质集成中，目前已成为先进封装技术中的关键材料之一。

中介转接层的制造基于集成电路工艺，使用的图形转移技术基于集成电路制造前道工艺的光刻而非传统基板工艺，图形可以更加精细，满足更大尺寸芯片的精细布线要求。应用于先进封装的中介转接层材料按照基体材料的不同主要分为硅、玻璃及有机体系三大类，对中介转接层材料的主要要求包括高热导率、低热膨胀系数、低介电常数等。由于在热膨胀系数方面和功能芯片匹配，可以在很大程度上减小芯片与基板之间的应力，因此硅/玻璃中介转接层的应用十分广泛。

由于硅具有十分平整的表面和良好的物理性能，因此硅中介转接层可用于几乎所有集成电路器件的封装中，如超高速、散热要求高的应用。硅中介转接层的优点还包括可在其中埋置电阻和有源器件；可通过掺杂使其起到接地层的作用，省去金属化；与硅晶圆的热膨胀系数完全匹配；硅的热导率［85～135W/（m·K）］

较高；易于用铝或其他金属进行金属化等。与硅材料相比，玻璃的优点包括玻璃为绝缘材料，可以省去在通孔内部制造一层绝缘层的工艺，成本有所下降，且高频传输特性更优；玻璃的热膨胀系数可调，可以获得更好的热匹配性，从而减少热处理后的基板弯曲；玻璃的成型性能好于硅，可以获得更平整更薄的基板，从而取消背面减薄工艺，并且玻璃比单晶硅便宜。

陶瓷基板和金属基板的制造工艺较复杂、制造效率较低、造价较高，多用于有高可靠性要求、大功率、高频的气密性封装产品中。硅/玻璃中介转接层采用前道工艺制造，与传统基板制造工艺相比成本较高，多用于高端三维集成封装中，在 13.2 节中主要对硅/玻璃中介转接层的基本结构及关键工艺进行描述。由于以上几类基板的应用范围有限，且市场占有率不高，因此本章不进行重点介绍。针对市场占有率高的有机基板材料，本章将对其类别、性能及技术发展进行详细分析和阐述。

13.2 硅/玻璃中介转接层的基本结构及关键工艺

13.2.1 TSV 关键工艺及材料

硅通孔（TSV）技术是硅中介转接层的关键技术。利用硅片制造带有 TSV 的硅中介转接层可以实现垂直方向上各层芯片、被动元件等结构的异质集成及电互连，这种封装形式被称为 2.5D 封装。TSV 的制造可以通过不同的工艺方法和工艺顺序实现，硅中介转接层中的 TSV 制造一般采用前道工艺。如图 13-4 所示，TSV 制造工艺流程包括：

（1）深孔制造：干法刻蚀制造高深宽比的孔。

（2）在深孔侧壁沉积绝缘层和扩散阻挡层。

（3）在深孔侧壁沉积种子层。

（4）电镀铜填充：在深孔内填充金属。

（5）正面 CMP：去除表面的过电镀金属层。

（6）正面 RDL 布线：利用再布线层工艺在表面进行布线，实现电互连。

（7）利用临时键合胶将硅片正面与基板临时键合在一起。

（8）通过机械研磨、抛光对硅片背面进行减薄，并暴露出导电铜柱。

（9）背面 RDL 布线：利用再布线层工艺在硅片背面布线，实现电互连。

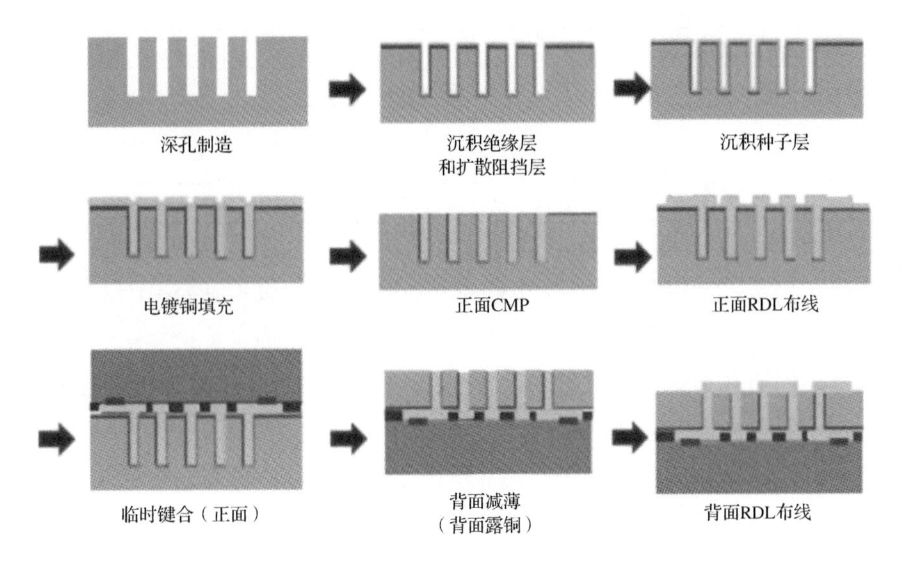

图 13-4　TSV 制造工艺流程图

以下将针对 TSV 制造的关键工艺进行介绍。

1. 深孔刻蚀

TSV 深孔刻蚀要求快速制造侧壁光滑的深孔，同时保证 TSV 的高深宽比。减小孔径可以增大 TSV 的密度，因此，小孔径、高深宽比的 TSV 结构是三维集成电路发展的关键。由于侧壁的起伏会导致小孔径 TSV 制造困难，并且影响热力学性能、铜扩散等，可能带来可靠性问题，因此减小甚至消除侧壁起伏也是 TSV 制造的技术目标之一。

目前，制造 TSV 的深孔刻蚀工艺主要包括湿法刻蚀、激光刻蚀、深反应离子刻蚀（干法刻蚀）。深孔刻蚀工艺的对比如表 13-1 所示。

表 13-1 深孔刻蚀工艺的对比

深孔刻蚀工艺	湿 法 刻 蚀	激 光 刻 蚀	深反应离子刻蚀
CMOS 工艺兼容性	不兼容	兼容	兼容
定位精度	掩模版决定	传递装置决定，约几微米	掩模决定
深宽比	1:60～1:1	1:7	1:80
通孔精度	非常好	好	一般
刻蚀的孔径	大	>10μm	>1μm
成孔精度	亚微米	约 10μm	亚微米
侧壁垂直度	不好	一般	优
刻蚀效率	高	低	高
成本	低	一般	高

湿法刻蚀工艺采用氢氧化钾（KOH）或四甲基氢氧化铵（TMAH）对硅衬底进行化学腐蚀。这种工艺的刻蚀温度低，制造成本低，适合于批量生产。但是，由于刻蚀出的通孔不是垂直结构的且孔径较大，因此只能用于低输出端数的封装，无法制造小孔径高密度的 TSV 结构。激光刻蚀工艺依靠光子能量熔融硅而制造通孔，是一种加热熔化的物理过程。激光刻蚀工艺不需要掩模版，工艺简单，在大规模制造中有成本优势。但是，这种工艺制造出的通孔，内壁粗糙度和热损伤较高，不利于后续绝缘层和扩散阻挡层的制造。

相对于前两种工艺，深反应离子刻蚀（Deep Reactive Ion Etching，DRIE）工艺更易制造高深宽比且侧壁垂直度和光滑度良好的 TSV 结构。深反应离子刻蚀是基于博世（Bosch）工艺原理实现的各向异性刻蚀方法，是一种刻蚀和保护交替进行的过程。图 13-5 描述了一个博世工艺刻蚀周期。

图 13-5（a）是钝化过程，氟化物（C_4F_8）在通孔的侧壁和底部形成钝化层，阻止等离子体对底部和侧面产生刻蚀。

图 13-5（b）是初始刻蚀过程，在离子能量作用下孔底部的钝化层被去除，钝化层下面的硅暴露出来，侧壁的保护层则因为轰击作用较弱而保留下来。

图 13-5（c）是刻蚀过程，暴露出来的硅在等离子体（SF_6）作用下被刻蚀，经过这个过程通孔的深度增加。

当每个刻蚀周期的刻蚀过程结束以后，深反应离子刻蚀设备会自动进入下一个刻蚀周期，经过多个刻蚀周期以后可以在硅上得到高深宽比（High Aspect Ratio）的孔。

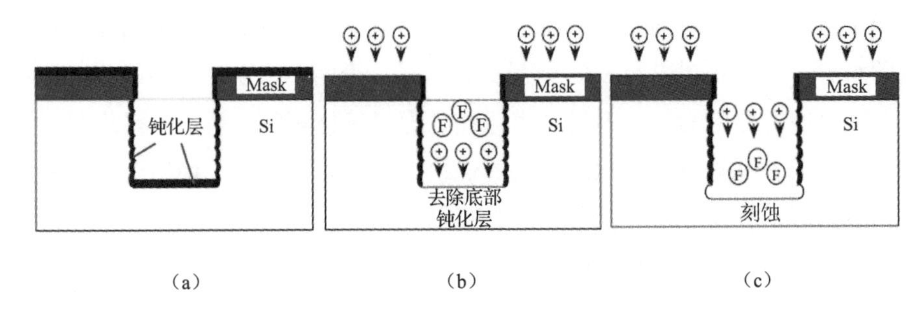

图 13-5　博世工艺刻蚀周期

深反应离子刻蚀由多次刻蚀循环叠加而成，因此制造出的 TSV 结构的侧壁会出现贝壳状的起伏。根据深反应离子刻蚀工作机理，降低刻蚀循环中的刻蚀时间，可以有效地降低侧壁的起伏程度，但是这样将降低刻蚀速率，提高深孔制造的成本。此外，提高等离子体密度可以降低侧壁的起伏程度。这是由于刻蚀气体氟的等离子体密度的增高将会提高硅的刻蚀速率，进而在更短的刻蚀时间内完成所需的刻蚀深度。因此，通过优化深反应离子刻蚀的工艺参数，可以获得满足特性需求的 TSV 结构。

2. TSV 侧壁薄膜层制造

TSV 侧壁薄膜层主要包括绝缘层、扩散阻挡层和种子层，这几种膜层的制造方法和材料特性在第 6 章硅通孔相关材料中有详细的说明。

硅是半导体材料，因此 TSV 需要在导电铜柱与硅衬底之间制造绝缘层进行绝缘，从而隔离电子，避免漏电。常用的绝缘层材料有二氧化硅（SiO_2）、氮化硅（SiN）、氮氧化硅（SiNO）等。常用的技术手段主要有 PECVD 和热氧化工艺两种。在晶圆正面制造绝缘层时，可利用热氧化工艺制造 SiO_2 绝缘层。而在晶圆背面制造绝缘层时，需要保护临时键合材料及凸点，应采用非标准工艺，可以用 PECVD 在低温（200℃）下进行绝缘层的沉积。

利用热氧化工艺制造 SiO_2 绝缘层，反应炉中的温度很高，工艺中常用的氧化温度为 1100℃，工艺时间长。热氧化工艺制造的 SiO_2 薄膜具有均匀性高的优良特点。根据反应炉中氧化气氛的差异，热氧化工艺可分为三类：干氧氧化、水汽氧化和湿氧氧化。

干氧氧化制造的 SiO_2 薄膜结构紧密，掩盖性好，与光刻胶有很强的黏附力，不易产生浮胶，制造时间长。水汽氧化的氧化速率快，但是由于工艺环境中含有大量的水分子，因此制造的 SiO_2 薄膜结构疏松，表面会出现明显的缺陷，含水量高，与光刻胶的黏附力差，容易产生浮胶。湿氧氧化实际上是干氧氧化和水汽氧化的结合，兼具干氧氧化和水汽氧化的优缺点。此外，还有一种结合干氧和湿氧的氧化方式，即干氧—湿氧氧化（交替进行干氧氧化和湿氧氧化），其制造的 SiO_2 薄膜与光刻胶的黏附力强，氧化速率介于湿氧氧化和干氧氧化之间。

在垂直的 TSV 内实现均匀性、连续性好的扩散阻挡层和 Cu 金属互连层（铜填充过程的电镀种子层）是保证电镀质量及 TSV 可靠性的关键技术。薄膜制造工艺方法主要包括物理气相沉积、化学气相沉积和化学镀沉积（Electroless Deposition，ELD）等。

物理气相沉积是制造扩散阻挡层和种子层的主流工艺，沉积的薄膜纯度高、成本低。但物理气相沉积在高深宽比的垂直微孔内沉积薄膜时存在台阶覆盖率的问题，因此沉积的薄膜厚度在微孔内壁的分布不一致，从而会影响金属互连的可靠性。

化学气相沉积能在高深宽比微孔内壁得到厚度均匀的扩散阻挡层，工艺温度适中，制造薄膜的速率快，但是成本昂贵，并且化学气相沉积制造的铜种子层和扩散阻挡层之间的黏附力较差、电阻率偏高，从而会影响金属互连的电学性能。

化学镀沉积（ELD）能在高深宽比微孔内壁得到均匀致密的扩散阻挡层薄膜，但是薄膜与侧壁的结合力不好及化学镀液的不稳定性都会引起金属互连的可靠性问题。

此外，原子层沉积工艺利用自限制化学饱和反应（Surface Saturation Reactions）这一先天优势，可以制造低杂质浓度、低电阻率、均匀致密且具有高保形性的优质薄膜，但是原子层沉积工艺沉积速率慢，成本昂贵。

3. TSV 填充技术

TSV 制造的关键是实现 TSV 的导电填充，填充工艺及填充材料在 7.1 节硅通孔电镀材料中已进行了较详细的阐述。根据 TSV 的孔径与应用，有多种通孔填充物，如钨、铜、多晶硅等，前沿的三维集成研究甚至采用碳纳米管等进行填充。铜是目前常用的 TSV 填充材料，通常采用电镀方法实现通孔内铜的填充。

常见的 TSV 电镀铜填充有两种方式，分别是盲孔电镀和通孔电镀。

通孔电镀的深孔覆盖能力很好，填充的铜比较致密，不容易形成孔洞和缝隙，并且硅片表面电镀的铜厚度可以控制。但是通孔电镀的工艺兼容性比较差，填充效率很低，填充后的铜与通孔侧壁的结合力很差。

盲孔电镀的工艺兼容性好，填充效率高，填充后的铜与通孔侧壁的结合力好，因此被广泛采用。盲孔电镀面临的问题是在填充过程中容易形成孔洞和缝隙。这些孔内缺陷对 TSV 的电学性能和机械性能都可能造成较大的影响，需要通过优化电镀材料和电镀工艺实现无孔洞填充，如控制电镀成分、浓度、添加剂比例、样品预处理条件、电流参数等。

4．铜化学机械抛光

TSV 电镀填充金属铜之后，需要利用化学机械抛光技术去除表面的过电镀铜层和扩散阻挡层，使 TSV 中的铜柱具有相同的高度，实现硅基板表面的平坦化。铜化学机械抛光可以分为两种方式：第一种是采用同一种抛光液利用化学机械抛光技术一次性去除过电镀铜层和扩散阻挡层；第二种是采用两步化学机械抛光工艺，分别去除过电镀铜层和扩散阻挡层。

目前，铜化学机械抛光的抛光液可以分为酸性抛光液、中性抛光液、碱性抛光液等不同体系。除基础溶液外，抛光液的成分主要包括抛光颗粒、氧化剂、络合剂、抑制剂、光亮剂、pH 调节剂等其他添加剂。抛光磨料可以采用 Al_2O_3 或 SiO_2 纳米颗粒。使用 Al_2O_3 作为抛光磨料进行化学机械抛光的抛光速率快。但是，在化学机械抛光过程中，残余的 Al_2O_3 难以去除，并且晶圆表面的粗糙度高。SiO_2 纳米颗粒在不同 pH 溶液中的悬浮性好，抛光后易去除，并且抛光后的晶圆表面粗糙度低。氧化剂的作用是促进 CuO 的形成，在铜表面形成一层疏松的钝化物。常见的氧化剂主要有 HNO_3 和 H_2O_2。HNO_3 与铜反应生成离子状态的铜，H_2O_2 的氧化能力强，无污染。但是，H_2O_2 易分解，不利于存储。络合剂的作用是和铜反应生成水溶性络合物，目的是使铜离子易于溶解在抛光液中，便于去除。缓蚀剂的作用是与铜反应生成致密的钝化物，抑制表面凹陷区的化学抛光过程，提高表面平整度。pH 调节剂主要用于改变抛光液的 pH。铜化学机械抛光的抛光液的配比、研磨盘转速、时间等都会对抛光效果产生不同的影响。

关于化学机械抛光工艺和抛光液材料的详细介绍可以参考第 10 章化学机械抛光液中的相关内容。

5. 背面开窗工艺

背面开窗工艺指的是将硅中介转接层减薄到接近或超过 TSV 的高度后，去除底部介质层，从而将 TSV 从硅片背面暴露出来。薄硅片的机械强度较低，需要在减薄前采用临时键合对硅片进行保护与支撑。临时键合的质量直接决定着硅片背面减薄和抛光的成功率。选择一种合适的临时键合工艺，特别是临时键合材料的选择，对于晶圆减薄、薄晶圆操作、晶圆保护等都有重要意义。第 11 章临时键合胶对相关工艺和材料进行了详细阐述。

硅片的背面减薄主要是指去除硅基体，可分为粗减薄和精减薄两步。

第一步，粗减薄，利用减薄机快速去除硅片背面多余的硅基体，粗减薄速率可以达到 300μm/min，但得到的表面较为粗糙。

第二步，精减薄，利用化学机械抛光技术对硅片背面进行抛光，消除减薄后硅片背面存在的应力，并提高硅片背面的表面平整度，精减薄速率可达到 60μm/min，能够得到粗糙度小于 0.1μm 的较光滑表面。第 10 章化学机械抛光液对背部抛光液材料有更详细的描述。

当硅片减薄后就可以进一步去除底部介质层，露出铜柱。TSV 的背部开窗是实现垂直方向电互连的关键，可以通过不同的工艺方法和工艺顺序实现。

根据去除介质层的方法不同，背面开窗工艺分为三种，如图 13-6 所示。

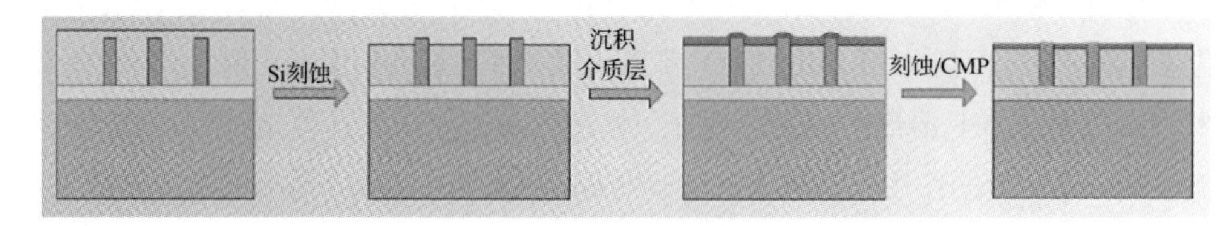

（a）化学机械抛光去除介质层工艺

图 13-6　背面开窗工艺

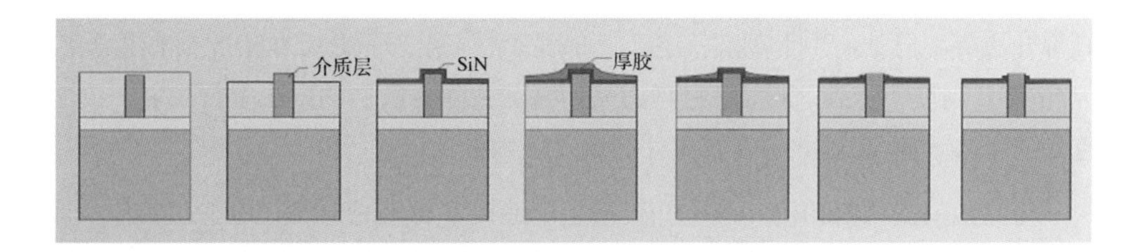

（b）无铜污染刻蚀去除介质层工艺

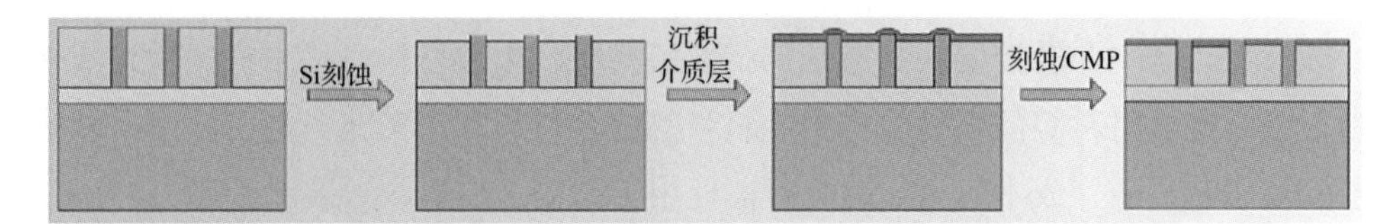

（c）减薄去除介质层工艺

图 13-6　背面开窗工艺（续）

第一种是化学机械抛光去除介质层工艺。当圆片经过机械减薄后，首先利用刻蚀技术使 TSV 内部的铜柱相对于硅衬底凸出一定高度（2～10μm），然后利用低温 PECVD 技术沉积介质层，最后利用化学机械抛光或刻蚀技术将 TSV 上方沉积的介质层去除，暴露出导电铜柱。在这一工艺中，在铜暴露出来之前，介质层保持完整，因此铜污染相对较小。

第二种是无铜污染刻蚀去除介质层工艺。当圆片经过机械减薄后，首先利用刻蚀技术使 TSV 内部的铜柱相对于硅衬底凸出一定高度（2～10μm），然后利用低温 PECVD 技术沉积介质层并旋涂光刻胶，并利用背部光刻技术对光刻胶进行开窗。最后利用刻蚀技术去除底部介质层，暴露出导电铜柱。在这一工艺中，始终没有铜的直接暴露，因此可以有效地避免铜的扩散污染。

第三种是减薄去除介质层工艺。TSV 底部的介质层在减薄的过程中被去除，随后利用刻蚀技术使 TSV 内部的铜柱相对于硅衬底凸出一定高度（2～10μm），当利用低温 PECVD 技术沉积介质层后，利用化学机械抛光或刻蚀技术将 TSV 上方沉积的介质层去除，暴露出导电铜柱。这一工艺直接将 TSV 抛光到同一高度，因此可以得到高度均一的铜柱。但是，在去除介质层的过程中，硅会被铜污染，导致器件失效。

在 TSV 背面开窗工艺中，主要采用化学机械抛光和无铜污染刻蚀的方法去除底部介质层。但是，由于制造深孔工艺的复杂性，孔深高度之间有一定的偏差，因此 TSV 高度不一致。此时，可考虑采用减薄去除介质层的方法获得高度一致性良好的 TSV 结构，该方法具有工艺简单、成本低的优点。

与其他基板材料相比，硅中介转接层制造技术与集成电路制造工艺兼容，具有大面积扇出能力，且工艺精度高；硅材料热膨胀系数与硅晶圆完全匹配，机械稳定性强，具有良好的应用前景。

然而，硅中介转接层的制造是包括薄膜材料、电镀材料、化学机械抛光液材料、临时键合材料等的多种先进封装材料的综合材料制造工艺。由于硅中介转接层制造工艺复杂、成本较高，因此目前仅用于高端三维集成封装的互连中。

硅中介转接层的一个主要问题是，硅是一种半导体材料，TSV 周围的载流子在电场或磁场作用下会自由移动，对邻近的电路或信号产生影响，影响芯片性能。硅材料的介电损耗因子较大，会对高频信号传输产生不良影响。

13.2.2 TGV 关键工艺及材料

针对硅材料的缺点，提出了使用玻璃材料制造中介转接层的替代方案。玻璃是绝缘体材料，介电损耗因子极小，因此具有优异的电学性能。此外，在玻璃通孔（TGV）的制造过程中省去了绝缘层制造，从而缩短了工艺流程并降低了成本。

TGV 互连是一种类似 TSV 互连的技术，图 13-7 所示为带 TGV 结构的系统集成示意图，其中射频芯片（RF IC）、数字芯片（Digital ULK or 3D IC）和电源芯片（Power IC）都通过 TGV 技术集成在玻璃中介转接层的两侧，实现了三维系统集成。

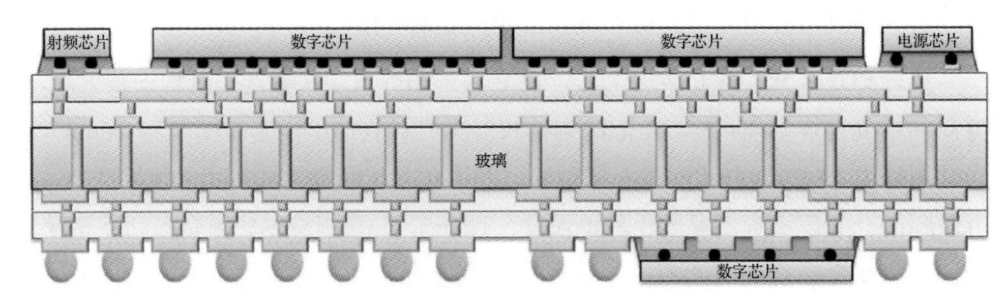

图 13-7 带 TGV 结构的系统集成示意图

作为系统级封装中常用的基板材料之一，玻璃具有不少优于硅和有机基板的材料特性。表 13-2 对比了三种基板材料的性能，可以看出玻璃在电学性能、物理性能和化学性能方面都比较好，但其加工难度相对较大。

表 13-2 三种基板材料性能对比

性能	理想性能	玻璃	硅	有机材料
电学性能	高电阻率	好	差	好
	低损耗			
物理性能	表面平整	好	中	中
	基板超薄			
热学性能	高导热	中	好	差
	CTE 和 Si 匹配			
机械性能	高强度	中	中	差
	高杨氏模量			
化学性能	化学稳定性高	好	中	中
加工性能	通孔易获取	差	中	中
	通孔易填充			
成本	每一个 I/O 端口成本低	差	差	差
	设备成本低			

基于不同的通孔制造工艺，TGV 技术主要可以分为两大类：金属沉积制造工艺和玻璃回流制造工艺。

金属沉积制造工艺首先在玻璃圆片上进行激光钻孔，然后在通孔中沉积金属层以实现在垂直方向上的电互连，这一工艺是目前的主流技术，在下文中将进行重点介绍。

玻璃回流制造工艺首先将玻璃加热，在高温下施加外力或靠玻璃自身重力等使其软化，将变形的液态玻璃流入预制的硅模具中，实现热成型；然后要结合腐蚀、减薄、平坦化等一系列操作，制成具有特定形貌的 TGV 结构；最后将电极嵌入玻璃中实现在垂直方向上的电互连。这一工艺的缺点是 TGV 的厚度和深宽比不能过大，否则封装机械强度不高，且加工工艺的兼容性和操作性不好。

主流的 TGV 技术是金属沉积制造工艺，其制程方式主要分为两种，以康宁公司的电镀和佐治亚理工学院的化学镀为代表。

图 13-8（a）所示为康宁公司 TGV 制造工艺，主要包括玻璃片清洗、激光钻孔、黏附层/种子层沉积、电镀铜填充四个步骤。图 13-8（b）所示为佐治亚理工学院 TGV 制造工艺，主要包括玻璃片清洗、有机介质层旋涂、铜层沉积、激光钻孔、去除铜层及表面处理、化学镀铜填充六个步骤。

两种制程各有优缺点：康宁公司的电镀可靠性好于佐治亚理工学院的化学镀，康宁公司采用激光的方式加工盲孔，结合盲孔电镀的方式对 TGV 进行填充，这对深孔 TGV 电镀提出了更大的挑战。佐治亚理工学院采用化学镀，其成本较低，然而制程比康宁公司的制程繁琐，工艺步骤更多，且化学铜和玻璃的结合力差。

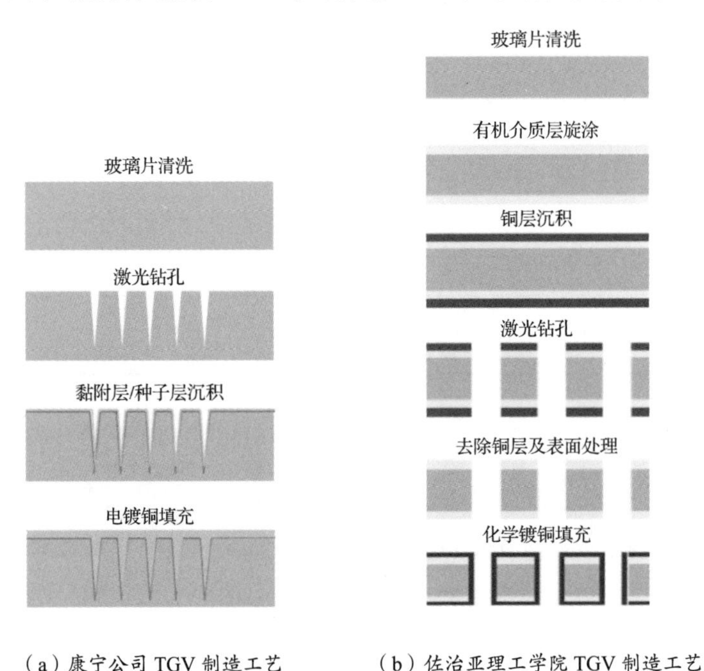

（a）康宁公司 TGV 制造工艺　　（b）佐治亚理工学院 TGV 制造工艺

图 13-8　TGV 制造工艺流程图

1. TGV 成孔技术

TGV 成孔技术是玻璃中介转接层发展面临的重要挑战之一。在玻璃上钻孔的方法有很多，包括湿法刻蚀、深反应离子刻蚀、激光钻孔、超声钻孔、机械钻孔、放电钻孔、电化学放电及激光诱导深度刻蚀等方法，还包括多种方法的综合使用。不同方法有各自的优缺点，针对不同的应用环境，可以选择相应的方法。

湿法刻蚀是指利用化学试剂（包括 HF、HCl、IPA 等）与玻璃的反应来对玻璃进行刻蚀。湿法刻蚀是各向同性的刻蚀方法，刻蚀结构的尺寸较大、深宽比较小。

深反应离子刻蚀是指通过反应离子体（包括 SF_6、C_4F_8、CHF_3、SF_6/Ar、C_3F_7I、C_3F_8 等气体）和玻璃进行反应，达到刻蚀的目的。深反应离子刻蚀是一种各向异性的刻蚀方法，适合进行高深宽比的刻蚀。但是，其面临的关键问题是没有类似硅的博世（Bosch）深孔刻蚀工艺，刻蚀速率慢（约为 1μm/min），当刻蚀的深度过大时，时间较长，效率相对较低，并且对掩模层的厚度和性能有较高的要求，同时含氟的刻蚀气体对环境有污染。

激光钻孔技术是制造 TGV 的主流技术，通过激光束对物体的照射，被照射的物体吸收激光的能量，达到对物体加工的目的。玻璃等透明材料必须在激光能量密度高于其本身的损伤阈值时，才能实现对激光能量的非线性吸收。激光钻孔不需要在玻璃表面制造掩模层，十分便捷、高效。然而，大部分激光器在对玻璃加工的同时伴随玻璃本身的熔化和重铸，这会导致通孔的侧壁粗糙，边缘存在熔渣和崩边现象，侧壁可能产生潜在裂纹。这些问题可能导致沉积的种子层覆盖不连续，从而增大后续金属化工艺的难度，也可能带来可靠性问题。

表 13-3 对比了几种常用 TGV 成孔技术的优缺点。

表 13-3　常用 TGV 成孔技术对比

成孔方式	湿法刻蚀	深反应离子刻蚀	激光钻孔
优点	工艺简单，成本低	可以获得较大的深宽比	不需要掩模层
缺点	刻蚀速率慢，尺寸难以控制，表面质量差，刻蚀过程有一定危险性	掩模层制造复杂，刻蚀速率慢，形貌具有不确定性	存在玻璃熔化和重铸现象，孔壁粗糙、边缘有熔渣和微损伤，加工形貌具有不确定性

2. TGV 填充技术

与 TSV 相似，TGV 填充的主流技术也是电镀，电镀又分为盲孔电镀（大马士革电镀）和通孔电镀（自底向上电镀），两种工艺各有优缺点，其中盲孔电镀的工艺兼容性好且结合力高，所以应用更为广泛。

化学镀是佐治亚理工学院采用的填充方法，虽然成本较低，但是这种方法存在填充效率较低的问题，并且电阻很大，导电性不好。若对 TGV 进行无孔洞的填充，则需要采用化学镀和电镀结合的方法。此外，还有一些低成本的填充方法，如中国科学院微电子研究所研发的在玻璃孔内填充聚合物，再插入钨丝实现电互连；日本 Asahi Glass 公司用铜膏进行玻璃孔的填充；泰库尼斯科公司和 NEC Shott 开发的直插钨丝和用硅填充的 TGV 互连结构等。

然而，以上低成本填孔技术存在孔径受限、工艺兼容性不佳、效率低、导电性不好等问题，因此没有得到广泛应用。

13.3 有机基板材料类别和材料特性

13.3.1 刚性有机基板

刚性有机基板具有优异的热稳定性、力学性能和介电性能，这些性能主要取决于其基础材料，即芯板（Core）。芯板由多层材料压合而成，应用广泛的芯板是覆铜箔层压板（Copper Clad Laminate，CCL）或称为覆铜板。覆铜板是以玻纤布等为增强材料，浸以绝缘的有机树脂，并在双面覆盖铜箔，经热压形成三明治式的多层结构。常用的有机树脂材料包括 BT、FR-4、PI 等，其中 BT 覆铜板具有较高的玻璃化温度、优异的介电性能、低热膨胀系数、良好的力学性能等优点，是目前封装基板中主流的芯板，市场上的 BT 覆铜板以日本三菱瓦斯化学公司的产品为主导。

为了提高芯板材料的热力学特性，日本的三菱瓦斯化学和日立化成公司分别开发了 NS 系列 BT 覆铜板和 E-7××G 系列 FR4 覆铜板两类具有高玻璃化温度、低热膨胀系数的绿色环保型覆铜板，表 13-4 列出了典型芯板材料特性参数。

表 13-4　典型芯板材料特性参数

公 司 名 称	三菱瓦斯化学公司	日立化成公司
材料型号	HL832NSF	MCL-E705G
玻纤类型	HD E-glass	E-glass
T_g/℃（DMA）	300	300
T_g/℃（TMA）	270	260
CTE/（ppm/℃）@x/y α_1	5	5.9

续表

公 司 名 称	三菱瓦斯化学公司	日立化成公司
杨氏模量/GPa @室温	32	23
杨氏模量/GPa @260℃	21	14
挠曲模量/GPa	—	33
剥离强度/（kN/m）@12μm	0.8	0.9
介电常数 D_k @1GHz	4.4	4.4
介电损耗因子 D_f @1GHz	0.006	0.008
吸水性/%	—	0.5

按照制板工艺分类，刚性有机基板可分为层压（Lamination）基板和积层（Build-up）基板两大类（见图 13-9）。

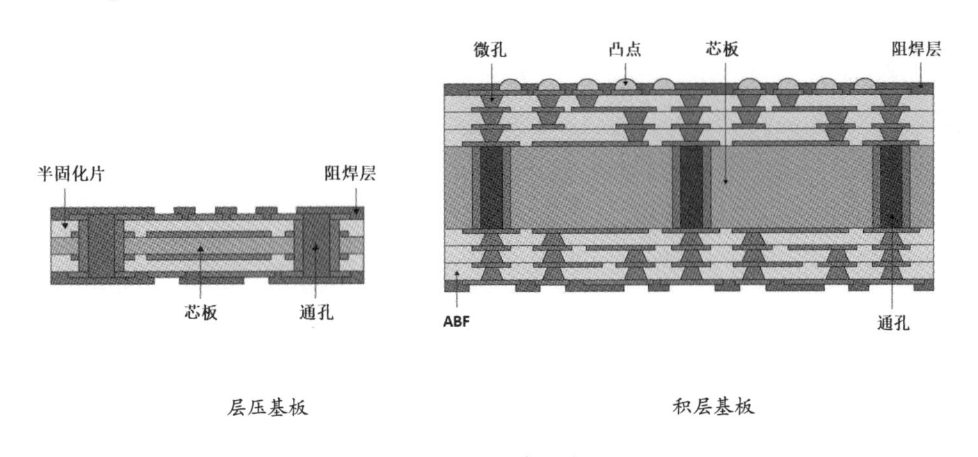

图 13-9 刚性有机基板

层压基板的制造工艺和传统印制电路板制造工艺相似，其在芯板两侧将铜层和作为绝缘层的半固化片（Prepreg，PP）一层一层地交替放置，进行热压使其压合在一起，形成多层基板。这种基板层与层之间的电气连接主要是通过电镀通孔（Plating Through Hole，PTH）实现的，即首先在多层基板上进行机械钻孔，然后在孔壁上电镀铜，各层电路在与孔壁的交汇处形成电气连接。这种基板制造工艺成熟，一般采用两层（2L）、四层（4L）和六层（6L）金属层的电路结构。为提高基板加工效率，同时提高后续封装效率并降低封装成本，这种基板多采用条带（Strip）形式（条带尺寸一般为 16 英寸×20 英寸或 20 英寸×24 英寸）开展大规模量产。PBGA 封装是较早采用条带形式的封装，为了进一步降低成本，开发出了基板与芯片尺寸非常接近的芯片级封装。近年来，一部分 I/O 密度较低的倒装芯片封装产品（如 FC-CSP）因为采用了条带形式的层压基板而具有很大的成本优势。

I/O 端口数较多的高密度封装器件需要采用积层基板，其关键工艺是微孔技术。首先，在芯板的两侧对称地制造一层绝缘层，该绝缘层材料可以采用 BT 或 FR-4 等与芯板材料相同的材料，目前主流的绝缘层材料是由日本味之素精细化学公司生产的 ABF（Ajinomoto Build-up Film），ABF 主要由树脂组成，典型 ABF 材料特性参数如表 13-5 所示。封装基板绝缘层材料如图 13-10 所示。然后，采用光刻或激光钻孔的方法在绝缘层上形成微孔，微孔的孔径目前可达到 50μm 左右，小于采用机械钻孔形成的 PTH 通孔孔径（最小约为 100μm）。接着，镀铜填充微孔，并在绝缘层表面形成电路图形。重复以上的积层步骤可制造多积层板，如常见的 1+2+1、2+2+2、n+2+n 等结构。采用积层技术制造的积层基板也被称为高密度互连基板（High-density Interconnect Substrate，HDIS），这种多应用于 FC-BGA 等先进封装的基板和 HDI 印制电路板是完全不同的，高性能的积层基板出于对成品率的考虑，都采用单个（Unit）形式进行生产。

表 13-5　典型 ABF 材料特性参数

ABF 型号	GX13	GX92	GX-T31
CTE/（ppm/℃） @25～150℃（TMA）	46	39	23
CTE/（ppm/℃） @150～240℃（TMA）	120	117	78
T_g/℃（TMA）	156	153	154
T_g/℃（DMA）	177	168	172
杨氏模量/GPa @23℃	4.0	5.0	7.5
拉伸强度/MPa @23℃	93	98	104
延伸率/% @23℃	5.0	5.6	2.4
介电常数 D_k @5.8GHz	3.2	3.2	3.4
介电损耗因子 D_f @5.8GHz	0.019	0.0017	0.0014
吸水率/（wt%）@100℃，1h	1.1	1.0	0.6
粗糙度 R_a/nm	800	350	150
SiO_2 平均尺寸/μm	1.0	0.5	0.5

半固化片

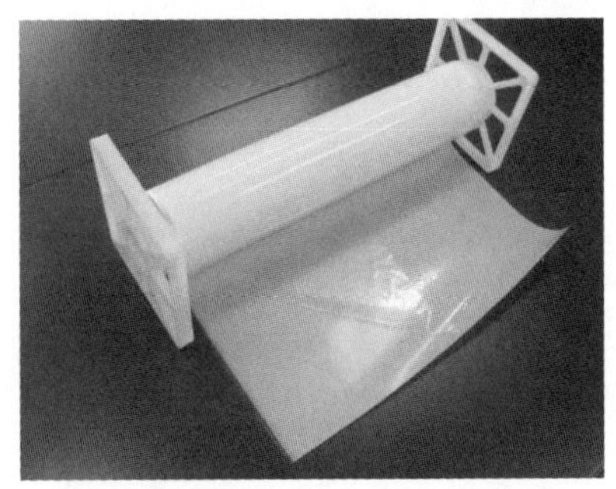

ABF 膜

图 13-10　封装基板绝缘层材料

13.3.2　柔性有机基板

柔性有机基板的优点主要包括挠性卷曲和折叠特性好、结构轻薄且灵活性高、互连密度高等。近年来市场对柔性有机基板的需求不断增加，其在基板产品市场中的占比迅速提高。

柔性有机基板的核心材料是聚酰亚胺（PI）。PI 是一种非常稳定的有机高分子材料，相较于聚酯（PET）、聚萘酯（PEN）等其他绝缘材料，其耐热性高，分解温度在 400℃以上。PI 具有优异的电学性能，玻璃化温度高、介电常数低、低密度的薄膜特性使其特别适用于高密度窄节距的轻型便携式产品，PI 还具有良好的散热性，以及机械支撑性、柔软性和阻燃性等特性。然而，PI 材料存在一些缺点，如易吸湿产生卷曲现象，影响器件可靠性；界面结合力较弱，不适用于多层结构；价格较高等。

传统的柔性覆铜板采用有胶型三层结构（见图 13-11a），中间层是黏接剂，材料多选用 B 阶改性环氧（Epoxy）或丙烯酸（Acrylic）等。这种覆铜板的耐热性、尺寸稳定性和可靠性较差，且黏接剂中含有离子性杂质，会降低线路间的绝缘电阻，因此不能满足柔性有机基板要求的高精密度。因此，业界逐渐转向使用二层法制造的无胶型二层结构覆铜板的开发与应用（见图 13-11b）。无胶型二层结构覆铜板仅包括 PI 膜和铜箔两层结构，去除黏接剂中间层后，其耐热性、尺寸稳定性、耐腐蚀性、绝缘稳定性及长期可靠性等得到了大幅提升，不仅满足了技术需求，还可以使产品更加轻薄。目前，无胶型二层结构覆铜板的制造方法主要分为以下三种。

（1）浇铸法：在铜箔表面涂覆液态的聚酰亚胺酸（PAA），经过固化形成 PI 膜。

（2）镀铜法：首先在 PI 膜上溅射或化学镀金属层，然后电镀铜层。

（3）层压法：将未硬化的 PI 膜与铜箔进行热压。

在以上方法中，浇铸法的工艺比较简单，产品黏接强度稳定性高，所以最为常用。

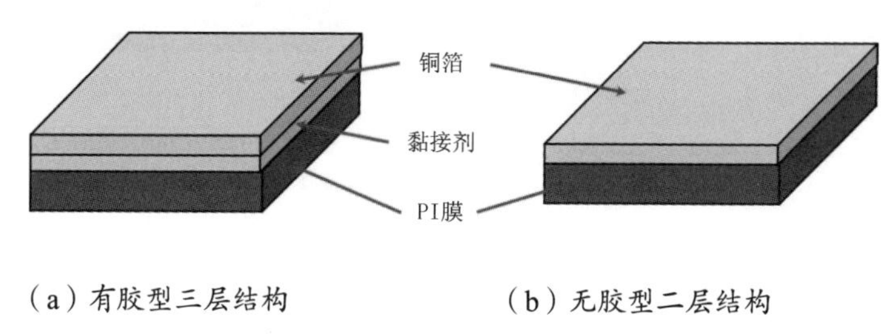

（a）有胶型三层结构　　（b）无胶型二层结构

图 13-11　柔性覆铜基材结构示意图

软板上芯片（Chip On Flex 或 Chip On Film，COF）柔性基板是目前主流的柔性有机基板类型。COF 柔性基板具有易折叠/弯曲/扭转的特性，且布线密度高、结构轻薄，是一种新型基板，属于印制电路板中的高端产品，适于应用在先进封装技术中。

COF 技术又称为芯片软膜构装技术，其借鉴了 COG（Chip On Glass）技术和 TAB（Tape Automatic Bond）技术的思路，可以不通过任何封装，将芯片直接安装到柔性基板上。与 COG 技术相比，COF 技术封装的芯片不需要占据面板上的区域，因此在相同尺寸的面板上可以得到更大的分辨力。与 TAB 技术相比，COF 技术不需要制造悬空的引线从而不会产生引线变形和折断的问题，因此更易实现高密度精细布线。

与常规的印制电路板相比，COF 柔性基板在导电及绝缘可靠性、耐热性、耐湿性及厚度均匀性等方面的性能更高。与其他形式的柔性基板相比，COF 柔性基板的主要优势包括：

（1）体积小、厚度薄、质量轻。

（2）芯片正面朝下放置，线宽/线距更精细、性能更稳定、可靠性更高。

（3）可进行区域性回流焊。

（4）弯折强度高、形状灵活度高。

（5）可增加被动组件。

先进集成电路产品尤其是消费类电子产品，如液晶显示器、液晶电视、智能手机、数码相机、数码摄像机等，其发展方向大都是轻、薄、短、小。这要求新一代封装技术必须有体积小、集成度高、灵活性高等特点。COF 技术正是可以满足这些需求的封装技术，因此得到了飞速发展。COF 封装成为液晶显示器的驱动 IC 的一种主要封装形式，COF 柔性基板成为这些显示模组的重要组成部分。目前，COF 技术已经被广泛应用于液晶显示、PDP 等平板显示模组中，并成为显示器驱动 IC 的主流封装技术。三星液晶驱动 IC 封装如图 13-12 所示。

图 13-12　三星液晶驱动 IC 封装

13.3.3　有机基板的材料特性

随着封装技术的迅速发展，集成电路所要实现的小型化、多功能化、高频高速、高性能及低成本等需求，越来越多地由作为先进封装关键材料的封装基板来分担。为了解决先进封装所面临的工艺能力、电磁兼容、散热和应力等方面的问题，对有机基板材料的性能提出了更高的要求.

1）高密度化

基板的高密度首先体现为布线密度的增加，普通 PBGA 基板产品的线宽/线距（*L*/*S*）由传统的 50μm/50μm，发展到 40μm/40μm，进而发展到 20μm/20μm；FC

基板产品的 L/S 从 18μm/18μm，发展到 15μm/15μm，进一步发展到 12μm/12μm、7μm/7μm，甚至 5μm/5μm。微互连材料的优化可以进一步提高基板密度，采用 SOP 焊盘结合焊料凸点的 FC 基板的节距可达到 130μm，采用铜柱凸点（Cu Pillar）工艺则可将焊盘节距进一步减小至几十微米，从而增加 I/O 端口数。

基板的薄型化是其向高密度化发展的一个趋势。芯板材料厚度不断降低，目前已有大量的 40μm 厚度的芯板应用于基板制造，30μm 厚度的芯板已得到小批量应用。同时，铜导电层、绝缘层和阻焊层厚度不断降低，对于一个双面 FC-CSP 基板，其成品板厚度约为 130μm，未来将不断发展到 110μm、80μm，甚至 60μm 的厚度。无芯基板技术是进一步满足封装基板薄型化要求的一项重要先进技术。

2）更优良的物理性能

由于封装和基板厚度的降低，因此要求基板材料具有更好的平整性、尺寸稳定性和物理强度等性能。

（1）更高的玻璃化温度。

高 T_g 的基板具有高耐热性，可以提高封装对高温回流焊的适用性、稳定性和反复性等。高 T_g 的基板还可以提高通孔的可靠性，使通孔在引线键合等具有热冲击、超声波作用的工艺中保持稳定的物理特性（如平整度、尺寸稳定性、弹性模量和硬度稳定性等）。

（2）更低的热膨胀系数。

降低基板的热膨胀系数，使其接近芯片的热膨胀系数，可以减小二者在互连过程中产生的热失配，从而降低封装翘曲及热应力。这是保证基板尺寸稳定性和微细线路封装精度并提高焊点可靠性的关键因素。

（3）高弹性模量。

提高基板在高温下的硬度和弹性模量，可以减小基板在引线键合或回流焊等高温工艺过程中的形变，保证焊接可靠性。对于薄型封装，更需要高弹性模量的基板，从而实现良好的微组装工艺性和可操作性。

（4）高耐吸湿性。

由于有机基板中的极性有机分子易吸附水分子，因此相较于陶瓷基板，有机基板在高湿条件下会吸收更多水分，严重时造成基板与芯片的界面剥离。因此，提高基板材料的耐吸湿性不仅可以改善封装的可靠性，还有利于增强基板耐金属离子迁移的性能。

（5）更优良的电学性能。

有机基板的介电常数和介电损耗因子较陶瓷基板更低，因此有机基板更适合用于高频高速电路信号传输。为了保证封装器件优良的电源完整性和信号完整性，基板内的导体线路应具有更精确的线宽和间距控制，并采用低表面粗糙度的绝缘层和光滑的铜箔使导体具有更高的平整度。

此外，柔性有机基板还应具有高挠曲性、无卤阻燃化等特性。化学稳定性、高散热性和环保“绿色”材料也是有机基板材料的发展方向。

13.4　有机基板新技术与材料发展

近年来，为满足先进封装产品的要求，各种基板新工艺层出不穷。基板供应商围绕提高材料性能、降低材料成本的方向，不断探索实现封装基板小型化、薄型化、高密度布线、高频高速信号传输的解决方案。

以下，从有机基板关键制造工艺和新型基板技术方面进行介绍。

13.4.1　有机基板关键制造工艺

1. 金属线路制造工艺

随着焊盘节距的减小和 I/O 端口数的增加，对精细线路图形制造工艺的要求不断提高。线宽/线距（*L*/*S*）是衡量封装基板制造领域技术能力的一项关键指标，基板产业研发的中长期目标是实现 5μm/5μm 的线宽/线距，这给基板材料供应商带来了巨大的技术挑战。在这种发展趋势下，选择合理的制造工艺来实现超低线宽/线距的目标，成为基板供应商的研发重点。目前金属线路制造工艺主要包括以下几种，其工艺能力对比如图 13-13 所示。

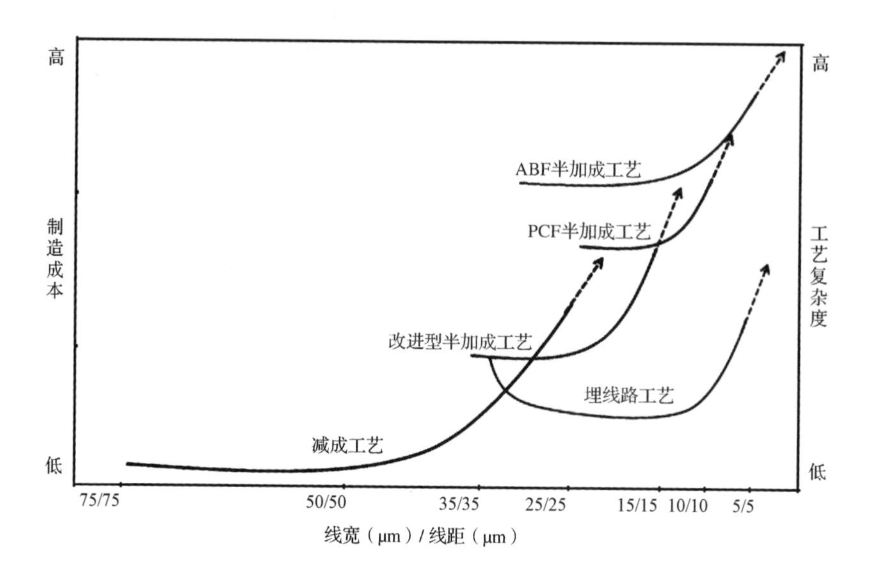

图 13-13　金属线路制造工艺的工艺能力对比

1）减成工艺

常规的封装基板加工采用减成工艺（Subtractive Process 或 Tenting Process），减成工艺是在覆铜基材上贴一层感光抗蚀干膜（简称干膜）或涂覆一层液态感光抗蚀剂（简称湿膜），通过曝光、显影、刻蚀、脱模等一系列工艺，选择性地刻蚀掉非线路区域，最后形成导电图形的工艺，其流程图如图 13-14 所示。减成工艺制造成本低，工艺成熟、稳定、可靠，适用于大规模生产对线宽/线距要求不高（50μm/50μm 以上）的基板产品，目前应用十分广泛。

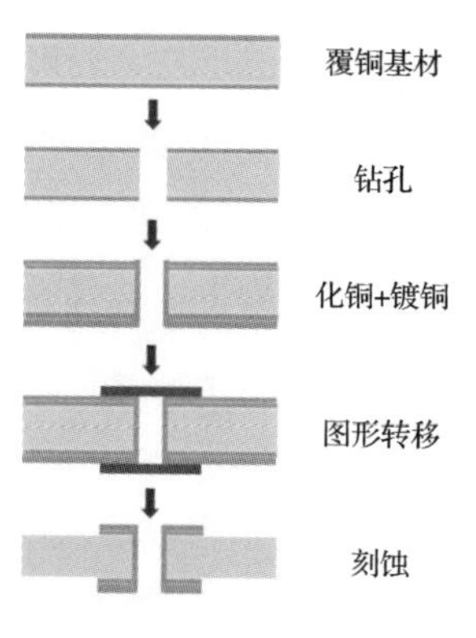

图 13-14　减成工艺流程图

感光抗蚀层的分辨力直接影响采用减成工艺所能实现的最小线宽/线距，分辨力和感光抗蚀层厚度密切相关。当光线通过感光抗蚀层时，会发生散射现象，感光抗蚀层厚度越大，散射现象越严重，通过感光形成的线路会存在更多误差。因此感光抗蚀层厚度越小，越容易感光实现精细布线。制造厚度低于 20μm 的干膜比较困难，而采用湿膜工艺虽然可以制造出 5μm 的膜厚，但湿膜过薄会有针孔、气泡、划伤等问题产生，此外湿膜的厚度均匀性不佳，短期内无法取代干膜。

减成工艺中的侧蚀现象是精细线路制造中难以解决的问题。根据减成工艺中的光致刻蚀剂、曝光显影、刻蚀压力和刻蚀流体力学等因素的研究，以及采用真空刻蚀设备等方法，可以改善侧蚀问题。

然而，应用减成工艺制造的基板的线宽/线距很难逾越 20μm/20μm 这一极限。目前应用于 SiP、叠层封装的基板的线宽/线距已经达到 20μm/20μm 以下，而应用于中央处理器、图形处理器、游戏处理器芯片封装的基板的线宽/线距则达到 10μm/10μm，这些精细线路完全超出了传统减成工艺的加工能力。

2）加成工艺

加成（Additive Process）工艺完全不同于传统的减成工艺，其采用没有覆铜箔的有机基材，通过化学镀工艺在绝缘基材上形成电路图形。由于线路是最后在基材表面生成的，所以这种工艺被称为加成工艺，其流程图如图 13-15 所示。加成工艺适用于超精细线路（线宽/线距可以达到 3μm/3μm）的制造，其特点是工艺步骤少、无须刻蚀铜箔、加工简单。化学镀得到的铜层分散能力较好，适于制造具有多层结构、孔径小的高密度基板。

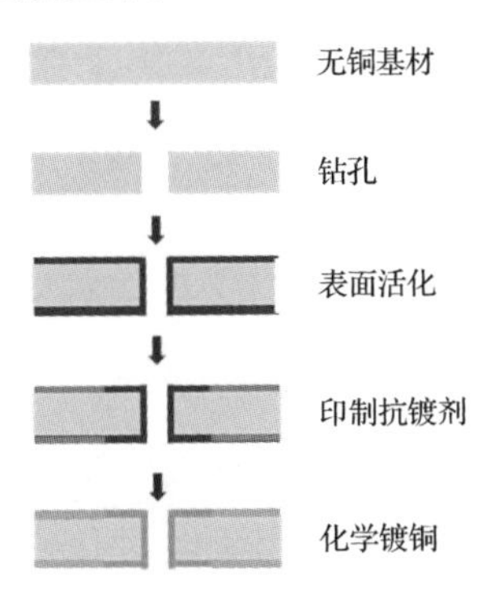

图 13-15　加成工艺流程图

但加成工艺对基材有特殊要求，与传统减成工艺在设备和制造成本上有很大差别，且化学镀铜的速率过慢，目前工艺成熟度还不高，可靠性水平也需要进一步提升，因此加成工艺在基板制造中仍没有得到广泛的应用。

3）半加成工艺

半加成工艺（Semi-Additive Process，SAP）是处在减成工艺和加成工艺之间的线路制造技术。半加成工艺引入了很多新思路，如无须布置导线即可进行图形电镀、采用差分法刻蚀等，其基本的工艺流程如图 13-16（a）所示。

目前，半加成工艺已经发展得比较成熟，精细布线程度及可靠性水平都达到了高端基板产品的要求。在批量生产中，采用半加成工艺制造线宽/线距在 10μm/10μm～50μm/50μm 之间的图形线路，并通过控制电镀时间等参数灵活调节线路的厚度，对于高要求的阻抗线制造来说，是一种较好的工艺选择。

在半加成工艺（SAP）的基础上，出现了改进型半加成工艺（Modified Semi-additive Process，MSAP），MSAP 的工艺流程如图 13-16（b）所示。

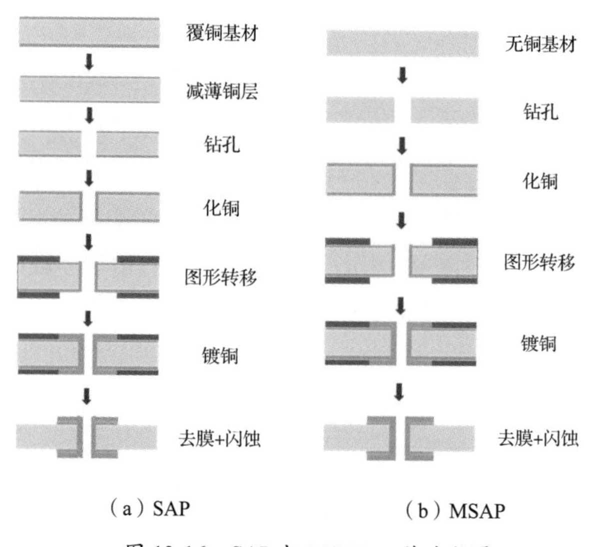

图 13-16　SAP 与 MSAP 工艺流程图

SAP 首先在绝缘基材表面上直接化学镀铜（厚度通常为 0.5～1.0μm），以形成线路及孔内的导通层（种子层），然后用负像图形保护非线路区，并电镀出所需厚度的精细线路及通孔，最后将非线路区的化学镀铜层刻蚀去除。在采用 SAP 时，光线的散射不会对线路图形造成不良影响，感光抗蚀层厚度不需要过薄。由于 SAP

所需要刻蚀的金属层厚度很薄，通过快速刻蚀即可将基材上底层金属去除而基本不存在侧蚀问题，因此 SAP 非常适合制造精细线路。

在 SAP 中，线路往往与盲/通孔共镀，通常利用电镀实心铜柱进行填孔，这样可以避免孔洞问题，提高互连可靠性，并且非常适合叠孔和焊盘上的导通孔工艺，可以明显提升布线密度，减少信号盲区，因此 SAP 被认为是制造先进封装有机基板的主流工艺。目前，国际上高端基板制造厂商均采用 SAP 制造用于中央处理器、图形处理器、游戏处理器芯片封装的基板。

SAP 工艺难点主要如下。

（1）铜线条与低粗糙度树脂的表面结合力。

（2）盲孔内部化学镀铜覆盖的均匀性。

（3）叠孔之间的良好的连通性。

（4）导线之间的绝缘性等。

SAP 与普通减成工艺具有较大的不同，需要选用特定的低粗糙度介质材料，并通过控制树脂表面的粗化、化学镀铜等来满足工艺要求。

MSAP 采用 2～3μm 超薄铜箔作为种子层，再进行图形电镀，当电镀完成后将超薄铜箔刻蚀掉，形成细线路。MSAP 对覆铜基材上铜箔的厚度提出了较高要求。如果铜箔过厚，则需要大量减薄，可能导致面铜厚度不均；而薄铜箔的生产成本高，且其压板制造困难，容易在层压时产生褶皱。MSAP 可以保证线路与绝缘层的结合力，但是超薄铜箔的材质致密，其刻蚀速率比化学镀铜和电镀铜的刻蚀速率都低得多，在将薄铜箔刻蚀干净的同时图形电镀形成的线路会被刻蚀掉，线路精度变差。因此，在高精度线路尺寸控制方面，SAP 仍优于 MSAP。

SAP 受材料限制较大，已商业化并被广泛应用于半加成工艺的绝缘基材主要为 ABF。ABF 是一种在环氧树脂中加入玻璃微粉压合制成的片状半固化材料，其中不含玻纤，用这种材料制造外层线路的绝缘层可以很好地实现 SAP，ABF 目前已经在高端基板制造中广泛应用。然而 ABF 是日本味之素精细化学公司的专利产品，其成本和售价都很高。

针对这一情况，日本三菱瓦斯化学公司开发了 PCF+BT（覆树脂铜箔与 BT 基半固化片连用）材料替代 ABF，采用这种材料的半加成工艺被称为 PCF-SAP 工艺。PCF 是一种在低粗糙度铜箔表面涂覆一层树脂并固化后形成的带有固化树脂层的铜箔。在加工过程中首先将铜箔全部去除，使铜箔表面的粗糙度转移到树脂表面，由于树脂是特殊成分制成的，因此直接进行化学镀铜就可以得到很好的铜层结合力。PCF 的使用可以大大降低 SAP 的材料成本。

4）埋线路工艺

埋线路工艺（Embedded Trace Substrate，ETS 或 Embedded Pattern Process，EPP）是一种制造精细线路的新方法，适用线宽/线距小于 12μm/12μm 的线路，目前可达到 5μm/5μm。首先在覆铜基材上使用很薄的光阻材料通过光刻、电镀制造精细线路，然后与半固化片压合，并进行激光钻孔和化学镀铜，接着通过光刻、电镀形成盲孔及第二层布线层，依次完成所有布线层制造后去除覆铜基材。覆铜基材的选择具有多样性，可以在其两侧同时制造布线结构，提高生产效率。采用 ETS 制造的有机基板省去了芯板，更薄更轻；线路层埋入介电材料中使表面更平整；无须增加成本即可形成精细线路。由于这些优点，近年来 ETS 得到了各基板厂商的广泛应用，ETS 基板结构如图 13-17 所示。

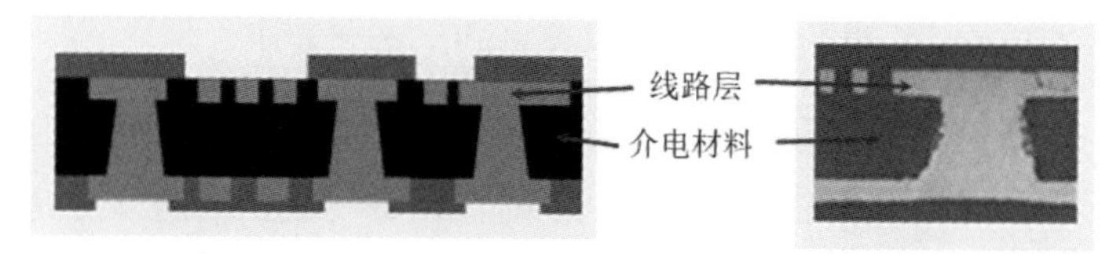

图 13-17　ETS 基板结构

表 13-6 对有机基板的几种主流线路制造工艺的优缺点进行了对比。

表 13-6　主流线路制造工艺对比

		加成工艺	改进型半加成工艺	半加成工艺	减成工艺
工艺水平	线宽和线距制造能力	≤30μm	10～50μm	10～50μm	≥50μm
	侧蚀影响	无	侧蚀量少	侧蚀量少	侧蚀量多
	镀层厚度均匀性	化学镀，均匀性好	电镀，电流分布不均匀，图形均匀性下降	电镀，电流分布不均匀，图形均匀性下降	全板电镀，电镀均匀性好

续表

		加成工艺	改进型半加成工艺	半加成工艺	减成工艺
可靠性水平	树脂附着力	附着力差，需要进行树脂表面粗化并改进沉铜工艺	附着力好	附着力差，需要进行树脂表面粗化并改进沉铜工艺	附着力好
	热应力及回流焊测试	存在爆板分层不良风险	满足要求	存在爆板分层不良风险	满足要求
工艺难度		简单	一般	一般	一般
环境影响程度		无刻蚀液消耗，污染较少	非全板电镀，可同时降低 Cu 消耗与刻蚀液消耗	非全板电镀，可同时降低 Cu 消耗与刻蚀液消耗	全板电镀，Cu 与刻蚀液都消耗较多，污染较多

2．图形转移技术

传统的图形转移技术使用照相底片对图形进行曝光转移，其技术成熟、设备价格低、厂商多，生产低密度基板效率较高，应用普遍。然而，照相底片尺寸受温度、湿度的影响很大，图像对位偏差较大，加之其他误差，因此传统图形转移技术的成像合格率低，加工流程长，已不能满足精细线路的制造要求。

激光直接成像（Laser Direct Image，LDI）技术是一种常用的非接触式成像技术。其采用波长在 350～410nm 之间的 UV 光源所产生的激光束直接在光致抗蚀剂（干膜）上成像，然后通过显影等后续工艺实现线路的图形转移。LDI 技术的优点如下。

1）对位精度高

传统图形转移技术存在底片涨缩导致的对位偏差问题，而 LDI 技术克服了这一缺陷。一方面，LDI 技术采用激光定位实现基板中的层间对位，可以使对位精度和重复精度得到显著提升，从而提高产品质量与合格率；另一方面，LDI 设备可以针对不同的板材调整不同预放比例，自动调整涨缩尺寸，因此图形的对位偏差可以控制在±5μm 以内。

2）加工流程短

传统图形转移技术工艺复杂，需要八个以上的工艺步骤才能完成图形转移，而 LDI 技术工艺仅包括数据转移、激光扫描、显影、刻蚀四个步骤，大幅简化了加工流程，提升了效率。

3）成本低廉

LDI 技术不需要照相底片、重氮片等耗材，不仅节省了材料费，还减少了对材料进行维护及保存的费用。

基于以上原因，采用 LDI 技术实现电路图形的转移成为高密度精细线路制造的主要方法。

3. 微孔制造工艺

在有限的基板面积上实现高密度互连需要通过微孔（Microvia）结构将多层基板上的布线连接在一起。微孔结构的存在可以减少基板层数，降低基板厚度，提高基板布线密度。随着集成电路产业的快速发展，高密度互连基板的加工难度不断增大，微孔加工的难度主要体现为高密度和微小化。一块高密度基板上的微孔数量可达几万至十几万个，且孔径缩小，厚度增大，这些都使得微孔制造工艺的难度大幅提高。

成孔的方法有很多，如机械钻孔、激光钻孔、感光制孔等。各种成孔方法存在不同的优缺点，其中应用较广的方法是机械钻孔和激光钻孔两种。

机械钻孔是指根据适当的工艺参数，使用数控钻床在特定的钻孔程序控制下在基板上打出所需通孔。机械钻孔的优点是加工成本低、效率高，适用于孔径大于 150μm 的通孔制造，但当通孔孔径小于 100μm 时，其加工难度和成本会大幅增加，这时需要考虑其他更有效的成孔方法。

激光钻孔是指利用激光辐射的高能量作用于基板上实现微孔制造。常用于激光钻孔的光源有两种：CO_2 激光和 UV 激光。CO_2 激光适用于加工孔径在 70～150μm 之间的微孔，加工更小的孔径则需要使用 UV 激光来实现。UV 激光具有波长短、输出能量高的优点，在成孔过程中可以将材料分子间的化学键打断，因此孔壁上不会产生过多残渣，也不会导致温度大幅升高，UV 激光钻孔属于“冷加工”。但 UV 激光钻孔存在切割速率慢、成孔效率低等缺点。CO_2 激光钻孔是通过高温烧蚀作用成孔的，具有能量转换效率高、输出功率大、成孔速率快等优点。CO_2 激光能量在极短的时间内照射基板，使其受热熔化直至迅速蒸发，在成孔过程中孔壁上会有烧蚀后的残留物，必须把这些残留物清除干净才能进行后续的填充工艺。此外，当选用 CO_2 激光打孔方法时，需要在成孔位置对表面的金属层进行开窗处理，因为 CO_2 激光波长较长、能量较低，而金属材料熔点较高，难以被烧蚀去除。

表 13-7 对比了两种成孔方法的优缺点。在实际生产中，可以根据具体要求合理选择适当的方法并设置对应的工艺参数。

表 13-7　两种成孔方法对比

成 孔 方 法	优　　点	缺　　点
机械钻孔	工艺成熟、设备投资小、效率高、重复精度高	微孔加工难度大
激光钻孔	工艺简单、可加工孔径小	设备投资大，采用 CO_2 激光时易出现孔壁炭化、粗糙等问题，重复精度不易控制

13.4.2　新型基板技术

1．无芯基板技术

通过减小芯板厚度可以在一定程度上减小基板厚度，但由于芯板的存在，基板制造在薄型化方面受到了限制。无芯基板（Coreless Substrate）技术是从根本上解决这一问题的重要方法。无芯基板技术是指将顺序堆叠结构中的芯板去除，仅由微孔配线层逐次积层而得到基板。无芯基板与普通有芯基板相比，其优势是在使基板厚度减小的同时可以将基板成本降低 20%。

传统有机基板的芯板所使用的玻纤材料是基板电学性能恶化的原因之一，PTH 通孔结构具有较大的电感成分，会导致集成电路芯片电源噪声增大。无芯基板去除了芯板，可以实现更好的阻抗控制并减少阻抗间的不匹配，有利于保证更优的电学性能。无芯基板节省了 PTH 通孔占据的布线空间，可以选择任一层作为电源或地，并在任意两层中分别完成所有的输入端和输出端布线，从而为芯片设计人员带来较大的自由度和灵活性。

预包封互连系统（Molded Interconnect System，MIS）基板是一种新型无芯基板。与传统有机基板不同，MIS 基板使用的不是印制电路板类材料，而是包封材料。MIS 基板最早由 APS（Advanpack Solutions）公司开发。

MIS 基板是在覆铜基材上利用多次光刻和电镀分别制造布线层和互连层而制

成的，其采用环氧塑封料预包封或 ABF 压合等方法制造绝缘层，完成固化减薄后，去除基材并进行表面处理。MIS 基板结构如图 13-18 所示，由于铜线是埋入式的，因此 MIS 基板的厚度较小，线路密度较高。

日月光（ASE）、嘉盛（Carsem）、长电科技（JCET）、星科金朋（STATS ChipTAC）、宇芯（Unisem）等企业都在开发基于 MIS 基板的 IC 封装技术，该技术目前在模拟芯片、功率器件、数字货币等领域都得到了快速发展。

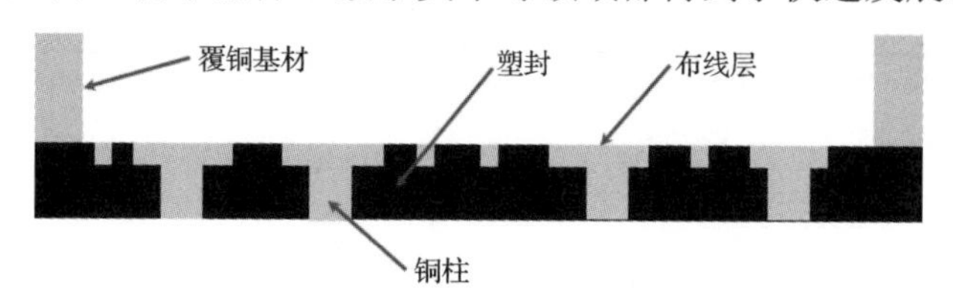

图 13-18　MIS 基板结构

无芯基板主要的技术难点是在植球和组装过程中产生的翘曲问题。解决这个问题需要设计人员、材料制造商、基板制造商及封装厂共同努力，从改进材料参数、优化封装结构及改进封装工艺等方面进行研究和探索。只有解决了这个问题，无芯基板技术才能真正实现有机基板的高性能化、薄型化和低成本化目标。

2．埋入式基板技术

埋入式（Embedded）基板技术是指在基板制造过程中实现主动器件和被动器件的三维安装，这样可以节省基板的表面积、减少焊料互连、降低整体高度，从而提高封装系统的集成度及电学性能。

早在十几年前，在印制电路板中埋入被动器件就已实现规模化。但是被动器件在基板中的应用受到限制，由于尺寸有限，电容、电阻都不能过大（电容为 5～40nF/in^2，电阻为 20～50Ω/square）。此外，电气参数的可实现公差比较大（>10%），不能满足要求。

较早研发埋入式基板技术的公司包括 Intel、Casio、Imbera 等。埋入式基板技术结构示意图如图 13-19 所示。目前，几乎所有基板供应商和部分相关用户都自主开发了特色基板埋入技术，对应产品的商业化速度不断加快。这些产品中包含一个或多个芯片及无源器件。

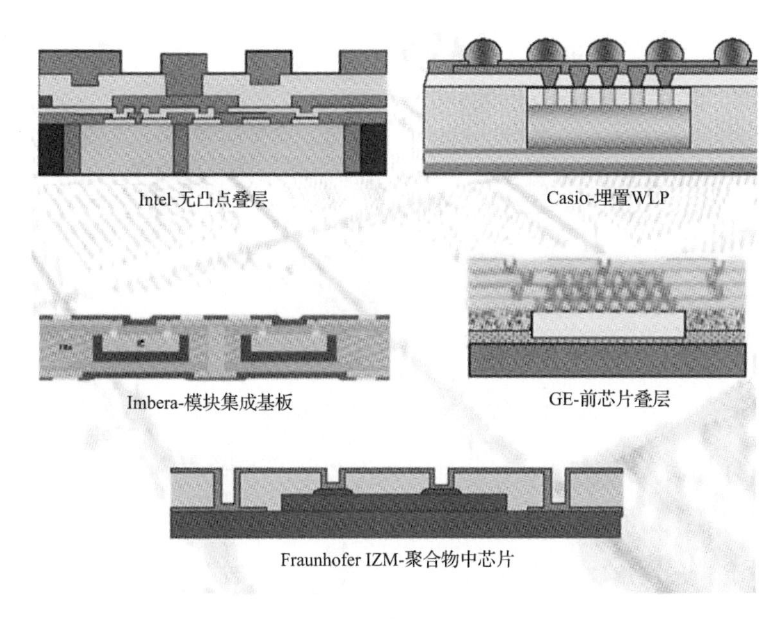

图 13-19 埋入式基板技术结构示意图

埋入式基板技术根据贴片工艺步骤可以分为 Die-first 和 Die-last 工艺，根据芯片朝向可以分为 Face-up 和 Face-down 工艺。不论哪一种形式都采用积层技术，将电信号从芯片上表面扇出到安装平面。在 Die-last 工艺中，需要在芯板中制造空腔，将芯片置于空腔底部，并同芯板一起与介质层（RCF、ABF、PP 等）和铜箔进行压合，采用激光钻孔技术进行焊盘开窗。Die-first Face-up 工艺将芯片的有源面朝上贴合到基材或芯板上，并与介质层和铜箔进行压合，同样采用激光钻孔技术进行焊盘开窗。Die-first Face-down 工艺则先将芯片的有源面朝下贴合到牺牲层上，将其与已预打孔的 PP 介质材料进行注塑或压合，再去除牺牲层并进行与介质层和铜箔的压合，通过盲孔结构实现与芯片的电气连接。

图 13-20 所示为不同供应商的埋入式基板产品结构示意图，包括 AT&S 的 ECP（Embedded Component Packaging），TDK 的 SESUB（Semiconductor Embedded SUBstrate）、ASE 的 aEASI（advanced Embedded Assembly Solution Integration）和 FOCLP（Fan-Out Chip Last Package）、Samsung 的 EAD（Embedded Active Device）等。

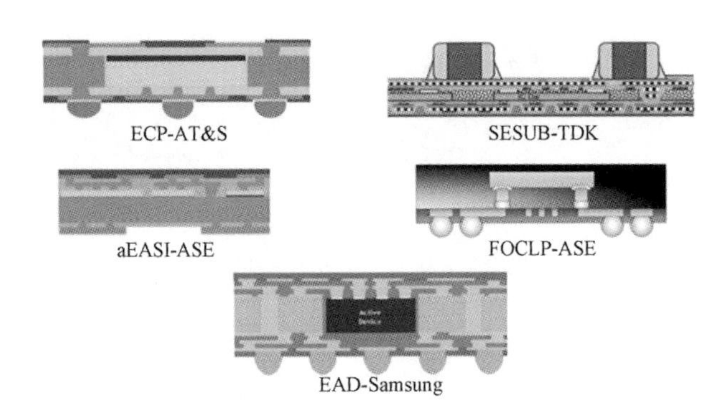

图 13-20　不同供应商的埋入式基板产品结构示意图

Intel 采用埋入式基板技术开发了嵌入式多芯片互联桥接（Embedded Multi-die Interconnect Bridge，EMIB）结构，如图 13-21 所示。在一个基板中埋入一个或多个桥接芯片，根据需要通过高密度凸点将这些桥接芯片与多个功能芯片互连实现信号传输，这一设计可以提供较高的 I/O 端口数并较好地控制多个芯片间的电互连路径，避免了使用带 TSV 结构的 2.5D 硅中介转接层，大幅简化了工艺制程。与 2.5D 硅中介转接层相比，EMIB 硅桥的尺寸要小得多，其只是埋入在基板中的一小块硅，因此不仅节省了空间，还使得芯片的布局更加灵活。

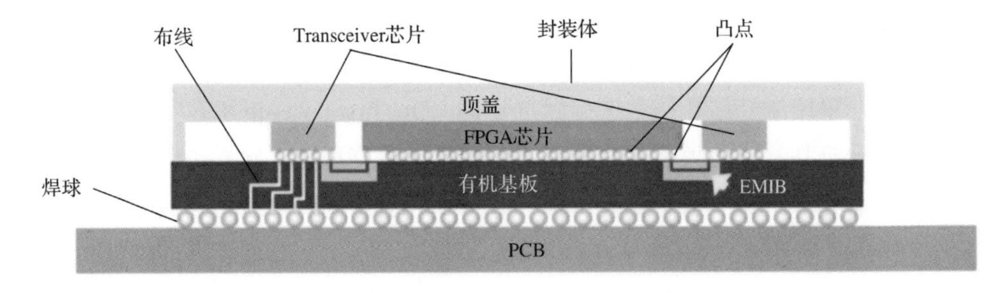

图 13-21　EMIB 结构示意图

埋入式基板技术的广泛应用仍然面临很多挑战，包括工艺和材料缺乏行业标准、良率待提高、基板设计工具的适用性、KGD 的可用性、芯片埋入可采用的商业模式、埋入式基板的测试和供应链管理等。

3．有机中介转接层

中介转接层是位于集成电路芯片和封装基板之间的一层过渡性结构，其作用是在芯片的精细线路与封装基板的稀疏线路之间进行引脚间距转换，解决两者间特征尺寸不匹配的问题。2.5D 中介转接层的常用材料是硅和玻璃，但其工艺复杂且成本较高，因此多应用于高端电子产品中。而利用有机材料制造中介转接层，不仅可以简化工艺、降低成本，还可以提供高密度、高性能的电互连。

2.5D有机中介转接层使用光刻胶，通过和前道相同的薄膜工艺获得精细线路。图 13-22 所示为日本新光电气工业（Shinko）开发的有机中介转接层技术（integrated Thin film High density Organic Package，i-THOP）的结构示意图。这一中介转接层结构以积层基板为基础，在表面采用积层方式和薄膜工艺制造精细线路，最小线宽/线距达到 2μm/2μm。i-THOP 基板在封装工艺中可作为普通基板使用，不需要像硅中介转接层或玻璃中介转接层那样设计与封装基板互连的层叠结构，是一种极具成本竞争力的新型基板。

但是，与硅中介转接层相比，有机中介转接层面临材料尺寸稳定性差、气密性差、吸湿性强、与硅材料热膨胀系数不匹配等技术挑战。

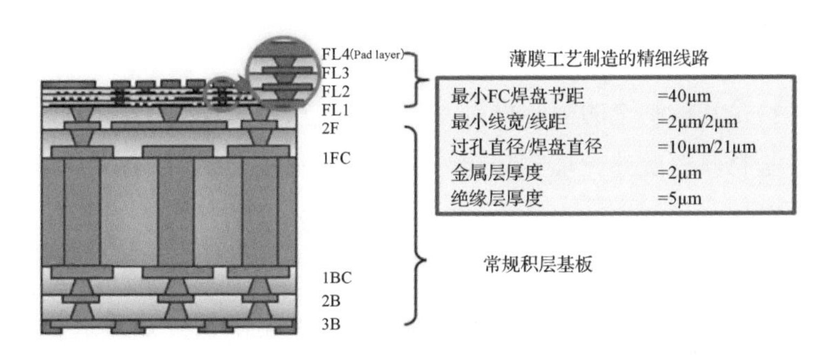

图 13-22　Shinko 的 i-THOP 结构示意图

4．FOPLP

2016 年，台积电利用自主研发的集成扇出型（Integrated Fan Out，InFO）圆片级封装成功地取得了 Apple 新一代 iPhone 7/7Plus 所需的 A10 处理器的封装订单。此举备受业界注目，同时刺激了全球各大集成电路企业加速对扇出型圆片级封装（FOWLP）技术的开发。FOWLP 技术采用再造晶圆和再布线层技术，增加了 I/O 端口数，缩短了互连长度，同时具有无基板化、薄型化及低成本化等多项优点。作为 FOWLP 的延伸突破性技术，扇出型面板级封装（FOPLP）技术在更大面积的面板上进行扇出工艺，面板的材料可以选用硅、玻璃、液晶及有机基板等，其面板的面积比直径 300mm 的晶圆面积大若干倍，因此产量相应增加若干倍。

当采用有机基板作为面板材料时，基板工艺能力对实现高密度布线至关重要。一般的基板再布线层工艺可达到的线宽/线距通常在 10μm/10μm 以上，如果采用薄膜工艺，则可将布线密度提升至线宽/线距小于 5μm/5μm。

目前积极研发 FOPLP 技术的企业包括 Samsung Electronics、J-DEVICES、FUJIKURA、日月光、DECA TECHNOLOGIES、SPIL 等。其中，Samsung Electronics 携手集团旗下的 SEMCO，力争研发出比台积电的 InFO 产品更具成本竞争力的 FOPLP 封装产品。Fraunhofer IZM 对 FOPLP 进行了大量的研发。华进半导体封装先导技术研发中心有限公司及广东佛智芯微电子技术研究有限公司等正在相关方向积极开展研发。

目前，FOPLP 仍处于早期阶段，主要应用于中低端产品，面临的主要挑战包括缺乏工艺和尺寸的行业标准、良率和产量不足、存在翘曲等缺陷、高密度布线问题、生产设备自动化问题等。

5. 新型基板材料

覆铜基材是基板制造的核心材料，其发展重点在于提高 T_g、降低厚度，加入功能粉体使基材具有散热、埋容功能等。覆铜基材主要由铜箔和主体树脂两部分组成。

铜箔可分为电解铜箔和压延铜箔两大类，由于制造方法不同，因此两类铜箔的机械性能和弯曲性能不尽相同。为了满足封装基板的技术发展要求，铜箔需要多样化和超薄化。压延铜箔分子结构致密、表面光滑，适用于高速信号的传输。压延铜箔的主要成分是 Cu 和 O，通常要求其含氧量在 150ppm 以下。在大气熔铸过程中控制含氧量，保证铸胚表面平滑且缩孔浅，是压延铜箔重要的技术发展方向。电解铜箔的物理和机械性能与其厚度方向上的微观结构变化密切相关。当厚度较小时，电解铜箔的性能受到基材影响；当厚度达到一定阈值时，电解铜箔的性能由电镀条件决定。根据不同的材料特性，电解铜箔发展出室温高延伸性铜箔、高温高延伸性（HTE）铜箔、低轮廓（LP）铜箔、超低轮廓（VLP）铜箔、高疲劳延展性（HFD）铜箔等各具优势的产品类型。其中，LP 和 VLP 铜箔的铜结晶细腻呈片层状，可阻止金属结晶粒间的滑动，并具有较高的热稳定性，经多次层压成型后，表面较平滑，适用于制造精细线路；HFD 铜箔粗糙度低、强度高，在使用中可取代大部分的压延铜箔。

主体树脂的发展要求是均衡提升其耐热性、介电性、耐离子迁移性、耐漏电起痕性及剥离强度等方面性能。基板在表面封装过程中需要经受较长时间的高温工艺，因此基材的耐热性显得尤为重要。在高频高速基板的制造中，有严格的阻抗要求，要求基材有优良的介电性。柔性基板中常用的树脂材料是聚酰亚胺（PI），PI 兼具高 T_g 与低介电常数，与环氧树脂、氰酸酯、BT 等树脂相比具有明显优势。在柔性基板的应用中，对 PI 提出了新的要求。制造 PI 超薄膜，可有效减小基板厚度。然而，PI 超薄膜的加工难度大，成本高，商业化程度较低。一些国外企业通过对 PI 超薄膜进行基础研究，成功推出了相关产品。Dupont-Toray 公司在 2012 年量产的 Kapton®20EN 薄膜厚度仅为 5μm，在商业化产品中居于领先地位。作为聚合物材料，PI 的热膨胀系数远高于金属、玻璃和陶瓷等无机材料，在高温工艺中，材料间热膨胀系数不匹配产生的热应力，会使基板发生翘曲并导致材料发生断裂和分层。研究发现，可以通过调节化学结构和物理形态等多种方法降低 PI 的热膨胀系数。例如，在制造中形成钢棒状结构、脂环结构或添加氟元素；采用多种二酐或二胺单体进行多元共聚，以及将多种聚酰胺酸或 PI 进行多元共混；改变材料的聚集态，如选用沸点较低的溶剂体系，对薄膜进行定向拉伸以加强分子链的取向性，提高固化温度、降低升温速率或调整其他反应条件；添加有机硅氧烷、陶瓷、云母、金属、二氧化硅等热膨胀系数较低且刚度较大的无机填料对 PI 进行杂化改性处理等。采用这些方法后，可以有效降低 PI 薄膜的热膨胀系数，减小热应力，提高柔性基板材料性能。

近年来出现了以液晶聚合物（Liquid Crystalline Polymer，LCP）和聚醚醚酮（PEEK）为主体树脂的覆铜基材。对比几种薄膜的材料参数可见，这两类聚合物材料具有很多优于 PI 的性能。LCP 是美国罗杰斯公司近年研发的一款介电材料，其价格低于 PI，且具有低介电常数、低介电损耗因子、低吸湿因子、低热膨胀系数及更快的高频高速响应特性等优点，被认为是 PI 类基材的重要补充，是很有发展前途的新兴材料。特别是近年来，以 5G 技术为代表的高频高速信息传输技术的崛起，对柔性基板的特性阻抗、信号响应速率、传输损耗等性能有了更苛刻的要求，推测采用低介电常数的 LCP 和氟系树脂材料的覆铜基材在今后的使用量会不断增加。

由于集成电路不断朝轻、薄、小的方向发展，因此对基板材料在热、力等方面的固有性能提出了更高的要求。对于刚性基板，其发展重点主要是降低热膨胀系数和提高热导率；对于柔性基板，则要求其在保持高柔性和透明性的同时，降低热膨胀系数、提高热导率和热稳定性。针对以上性能要求，目前主要的研究热点包括负热膨胀系数无机填料技术、无机导热粒子及其表面改性技术、高填充技术、高导热树脂及聚合物改性技术等。

针对各自的优势产品，中国的基板供应商正在持续不断地进行技术革新与升级。

深南电路有限公司是中国刚性封装基板领域的领军企业，目前已形成具有自主知识产权的封装基板生产技术和工艺，建立了适应集成电路领域的运营体系，在部分细分市场上拥有竞争优势。例如：该公司在硅麦克风微机电封装基板领域，技术全球领先，产品大量应用于 Apple 和 Samsung 等智能手机中，全球市场占有率超过 30%；射频模组封装基板大量应用于手机射频模块封装；应用于嵌入式存储芯片的高端存储芯片封装基板已大规模量产；在处理器芯片封装基板方面，倒装封装（FC-CSP）基板已实现大批量量产和国产化替代。

安捷利实业有限公司作为国内最早的柔性电路板和柔性封装基板制造企业，主要从事电子产品的柔性电路板、柔性封装基板及相关组件的设计和制造及销售。该公司致力于构建为客户提供“柔性印制电路板—柔性封装基板—模组组装”设计与制造的一站式服务体系。为迎接新一代 5G 产业的发展，该公司成功研发了应用于 5G 产业的 LCP 柔性封装基板，为 5G 产业的商用提供了必要的材料保障，填补了国内的空白。

参考文献

[1] LU D，WONG C P. Chapter7 Advanced Substrates：A Materials and Processing Perspective，Materials for Advanced Packaging[M]. Springer，New York Heidelberg Dordrecht London，2017.

[2] 范琳，陶志强，王德生，等. 先进封装技术及其封装材料[C]//电子专用化学品高新技术与市场研讨会论文集，2004.

[3] CHAWARE R，NAGARAJAN K，RAMALINGAM S. Assembly and reliability challenges in 3D integration of 28nm FPGA die on a large high density 65nm passive interposer[C]//IEEE Electronic Components & Technology Conference，IEEE，2012：279-283.

[4] MCAULEY S A，ASHRAF H，ATABO L，et al. Silicon micromaching using a high-density plasma source[J]. J. Phys. D：Appl. Phys. 2001：2769-2774.

[5] JOURDAIN A，BUISSON T，PHOMMAHAXAY A，et al. Integration of TSVs，wafer thinning and backside passivation on full 300mm CMOS wafers for 3D applications[C]//IEEE Electronic Components & Technology Conference，2011：1122-1125.

[6] 李轶楠，蔡坚，王德君，等. 硅通孔电镀铜填充工艺优化研究[J]. 电子工业专用设备，2012，41（10）：6-10.

[7] 金海. 硅通孔关键技术的研究[D]. 北京：清华大学，2016.

[8] 刘乐乐. 基于 TGV 的圆片级真空封装技术研究[D].国防科学技术大学，2015.

[9] 张名川，靖向萌，王京，等. 应用于 TGV 的 ICP 玻璃刻蚀工艺研究[J]. 真空科学与技术学报，2014，34（11）：1222-1227.

[10] 林来存，王启东，邱德龙，等. 基于光敏玻璃的垂直互连通孔仿真与电镀工艺研究[J]. 北京理工大学学报，2018：52-57.

[11] 陈乐. 玻璃通孔关键技术研究[D]. 北京：清华大学硕士，2014.

[12] SHI S，WANG X F，XU M H，et al. Deep wet etching process of Pyrex glass for vacuum packaging[C]// Electronic Packaging Technology and High Density Packaging（ICEPT-HDP），2012 13th International Conference on，Guilin，2012：44-48.

[13] SUN Y，YU D Q，HE R，et al，The development of low cost Through Glass Via（TGV）interposer using additive method for via filling[C]//Electronic Packaging Technology and High Density Packaging（ICEPT-HDP），2012 13th International Conference on，Gulin，2012：49-51.

[14] SHINTARO T，KOHEI H，KENTARO T，et al. Development of Through Glass Via（TGV）Formation Technology Using Electrical Discharging for 2.5/3D Integrated Packaging[C]//Electronic Components and Technology Conference（ECTC），2013 IEEE 63rd，Las Vegas，NV：348-352.

[15] TOPPER M，NDIP I，ERXLEBEN R，et al. 3-D Thin film interposer based on TGV（Through Glass Vias）：An alternative to Si-interposer[C]//Electronic Components & Technology Conference，IEEE，2010.：66-73.

[16] 赵伟，徐勇，宋超然，等. 覆铜板用低热膨胀系数聚酰亚胺薄膜研究进展[J]. 现代塑料加工应用，2018，30（5）：57-59.

[17] 韩艳霞，张俊丽，董占林，等. 低热膨胀系数聚酰亚胺薄膜的研究进展[J]. 绝缘材料，2014，47（6）：10-12.

[18] 刘金刚，倪洪江，高鸿，等.超薄聚酰亚胺薄膜研究与应用进展[J]. 航天器环境工程，2014，31（5）：470-475.

[19] 杨宏强. 半导体封装载板技术的现状及展望[J]. 印制电路资讯，2018，（6）：24-30.

[20] 杨宏强. 谈印制电路板的前世、今生及未来（上）[J]. 印制电路信息，2018，26（1）：6-15.

[21] 杨宏强. 谈印制电路板的前世、今生及未来（下）[J]. 印制电路信息，2018，26（2）：13-20.

[22] 崔浩，何为，何波，等. COF（chip on film）技术现状和发展前景[J]. 世界科技研究与发展，2006，028（006）：27-32.

[23] 黄勇，吴会兰，陈正清，等. 半加成法工艺研究[J]. 印制电路信息，2013（8）：9-13.

[24] 何杰. HDI 印制电路板精细线路及埋孔制造关键技术与应用[D]. 成都：电子科技大学，2014.

[25] WELLS B C. Improving Copper Pillar Interconnection on Embedded Trace Substrates[C]//IEEE Electronic Components & Technology Conference，IEEE，2016：943-950.

[26] CHEN E，LAN A，You J，et al. Structure reliability and characterization for FC package w/Embedded Trace coreless Substrate[C]//IEEE Electronics Packaging Technology Conference，Dec. 2014：149-150.

[27] SONG C G，KWON O Y，JUNG H S，et al. Stress Analysis of the Low-k Layer in a Flip-Chip Package with an Oblong Copper Pillar Bump[J]. Nanoscience and Nanotechnology Letters，2017，9（8）：1139-1145.

[28] CHEN Y H，CHENG S L，HU D C，et al. Ultra-thin line embedded substrate manufacturing for 2.1D/2.5D SiP application[C]//International Conference on Electronics Packaging & Imaps All Asia Conference，IEEE，2015：166-169.

[29] CHEN W C，LEE C W，KUO H C，et al. Development of novel fine line 2.1 D package with organic interposer using advanced substrate-based process[C]//2018 IEEE CPMT Symposium Japan（ICSJ），IEEE，2019：99-104.

[30] MIKI S，TANEDA H，KOBAYASHI N，et al. Development of 2.3D High Density Organic Package using Low Temperature Bonding Process with Sn-Bi Solder[C]//2019 IEEE 69th Electronic Components and Technology Conference（ECTC），IEEE，2019：1599-1604.

[31] 刘生鹏，茹敬宏. 印刷电路板用铜箔的现况及发展趋势[C]. 中国覆铜板市场技术研讨会，2007：204-206.

附录 A

集成电路先进封装材料发展战略调研组调研的企业、高校和科研院所清单

类别	公 司 名 称	先进封装材料及相关产品
先进封装生产企业	江苏长电科技股份有限公司	FC、MIS 封装产品
	江阴长电先进封装有限公司	凸点及 WLCSP 产品
	通富微电子股份有限公司	FC、凸点及 WLCSP 产品
	华天科技（昆山）电子有限公司	FC、CIS、指纹传感器及模组、圆片级 MEMS 传感器封装测试、凸点、WLCSP 等
	华天科技（西安）有限公司	凸点及 WLCSP 产品
	苏州晶方半导体科技股份有限公司	WLCSP 封装及测试
	华进半导体封装先导技术研发中心有限公司	系统级封装/集成先导技术研究，包括 2.5D/3D TSV 互连及集成关键技术、WLCSP、SiP 产品应用等研发

续表

类别	公 司 名 称	先进封装材料及相关产品
先进封装用材料生产及研发单位	浙江中纳晶微电子科技有限公司	晶圆临时键合胶/胶带、晶圆临时键合隔离膜等
	宁波江丰电子材料有限公司	集成电路芯片制造用超高纯金属材料及溅射靶材的研发与生产
	宁波康强电子股份有限公司	各类半导体塑封引线框架、键合丝、电极丝和生产框架所需的专用设备等的生产
	有研亿金新材料有限公司	高纯金属溅射靶材工程化研发与生产
	安集微电子（上海）有限公司	化学机械抛光液
	上海新阳半导体材料股份有限公司	TSV、Bumping 等晶圆电镀、光刻胶剥离清洗等工艺所需高纯电子化学品
	江苏中鹏新材料股份有限公司	塑封材料
	连云港华威电子集团有限公司	塑封材料
	江苏华海诚科新材料有限公司	塑封材料
	天津百恩威新材料科技有限公司	微波功率器件、集成功率模块、T/R 模块等器件的封装基座及外壳等
	德邦科技有限公司	底部填充材料、热界面材料等
	安捷利实业有限公司	柔性基板材料
	天永诚高分子材料有限公司	电子元器件黏接密封胶、硅脂、硅树脂、线路板涂覆胶、耐紫外线耐老化耐腐蚀胶、防潮防水胶等
	清华大学	先进封装技术与材料研发与教学
	武汉大学	先进封装技术与材料研发与教学
	哈尔滨工业大学	先进封装技术与材料研发与教学
	中国电子科技集团公司第十三研究所	陶瓷外壳研发、生产及圆片级 MEMS 传感器封装测试
	中国电子科技集团公司第四十五研究所	电子元器件关键工艺设备技术、设备整机系统及设备应用工艺研究开发和生产制造
	北京微电子技术研究所	封装测试、可靠性试验、失效分析、MEMS 器件加工等技术服务

附录B

先进封装材料分类

编号	封装材料类别	说　明	调 研 单 位
M1	光敏材料	包括介质层材料、钝化层材料及光刻掩模版材料	浙江中纳晶微电子科技有限公司 烟台德邦科技有限公司
M2	包封保护材料	包括塑封材料、底部填充料、TIM、芯片互连有机材料等	江苏中鹏新材料股份有限公司 烟台德邦科技有限公司 通富微电子股份有限公司
M3	电镀材料	包括TSV填充电镀液、凸点电镀液、凸点电镀靶材等	上海新阳半导体材料股份有限公司
M4	靶材	包括溅射靶材等	有研亿金新材料有限公司
M5	微细连接材料	包括凸点及Flux材料等	清华大学 江阴长电先进封装有限公司 宁波康强电子股份有限公司
M6	化学机械抛光液	主要指TSV抛光材料	安集微电子（上海）有限公司
M7	临时键合胶	封装工艺中的辅助或临时键合材料	浙江中纳晶微电子科技有限公司
M8	硅通孔相关材料	包括刻孔材料、介质层、种子层等	天水华天微电子股份有限公司
M9	晶圆清洗材料	主要包含PR Stripper和TSV通孔清洗剂等	上海新阳半导体材料股份有限公司
M10	封装基板	有机基板、硅基板等关键材料	中国电子科技集团公司第十三研究所